先进能源智能电网技术丛书

电网信息物理交互机理与建模

刘 东 高昆仑 等 著

科 学 出 版 社

北 京

内 容 简 介

本书探索电网运行与控制的信息空间与物理系统在拓扑连接与功能耦合方面的交互机制，揭示信息过程和物理过程之间的驱动逻辑与演变规律，建立电网信息物理系统的元件模型与系统分析模型，内容包括电网信息物理交互机理分析、电网信息物理元件建模的自动机方法、电网信息物理系统建模的混合系统方法及其典型应用等。

本书可供从事智能电网、新能源以及配电网规划、设计、运行及维护等工作的工程技术人员与管理人员参考，也可供研究新型电力系统和新能源技术的高校师生及相关科研与产业工作者参考。

图书在版编目(CIP)数据

电网信息物理交互机理与建模 / 刘东等著. —北京：科学出版社，2021.11

(先进能源智能电网技术丛书)

ISBN 978-7-03-069174-3

Ⅰ. ①电… Ⅱ. ①刘… Ⅲ. ①电力系统运行—研究 Ⅳ. ①TM732

中国版本图书馆 CIP 数据核字(2021)第 112110 号

责任编辑：许 健 / 责任校对：谭宏宇
责任印制：黄晓鸣 / 封面设计：殷 靓

科学出版社 出版
北京东黄城根北街 16 号
邮政编码：100717
http：//www.sciencep.com

南京展望文化发展有限公司排版
广东虎彩云印刷有限公司印刷
科学出版社发行 各地新华书店经销

*

2021 年 11 月第 一 版 开本：787×1092 1/16
2024 年 8 月第三次印刷 印张：13 1/2
字数：320 000

定价：120.00 元

(如有印装质量问题，我社负责调换)

先进能源智能电网技术丛书
编辑委员会

《电网信息物理交互机理与建模》编写人员名单

刘　东　高昆仑　柴　博　陈　颖　翁嘉明　王　云
陈冠宏　林国强　韦鸣月　王宇飞　张沛超

序

当今人类社会面临能源安全和气候变化的严峻挑战，传统能源发展方式难以为继，随着间歇式能源大规模利用、大规模电动车接入、各种分布式能源即插即用要求和智能用户互动的发展，再加上互联网＋智慧能源、能源互联网(或综合能源网)等技术的蓬勃兴起，推动了能源清洁化、低碳化、智能化的发展。在能源需求增速放缓、环境约束强化、碳排放限制承诺的新形势下，习近平主席于 2014 年提出了推动能源消费、供给、技术和体制四大革命和全方位加强国际合作的我国能源长期发展战略。作为能源产业链的重要环节，电网已成为国家能源综合运输体系的重要组成部分，也是实现国家能源战略思路和布局的重要平台。实现电网的安全稳定运行、提供高效优质清洁的电力供应，是全面建设小康社会和构建社会主义和谐社会的基本前提和重要保障。

电力系统技术革命作为能源革命的重要组成部分，其现阶段的核心是智能电网建设。智能电网是在传统电力系统基础上，集成新能源、新材料、新设备和先进传感技术、信息技术、控制技术、储能技术等而构成的新一代电力系统，可实现电力发、输、配、用、储过程中的全方位感知、数字化管理、智能化决策、互动化交易。2014 年下半年，中央财经领导小组提出了能源革命、创新驱动发展的战略方向，指出了怎样解决使用新能源尤其是可再生能源所需要的智能电网问题是能源领域面临的关键问题之一。

放眼全球，智能电网已经成为全球电网发展和科技进步的重要标志，欧美等发达国家已将其上升为国家战略。我国也非常重视智能电网的发展，近五年来，党和国家领导人在历次政府工作报告中都强调了建设智能电网的重要性，国务院、国家发改委数次发文明确要加强智能电网建设，产业界、科技界也积极行动致力于在一些方向上起到引领作用。在“十二五”期间，国家科技部安排了近十二亿元智能电网专项资金，设置了九项科技重点任务，包括大规模间歇式新能源并网技术、支撑电动汽车发展的电网技术、大规模储能系统、智能配用电技术、大电网智能运行与控制、智能输变电技术与装备、电网信息与通信技术、柔性输变电技术与装备和智能电网集成综合示范，先后设立 863 计划重大项目 2 项、主题项目 5 项、支撑计划重大项目 2 项、支撑计划重点项目 5 项，总课题数合计 84 个。国家发改委、能源局、工信部、自然科学基金委、教育部等部委也在各个方面安排相关产业基金、重大示范工程和研究开发(实验)中心,国家电网公司、中国南方电网有限公司也制定了一系列相关标准,有力地促进了中国智能电网的发展,在大规模远距离输电、可再生能源并网、大电网安全控制等智能电网关键技术、装备和示范应用方面已经具有较强的国际竞争力。

国家能源智能电网(上海)研发中心也是在此背景下于2009年由国家能源局批准建立,总投资2.8亿元人民币,包括国家能源局、教育部、上海市政府、国家电网公司和上海交通大学的建设资金,下设新能源接入、智能输配电、智能配用电、电力系统规划、电力系统运行五个研究所。在"十二五"期间,国家能源智能电网(上海)研发中心面向国家重大需求和国际技术前沿,参与国家级重大科研项目六十余项,攻克了一系列重大核心技术,取得了系列科技成果。为了使这些优秀的科研成果和技术能够更好地服务于广大的专业研究人员,并促进智能电网学科的持续健康发展,科学出版社联合国家能源智能电网(上海)研发中心共同策划组织了这套"先进能源智能电网技术丛书"。丛书中每本书的选择标准都要求作者在该领域内具有长期深厚的科学研究基础和工程实践经验,主持或参与智能电网领域的国家863计划、973计划以及其他国家重大相关项目,或者所著图书为其在已有科研或教学成果的基础上高水平的原创性总结,或者是相关领域国外经典专著的翻译。

"十三五"期间,我国要实施智能电网重大工程,设立智能电网重点专项,继续在提高清洁能源比例、促进环保减排、提升能效、推动技术创新、带动相关产业发展以及支撑国家新型城镇化建设等方面发挥重大作用。随着全球能源互联网、互联网+智慧能源、能源互联网及新一轮电力体制改革的强力推动,智能电网的内涵、外延不断深化,"先进能源智能电网技术丛书"后续还会推出一些有价值的著作,希望本丛书的出版对相关领域的科研工作者、生产管理人员有所帮助,以不辜负这个伟大的时代。

江秀臣

2015.8.30 于上海

前　言

随着信息技术的快速发展以及工业控制应对复杂并发工况的需求，信息控制系统与工业应用过程紧密融合成为技术热点。信息物理系统（cyber physical systems, CPS）的概念及理论注重信息空间和物理系统之间的联系与交互作用，是实现二者融合分析与控制的有效手段，信息技术广泛应用到现代电网并深刻影响其运行模式，电网已成为典型的信息物理系统，在多元用户供需互动的场景下这一特征更加突出。

现有电网分析控制方法主要关注信息空间或物理系统本身，难以揭示二者交互影响诱发的叠加风险，未能挖掘二者融合作用带来的能力提升。为此，迫切需要从信息物理融合的整体视角将计算过程、网络通信和电力物理特性有机协同，在传统电力系统理论基础上进一步发展形成电网信息物理系统的分析与控制理论。

本书探索电网信息空间与物理系统交互机制与电网信息物理融合建模方法，现有的电网建模方法多针对电网信息系统和一次系统的静态特性分别建立模型，对信息系统和信息过程的抽象不够全面精确，不能反映信息物理系统的融合机理。需从静态和动态两方面，研究电网信息过程和物理过程协同工作机制和融合方式，根据电网信息系统和物理系统的离散和连续特性，构造能够用于分析和控制的融合模型。电网信息物理融合建模方法可作为面向数字电网与新型电力系统的模型基础，可以有效应对电网复杂工况下的分析与控制。

本书由上海交通大学刘东教授和全球能源互联网研究院有限公司高昆仑教授级高工组织编写并统稿，陈颖参与第 2 章写作，柴博、林国强、韦鸣月、王宇飞参与第 3 章写作，王云、张沛超、陈冠宏、翁嘉明参与第 4 章与第 5 章的写作。

本书受到国家重点研究发展计划项目“电网信息物理系统分析与控制的基础理论与方法”（基础研究类：2017YFB0903000）和国家自然科学基金项目“主动配电网协调控制的信息物理融合机理研究”（51677116）支持。

作　者

2021 年 6 月

目 录

第 1 章

概　述

1.1　技术背景

1.1.1　信息物理系统概念

近年来，信息技术的广泛应用极大地拓展了智能电网中信息流和能量流之间的协同，借助信息技术实现电力与能源设备的分布式互联，是构建以新能源为主体的新型电力系统的一个重要发展方向，其关键是信息系统与物理系统的深度融合分析，信息物理系统正是研究信息物理融合的基础理论。

随着信息技术在电网的深度应用，电网已成为典型的信息物理系统之一[1-3]，现有分析控制方法主要关注信息空间或物理系统的本身，难以揭示其交互影响诱发的叠加风险，未能挖掘融合作用带来的能力提升。因此，需要从信息物理融合的整体视角实现计算过程、网络通信和电力物理特性的有机协同。国家重点研究发展计划项目“电网信息物理系统分析与控制的基础理论与方法”在传统电力系统理论基础上，充分利用信息技术的发展与进步，形成电网信息物理系统分析与控制理论，主要包括两方面：

1）电网物理系统与信息空间的交互作用机理、融合建模和混成计算理论与方法；

2）电网跨信息-物理空间风险演化机理与协同优化控制理论与方法。

电网信息物理系统分析与控制理论体系的提出与发展，为新一代能源系统的运行控制提供了理论基础，有助于促进电力一次与二次系统深度融合，为构建高可靠运行智能电网提供理论技术支持[2]。电网信息物理系统分析与控制研究以其信息-物理融合为基础，考虑到电网信息物理系统信息-物理空间高度耦合的特征，研究跨信息-物理空间交互机制与基于融合模型的控制策略，成为电网信息物理系统领域的核心技术。电网信息物理系统将信息计算与物理资源紧密融合，其建模、验证、分析与控制方法可作为理论基础为能源互联网、电力物联网的相关研究与应用提供理论支撑，为发展新形态电网奠定技术基础。

1.1.2　国内外技术发展动态

信息-物理交互融合是电网信息物理系统的关键特征，对其进行融合建模是电网信息物理系统研究的基础问题。

1.1.2.1　信息-物理交互融合建模

聚焦于电网信息物理系统(GCPS)信息物理高度耦合频繁交互的特征，融合建模多采用混合系统对信息层与物理层进行描述，采用矩阵运算等方式处理系统状态，并重点关注离散状态与连续状态的衔接。

混合系统和线性矩阵不等式理论可成为建立网络物理系统中通信子系统的新框架。针对 CPS 在实时性、灵活性等方面的问题，引入 6 层通信协议栈的概念，将信息物理层构建于应用层之上[4]。通过将物理系统和信息系统的状态量抽象成数据节点，引入信息接地、信息支路等概念，有研究采用矩阵运算的方式对信息物理系统的状态进行流计算[5]。该 CPS 融合建模构想将 CPS 系统抽象为有向拓扑图，较为全面地描述了信息流-能量流的耦合，但难以对信息系统中随机性事件及复杂的响应过程进行定量描述和分析。考虑到信息处理等环节映射函数多样的特性，运算复杂度对计算效率的影响不可忽视。混合系统是 GCPS 建模及控制依赖的基础理论之一，柔性负荷和源网荷协调控制的混合系统模型是构建融合连续物理变化与离散状态转换的统一框架的初步尝试[6]。针对信息-物理的复杂耦合关系与交互机理，多元组形成的矩阵可用于定量描述信息处理层、通信层、二次设备层、物理空间的关联关系与交互逻辑[7]，较为明晰地表达各层模型内部与层次之间的关联特性，但静态的关联矩阵只对静态的控制关系适用，难以表征实际系统中各元件模块在不同场景下动态的控制关系。

对信息物理融合建模的研究目前主要关注信息空间与物理空间的交互作用及由此引发的对计算过程的影响，建模所基于的理论框架侧重关联矩阵与拓扑，建模重点为离散与连续过程融合。总体来看，现阶段信息物理系统融合建模的研究内容较为丰富，但对信息系统中的随机性和复杂响应的定量描述与分析不足，同时研究多集中于系统中静态关系，缺乏对动态过程与演化的建模，以及对动静态融合的描述，难以形成信息物理系统融合、离散连续过程交互、动静态关系并存的统一模型框架。

1. *系统跨空间风险评估建模*

基于信息-物理交互融合模型，GCPS 跨空间风险与可靠性评估建模重点关注跨空间风险传导过程与连锁故障演化的描述。在此基础上，综合考虑信息系统与物理系统的特征，构建跨空间可靠性评估体系。

GCPS 中信息安全风险跨空间传播的基本形式在文献[8]中得到阐述，并结合细胞自动机理论建立了 GCPS 信息物理安全风险传播模型。从信息系统和物理系统两个角度出发是建立配电网 CPS 可靠性评估指标与评估方法的可行方案[9]。基于马尔科夫过程理论可建立断路器元件三状态可靠性模型和考虑连通性评价的信息系统可靠性模型[10]，结合蒙特卡洛模拟提出孤岛微网信息物理融合可靠性评估算法。但该模型较为侧重信息层可靠性的概率性分析，未涉及系统融合动态，对信息-物理交互及跨空间可靠性综合评估关注度不足，故可靠性评估结果较为乐观。通过分别考虑电网信息物理系统中信息系统监视控制功能故障与应用层软件失效对系统的影响，可建立可靠性评估模型[11,12]。在部分研究中，多阶段分析的改进渗流理论被用于建立结合物理层电网潮流分析与信息层延时的电网信息物理系统连锁故障模型[13]。

在风险传播评估建模方面，现有的研究多集中于对组件、功能或部分应用层等子系统的分析，缺乏对全局系统风险描述评估的统一框架。而系统层面的风险与可靠性研究，或将信息风险引入至物理系统，或考虑物理故障对信息空间的影响，但是，对跨空间风险传播与交替演变、连锁故障生成演化的模型描述尚未能实现技术突破。

2. 信息物理融合分析与仿真建模

将光伏、风电、电池储能元件的动态模型与基于公共信息模型(common information model, CIM)的扩展信息模型进行有机融合，并以混杂自动机模型为基础，构建了光伏、风电的信息物理(CP)模型，初步实现接入配电网，并以最大功率点跟踪模式控制。但此动态仅涉及物理空间动态，对于信息空间的动态描述程度不足。文献[14]基于复杂网络理论分析了多层通信网络中信息流的传输模式，并提出一种多层图演化框架来评估通信架构的鲁棒性；文献[7]提出基于关联特性矩阵的 CPS 耦合建模方法，对通信节点、通信支路、二次设备分别建立多元组模型描述概率故障特性和输入输出特性，分析通信因素对 GCPS 暂态稳定裕度的影响；文献[15]提出从通信网络静态拓扑和运行过程两方面对分布式微电网 CPS 的信息建模方法，并结合熵理论提出了可靠性评估指标；文献[16]与文献[5]针对分层控制系统提出一种信息物理混成计算的耦合建模方法，将物理系统和信息系统中的状态量统一抽象成“数据节点”，将信息处理和信息传输环节抽象为“信息支路”，利用节-支关联矩阵描述静态通信拓扑，并定义各支路的计算模型；文献[17]针对完全分布式能量优化场景，提出了具有分散式决策能力的信息物理模块(cyber physical module, CPM)概念，通过各 CPM 间的迭代交互实现分布式能量优化管理。每个 CPM 仅与邻居进行交互，无需全局信息，使得能量、信息、价值流在迭代过程中自动趋于最优，这与文献[18]中介绍的具有分布式和并行特性的图计算方法相契合。

文献[19]在标准 Petri 网的基础上提出了混合 Petri 网的概念，并设计了混合 Petri 网仿真算法，最后结合 MATLAB GUI 设计了混合 Petri 网仿真工具用于 CPS 仿真；开源嵌入式系统研究与开发平台 Ptolemy Ⅱ因支持多类异构模型的集成化建模而被许多学者广泛采用，其开发者在文献[20]中给出了一个飞行器管理系统的实际建模示例，展现了连续时间模型、离散事件模型、模态模型的集成化建模；文献[21]采用 RTDS、同步相量量测单元、DeterLab、NS-3 搭建了实时的端对端硬件在环测试平台，同时部署了广域控制算法和闭环控制，最后通过上述联合仿真平台定量分析多类信息攻击、通信故障对 GCPS 的影响；文献[22]基于 OPAL-RT 和 OPNET 建立了电力信息物理系统仿真平台。针对电力系统实时控制的需求，建立了节点映射模型以匹配和平衡两个系统间数据共享和信息交互，避免交互链路拥塞，确保实时性。但目前应用场景较为单一，扩展性较弱。

1.1.2.2 电网信息物理系统的分析与控制

1. 电网信息物理系统交互分析

电网信息物理系统分析集中于信息空间与物理系统的交互拓扑、离散信息状态（信息流）与连续物理过程（能量流）的相互作用以及动态分析等领域。通过揭示 GCPS 的内在运行机制，提升 GCPS 的量测感知和分析预测能力。电网信息物理系统的分析方法可以识别连续过程中系统的动态变化并预测其发展趋势。结合信息-物理系统间的交互影响，可为多变量、强不确定性的电网运行状态提供有效的评估预测结果，实现电网自主感知、协同交互等功能。

对于电网信息-物理交互机制的分析，多集中于交互拓扑及空间联动对电力系统脆弱性造成的影响。有文献关注 GCPS 信息系统与物理系统交互拓扑的框架构建[23]，如典型业务场景中交互拓扑的动态变化及其对 CPS 脆弱性的影响。以图论和复杂网络为理论基础，信息空间与物理系统的拓扑关联可被完整描述[24,25]。GCPS 的脆弱性可从相互依存网络视角进行评估[26]。考虑信息物理网络拓扑相似的特征，提出基于网络物理敏感性的评估方法，以提高智能电网在网络物理耦合故障下的鲁棒性[27]。

结合跨空间风险与可靠性评估模型，对信息-物理空间的风险传播相关研究主要关注物理系统与信息系统间关联的方向性与依赖关系。应用渗流理论，一种非均匀电力 CPS 网络表征模型被用于对 GCPS 跨空间风险传播阈值进行分析[28]。

此外，对信息物理系统运行状态评估与故障演化规律也已有相关研究。考虑信息物理系统多源数据耦合的特征，大数据分析方法可用于进行配电变压器的运行状态评估[29]。通过将智能变电站抽象成信息-物理交互的典型场景，建立多变电站联动的 CPS 模型，并研究级联故障在该模型内的演化规律[30]。引入空间联动接口的概念被广泛认为是进一步建立 CPS 的异构复杂网络模型的重要尝试[31-33]。基于补偿的网络意外事件提出的评估方法，可提高实际运行中的网络物理影响的评估效率[34]。

关于信息流与能量流的协同机制研究，主要从 GCPS 系统运行层面进行考虑：提出信息流与能量流的混成计算技术是 CPS 安全评估领域应用的重要尝试[5]。统一的能源管理框架的提出与应用，是实现具有分布式可再生能源 CPS 可持续边缘计算的有效方案[35]。信息流的潮流模型及计算方法、考虑信息-物理融合的主动配电网潮流计算方法等多种计算方法的提出，为信息流-能量流混成计算提供了部分理论基础[36-38]。通过构建 CPS 中各类事件之间驱动关系，信息流与能量流的交互作用得以明确阐述[31,39,40]。信息空间与电网物理系统的复杂耦合关系对能源互联条件下 GCPS 与其他能源系统的交互亦有重要影响[41]。

在 CPS 系统运行的实际业务场景中，重点关注的研究方向为电网信息-物理系统交互过程。有研究讨论由信息攻击或故障引发电力系统级联故障的可能性，评估其危害并进行仿真验证[31,42-47]。基于多变量高斯的异常检测方法可用于分析 CPS 中部分典型类型的网络攻击原理和攻击模式[48,49]。也有研究对信息空间与物理系统耦合后 CPS 动态同步控制过程进行了讨论[50]。通过对系统构建动态模型，部分研究尝试对信息模型进行动态扩展[51]，但仅涉及物理空间动态，对于信息空间的动态描述程度不足。文献[52]介绍了主动配电网信息物理系统混合仿真平台运行原理与构建方式。

关于电网信息物理系统交互分析的研究集中于信息-物理交互拓扑、离散连续相互作用和系统动态分析三个方向。研究内容较为丰富，但仍存在一定的局限性：一方面，没有深入剖析 GCPS 运行的信息-物理交互特性，仅从其他工业领域 CPS 的交互分析手段出发，难以准确刻画信息离散状态与电力连续过程的动态交互过程；另一方面，将信息-物理交互过程的交互拓扑与信息流-能量流相互驱动两个紧密耦合的系统运行要素进行隔离研究，缺少对信息-物理交互机理的综合分析，难以有效解释 GCPS 运行机制和运行状态的演化过程。

2. 基于信息物理融合模型的电网控制

电网信息物理系统融合了运行信息、设备信息和环境信息，应用信息网络和控制终端，通过基于信息物理融合模型的控制方法实现优化控制策略。考虑到 GCPS 信息系统与物理系统高度融合的特点，基于信息物理融合模型的电网控制应考虑将网络化控制与本地控制相结合的混合控制模式[53]。与电网传统控制方式相比，基于信息物理融合模型的电网控制具有以下特征：

1）控制方法可准确、实时地感知模型及电网运行环境变化；

2）采用融合模型作为控制模式的基础，考虑物理系统和信息系统的协调互联控制；

3）采用分层分区的控制结构，实现上层系统与下层设备、设备之间的统一协调控制。

对于在 GCPS 中广泛采用的混合系统模型，其控制逻辑主要分为两类：

1）由事件决定电网物理系统演化路径，形成控制量，下发给物理系统进行控制[54]；

2）深化混合模型在控制环中的应用，考虑系统连续动态与离散状态的混合逻辑，将连续变量演化与离散状态切换同时应用于控制环中，进行系统层面的协调控制。

结合以上信息物理融合的控制特征与控制逻辑，现阶段基于融合模型的电网控制研究主要进展为：通过对混合系统的柔性负荷信息物理进行融合建模，在主动配电网馈线功率控制的背景下构造优化控制模型和控制策略，搭建基于电网信息物理系统建模与仿真验证平台[55]，主要用于混合逻辑动态建模和模型预测控制优化计算。针对 GCPS 的协同控制策略及其多层面、分布式的特征，建立包含量测、通信、计算及物理对象的分布式实体控制架构，实现 GCPS 协同控制，并提出动态攻防博弈的分布式协同控制模式下 GCPS 脆弱性评估方法[56,57]。

现阶段关于电网信息物理系统控制的研究多考虑融合系统中特定典型场景下的控制模型的建立与控制策略的设计，部分工作重点关注分层分布式控制的特征并进行了创新性应用。另有基于控制策略的可靠性评估研究，与电网交互可靠性分析等方向相辅相成。但以上工作受制于传统电力系统控制研究的固有影响，在信息物理深度融合应用方面仍有不足，例如：对信息-物理交互机制在控制策略中的作用缺乏深入理解与运用；对连续动态与离散状态的控制策略分而治之，并未完全实现系统层的协同控制等。后续研究可从 GCPS 信息-物理高度融合的角度出发，深化离散与连续过程控制策略的协同交互，重点关注控制过程的实时性与可靠性，借助信息物理融合模型实现对外部环境和电网运行特性的精确感知与控制。

1.2 电网信息物理交互的价值与科学意义

1.2.1 核心理念

电网信息物理系统从理论角度反映电网运行的信息过程和物理过程的相互影响和相互作用机制；从模型角度分别描述电网信息系统和物理系统的运行规律，以及两种系统协调工作的融合点；从应用层面通过融合分析、控制方法优化电网运行性能，改善控制效果；从工程角度提高电网一次系统元件、信息系统元件的设备利用率，增强信息系统对一次系统支撑能力，提升能量流的生产、传输和使用效率。

现有的关于信息物理系统的研究成果分为嵌入式系统设计与应用、异构系统融合和信息采集与应用三种类型。结合这三类研究，本书也将电网信息物理系统的技术特征归纳为三个方面。

(1) 电网一次系统与信息系统的融合

以达成一次系统稳定、优化和能量平衡为主要目标，调整信息系统的性能和运行策略，实现两系统的功能协调，形成系统之间的正面影响。此外，通过模型等方式，消除两种系统之间的异构性，形成统一描述、联立分析的表达形式。

现有电网研究中已经关注到了信息系统对一次系统运行和控制的影响。文献[58]详细讨论了微波、载波两种信息通道在远方开机系统中应用的利弊，并从经济性及可靠性方面指出载波复用方式更具优势。此外，一次系统应具备针对信息系统故障的抵御能力。一些事故的扩大就是由于通信过程的问题导致保护装置发生误动拒动[59]，因此信息系统应具有快速更新和重构功能，而一次系统也应提升对信息系统的容错能力[60]。

(2) 电网运行过程中连续动态和离散状态的融合

以往在分析电网动态过程时，通常采用微分代数方程表示的连续系统形式，其中发生的离散事件导致的连续动态的间断和跳变，一般作为不同运行工况的分界点，并不纳入对动态过程的分析中。这对于基于运行断面的相关研究，或者设备层面的控制问题都是能够适用的，但若是用于系统层面的控制问题，离散状态的切换也应加以考虑。

CPS的运行是事件或时间驱动的并发过程，尽管电网一次设备或一次系统在各个离散状态下的连续演变规律均是对其固有物理特征的抽象，但在不同规律之间的转变是通过离散方式进行切换的。因此，实现电网信息物理系统连续与动态的融合，也是一次系统与信息系统融合的实现方式。

(3) 电网信息集成体系与一次系统的融合

对主动配电网的信息集成现状进行了分析，信息模型和信息交互方式的统一或融合直接影响一次系统功能实现。电网需具备与信息流匹配的信息集成体系，即一次设备、控制终端和上层控制计算装置之间需实现信息互通。同时，信息集成体系应根据所服务的一次系统的信息流特点和通信需求，兼容多种通信协议，融合基于不同标准的信息模型，保障信息语义的一致理解。

1.2.2 关键技术

根据电网信息物理系统的定义和基本特征，结合国内外对CPS以及CPS在电网中应用的研究现状，提出电网信息物理系统关键技术及应用展望。电网信息物理系统的关键技术主要包括建模、分析、控制以及形式化验证；应用展望则构想了电网信息物理系统在能源互联网、主动配电网中等热点问题中的实施远景。

如图1－1所示，关键技术围绕理论研究展开。其中，信息物理融合建模是电网信息物理系统关键技术的基础，体现连续过程和离散过程融合，以及一次系统与信息系统的融合；采用融合模型，对电网进行考虑动态场景和场景变换的分析和控制；从融合模型及场景中抽象出共性特征，构建形式化描述以及校验规则，验证电网信息物理系统正确性。

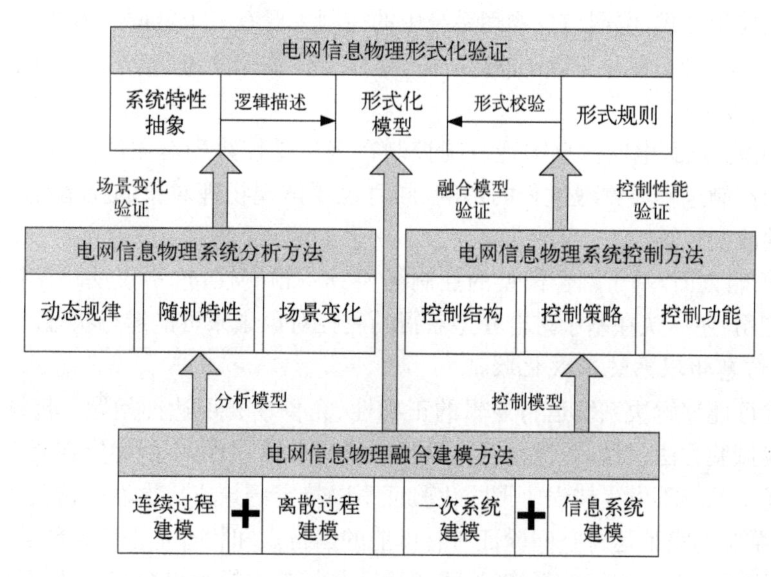

图1－1 电网信息物理系统的关键技术

1. 电网信息物理系统融合建模

模型能够以数字化的表达方式定量地描述建模对象内部各变量之间的数量关系和逻辑关系，反映对象的行为特征。传统电网模型通常可以较好地反映电网一次系统运行的物理规律，但在与信息系统的离散过程的衔接和融合上，现有模型尚不能满足需求。其中包括了一次设备或系统与控制过程的融合描述，也包括了一次设备、控制过程与控制信息生成及传输过程的融合描述。

因此，电网信息物理融合模型不仅要能够分别展现物理系统和信息系统在电网运行中的工作模式和运动规律，还需要通过模型上的某个融合点，使两种系统在模型的表达方式、时序关系、逻辑关系上可被相互契合，并形成数学上的联立模式，以便后续应用。此外，考虑电网信息物理系统技术特征的第三点，模型中还应包含如信息模型、交互模型等用于信息集成的静态模型，此类模型虽然不能反映建模对象的动态变化，但若模型构造或应用配置不合理，也会影响物理过程和信息过程[61]。

2. 电网信息物理系统分析

在传统电网的分析中，如潮流计算，一般针对电网某个特定运行断面，这样就无法对一个连续过程的系统可能动态变化进行判断[38]。即便是连续潮流，也是多个运行断面下的解集，虽然可以通过大量断面解获知某个变量变化下的系统运行趋势，但当系统不断发生多变量变化或整体性调整时，这种趋势就没有判断的价值了。

电网信息物理系统的分析依托先进信息系统的信息量测与集成技术、电网态势感知技术[62]，将依赖于电网运行断面的分析方式转变为针对场景演变分析，即将传统电网中的运行断面转化为表示系统各元素动态变化规律的连续场景，同时考虑动态变化规律的随机特性的影响。如此，使分析由单一时刻的运行点为研究对象，延伸为一个时间间隔下的运行片段；使针对单个变量的分析，扩展为针对多个变量的完整场景。

3. 电网信息物理系统控制

相比传统控制方式，电网信息物理系统中的控制主要有三个方面的不同：

1）控制结构方面，采用多层分布式结构，有利于分散计算和通信压力，也能够丰富控制功能，提升控制效果；

2）控制功能方面，电网信息物理系统控制在满足受控物理对象的基本需求之外，还需要体现信息和控制过程对物理过程的影响，同时也要体现物理对象的控制需求对控制信息流运行规律的改变；

3）控制策略方面，基于融合模型的控制需要具备预测性，这不仅反映在控制过程中对预测信息的应用，还反映在基于融合模型获得的受控对象未来可能运行状态。

4. 电网信息物理系统形式化验证

形式化验证能够解决系统运行逻辑的正确性、完备性和可达性问题。传统电网研究一般采用仿真或试验方法，可以验证是否满足预期研究目标，但是不能确定在所有研究范围内的场景和工况下系统不发生错误。形式化验证不以特定场景或一次性的仿真和试验为研究对象，而是在系统的完整运行空间验证所有可能的运行点和状态是否满足预设目标[63]。

因此，无论面对多大规模的系统，形式化验证总是首先提炼出与待验证特性相关的系统特征，以逻辑形式建立形式化模型并制定形式规则，然后采用定理证明或模型检验方法校验形式化模型满足校验规则。在电网信息物理系统中，包含了信息系统的离散特性和物理系统的连续特性，形式化验证将提取场景转换与连续计算的衔接特征、跨时间和空间的因果逻辑特征、信息系统与物理系统交互影响特征等，校验电网信息物理系统模型和应用场景是否与既定规则一致。

1.2.3 研究意义

如图 1－2 所示，应用展望以电网信息物理系统的信息和控制系统为实施基础，以融合建模、分析以及控制方法为理论支撑，以形式化验证为判别手段，实现能源互联网和主动配电网应用，改进传统电网。

1. 能源互联网应用

能源互联网(energy internet, EI)旨在应用互联网、大数据等技术，构建以电力能源为基础的多种能源互联供应体系，形成跨领域的智能化高效能源架构[64]。已有许多文献分析

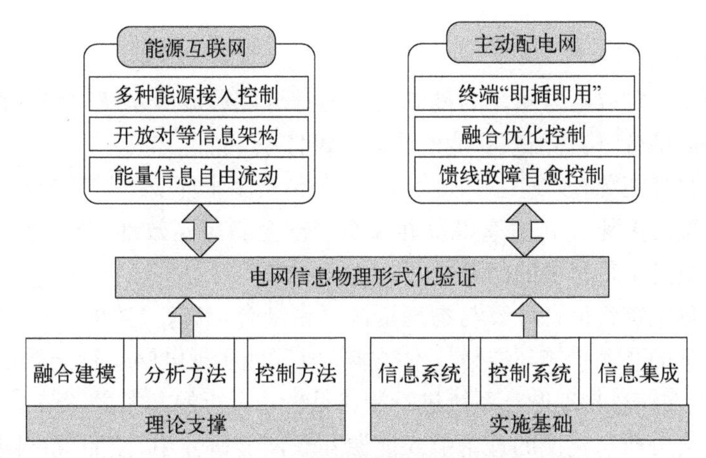

图 1-2 电网信息物理系统的应用展望

并研究了能源互联网的基本架构[65]，所面临的广域协调控制、多种能源融合、信息安全等方面的挑战[66]，分析了新的能源产业链[67]，设计了基于能源路由器等装置的应用场景[68]。

能源互联网具有包括高渗透率分布式能源、强非线性随机特性、多源大数据、多尺度动态特性等在内的多种特征[3]，同时以解决新能源接入，开放、对等的信息架构，以及能量和信息的自由流动为目标。符合电网信息物理系统的基本内涵和技术特征，也能够采用融合建模、分析、控制等方法实现运行目标。目前，国家电网公司已提出了全球能源互联网的战略目标和任务[64]，遍及全国的智慧能源公共服务平台也已开始逐步推广和实施。

2. 主动配电网应用

电网信息物理系统与主动配电网的结合应用，在信息系统终端装置的“即插即用”和融合优化控制、自愈控制等方面能够发挥较大作用。

“即插即用”是指终端装置自主实现与主站之间的识别、更新和管理[69]。主动配电网需对大量分布式电源实施控制和管理，同时还要完成馈线自动化、电压调整、孤岛运行等功能。相比传统配电网，主动配电网信息系统接入终端数量更多，终端承担的工作更加复杂多样。所以，有必要在主动配电网扩展并融合现有信息模型，实现终端“即插即用”，在完成主站对终端本身信息感知的基础上，还包含了对终端作用物理对象的模型、功能和信息的感知，这也是信息系统和物理系统融合的一种形式。

融合优化控制方面，基于电网信息物理系统融合建模和控制方法，不仅关注物理过程的优化，还着眼于控制过程、信息过程的影响，在多级分布式控制系统的支持下，更好地完成能量控制。

1.3 电网信息物理系统的发展趋势

作为新形态电网技术研究的基础理论，电网信息物理系统可为发展更先进形态的智能电网提供理论支持。结合大数据分析、物联网、云计算、移动互联等领域的技术，电网信息物理系统可以有效支撑能源互联网、泛在物联网等应用，从而改进传统电网的运行与控制模式。

1. 能源互联网应用

能源互联网是一种以电力系统为基础的大型综合能源服务系统，旨在促进多领域间信息与控制技术深度结合，构建高效智能的能源供需体系[64]。

作为融合了多种能源，涉及生产、传输、存储与消费多个环节的综合能源系统，能源互联网的主要目标为提高多能源利用率以及确保系统安全稳定高效地运行[70]。能源互联网优化运行建模与分析是亟待解决的问题之一。

电网信息物理系统将信息计算与物理资源紧密结合，具有天然的与能源互联网功能相一致的特征。先进的量测感知与通信技术对能源互联网实现电网运行全景信息的实时获取不可或缺，基于电网信息物理融合系统进行探讨是较为可行的方案之一[71]。

将GCPS融合分析与建模的理论引入能源互联网的研究中，按照“源-网-荷”的层次结构对能源互联网进行划分与规划[72]，将对能源互联网的运行方式优化提供极大帮助，有助于建立高效、准确和规范的模型。有研究考虑将信息物理融合机制引入能源互联网建模[73]，综合考虑能源互联网中CPS的时空异构性以及量测数据同步特征，并结合多智能体优化方法验证了模型可行性。

大量分布式采集与存储装置和各类负荷组成的新型的电力网络节点，通过能源互联网进行互联互通，融合运用信息采集、态势感知、协调控制、云计算、大数据分析、物联网与智能终端等技术，实现能量与信息双向流动，构建能源网络信息共享的框架。

电网信息物理融合技术可为能源互联网的构建提供技术支撑，通过“感知层-网络层-认知层-控制层”的紧密联系，实现能源生产、运输、存储和共享的协同联动[74]。

作为将多种能源互联与综合利用的新型能源系统，现阶段能源互联网研究在能量流实时分析处理、高效传输与能源共享等方面仍具有不足。GCPS的相关研究关注信息-物理-社会系统的融合[75,76]，可为能源互联网中提升能量流处理效率的研究提供方向，不仅考虑能量与信息的融合，社会与人的因素相融合也将对能源互联的驱动力和应用价值有更为清晰的认识。

高效、综合的能源互联系统构建对信息交互与物理集成提出了更高要求，GCPS不仅要关注信息系统与物理系统的深度融合，而且要考虑市场机制的影响，信息流-能量流-价值流的深度融合是能源互联网的核心价值，这对能源互联网的主体技术框架与优化计算模型的构建具有重要的指导意义。

2. 电力物联网应用

电力物联网是物联网技术在电力系统中的应用，包括感知层、网络层、平台层与应用层，通过电力网与通信网的协调作用实现信息系统与物理设备深度融合、互联互通[77]。

电力物联网具有全面感知、可靠传递与智能处理等特征，将传感、通信、自动化等多项技术融合于物理信息融合的架构中[78,79]。

深度感知对电力物联网信息采集的实时性与感知设备覆盖的全面性提出了新要求[80]。电网信息物理系统信息-物理空间高度融合的特点，可从感知模型构建与数据处理算法等方面为泛在物联网研究提供方向。

电力物联网核心价值是充分利用云计算、移动互联、大数据等信息技术实现对传统电网运行管理与服务的升级，而电网信息物理系统专注于信息空间与物理系统的深度融合，其模型与各种优化策略可以为电力物联网的落地应用提供坚实的理论支撑。

在电力物联网的模型方面，通过对信息与物理协同机制的分析，考虑离散事件与连续过程耦合交互机理，GCPS的混合系统模型架构可为电力物联网的应用模型提供支撑。GCPS在电网的信息模型基础上实现电网的动态行为的建模与应用，在支撑电力物联网中数字仿真与应用的同时，有助于电力系统专用芯片的设计和实现。

在电力物联的控制方面，广泛存在的信息逻辑过程与电力物理过程相融合是电力物联网的重要特征之一。结合强大的通信计算系统来实现物理系统决策控制，通过完备的传感和控制路径实现即时响应，具有对整个系统安全可靠性的严格要求。将GCPS形式验证方法引入至电力物联网的研究，识别各组件的物理与逻辑状态并建立其数学形式上的关联，可从逻辑层面验证系统规约，相关形式化方法为证明电力物联网系统的自适应性和自恢复性提供思路，从根本上确保信息-物理泛在互联系统控制过程的完备性与可靠性。

在电力物联的安全防护方面，电力物联网系统中的安全问题与传统智能电网相比更为复杂，包括网络安全部署环境、物理系统的网络攻击、网络系统的物理攻击以及相应的防卫措施。两类系统中的组件数量与多样性、逻辑组件与物理组件的异构性为系统预警与恢复提出了重大挑战。信息-物理过程紧密交互的特性又使得跨空间风险必须联立分析而不是孤立解决。从风险预警与故障恢复的角度，GCPS跨空间风险分析与故障演变理论为电力物联网的安全提供理论支撑和研究方向。

3. 数字孪生应用

数字孪生(digital twin, DT)技术是一个集成多学科、多物理量、多尺度、多概率的仿真技术[81]，其内核是采用一组刻画物理动态过程、数据交互过程的模型组件，用于模拟和替代真实受控对象参与分析与控制。DT技术最早于2003年由美国学者Michael Grieves提出，早期应用于航天航空领域，如NASA提出采用数字孪生对象模拟和仿真物理实体对象(飞行器)的生命周期[82]。Schluse和Rossmann进一步扩展了数字孪生的定义与应用范围，使数字孪生对象更加智能化，用于分析和预测系统表现和系统故障[83]。Schroeder和Steinmetz等学者首次提出在CPS中应用数字孪生技术，辅助分析系统运行[84]。因此，在以物联网(internet of things, IoT)为特征的工业4.0大背景下，数字孪生技术为智能制造和海量信息共享背景下的系统分析和精确控制开辟了一条崭新的途径[85]。

在电力系统中运用DT技术，是电力模型日渐复杂、数据呈现井喷趋势以及DT技术发展完善等多方因素共同驱动下的结果。南方电网近几年提出建设新一代一体化电网运行智能系统(OS2)，在OS2体系下建设的顶层应用“电力系统运行驾驶舱”(POC)就是电力DT技术的雏形[86]。电力系统中的DT技术不仅仅侧重于实时的电网运行态势感知，还侧重于超实时的电网运行形态虚拟推演，从而为电力系统的运营、决策和控制提供重要参考信息[87]。依据实体建模对象内部运行机理的复杂程度，目前DT的建模方法研究可分为以下两大类。

对于物理机制明确的对象，其过程可充分观测，采用机理建模来构建DT最为适用。如现阶段广泛采用数学公式和物理机理构建发电机、热电联产机组、冷热电联供机组、V2G等进行建模仿真[88]；文献[89]建立基于演化博弈的需求响应模型，对用户需求响应行为进行推演。前述CPPS融合建模的现有研究成果也大多采用基于物理机制的数学表达式来构建融合模型，因此也可以将其集成于电力系统 DT，作为特定组件。

对于行为复杂、参数难以观测、随机性较强的对象，适于采用数据驱动的方式来构建 DT，从而规避基于机理驱动的仿真方法对模型精度要求高、求解速度慢以及误差传递和积累难以量化等弊端。文献[87]提出在 DT 中应强化基于数据驱动的电力系统分析方法，从更高维度的数据空间映射表征电力系统各类实体和事件，并充分挖掘和发挥数据资源福利；文献[90]着重关注各电气量之间的数据映射关系，构建基于 LSTM 网络的数据驱动模型，实现了由当前时刻电气量预测下一时刻输出的动态建模；文献[91]提出在数据驱动的模型基础上引入领域知识这一学习要素，提出数据-知识融合的机器学习范式，可以降低机器学习的泛化风险。

1.4 小结

电网信息物理交互机理与融合建模是 GCPS 技术研究的基础，在此基础上分析信息系统与物理系统融合的关键特性，为探索复杂物理场景和海量信息交互条件中的电网运行提供了工具和理论框架。现阶段在信息-物理交互拓扑、系统离散-连续耦合动态分析与特定场景下控制策略设计等方向具有较大进展。对信息-物理交互机理的分析框架已初步形成，可从多个方面刻画信息离散状态与电力连续动态的深度交互。基于融合模型的 GCPS 控制技术实现了信息空间与物理空间的协同联动，初步构建了相应的控制模式。

作为新形态电网技术研究的基础理论，电网信息物理系统可以从多维全景感知、信息-物理-价值多流融合模型构建以及数据处理高性能算力专用芯片等方面为能源互联网、电力物联网等方向的应用提供技术支持，改进传统电网的运行与控制模式。

电网信息物理系统的理论与应用方兴未艾，相关研究目前仍处于发展阶段，未来有较为广阔的发展前景与应用价值。

参考文献

[1] 盛成玉，高海翔，陈颖，等. 信息物理电力系统耦合网络仿真综述及展望[J]. 电网技术，2012，36(12)：100-105.

[2] 赵俊华，文福拴，薛禹胜，等. 电力 CPS 的架构及其实现技术与挑战[J]. 电力系统自动化，2010，34(16)：1-7.

[3] 刘东，盛万兴，王云，等. 电网信息物理系统的关键技术及其进展[J]. 中国电机工程学报，2015，35(14)：3522-3531.

[4] 许少伦，严正，张良，等. 信息物理系统的特性、架构及研究挑战[J]. 计算机应用，2013，33(s2)：1-5.

[5] 郭庆来，辛蜀骏，孙宏斌，等. 电力系统信息物理融合建模与综合安全评估：驱动力与研究构想[J]. 中国电机工程学报，2016，36(6)：1481-1489.

[6] 王云，刘东，陆一鸣. 电网信息物理系统的混合系统建模方法研究[J]. 中国电机工程学报，2016，36(6)：1464-1470.

[7] 薛禹胜，李满礼，罗剑波，等. 基于关联特性矩阵的电网信息物理系统耦合建模方法[J]. 电力系统自动化，2018，42(2)：11-19.

[8] 叶夏明,文福拴,尚金成,等.电力系统中信息物理安全风险传播机制[J].电网技术,2015,39(11):3072-3079.
[9] 蒋卓臻,刘俊勇,向月.配电网信息物理系统可靠性评估关键技术探讨[J].电力自动化设备,2017,37(12):30-42.
[10] 郭经,刘文霞,张建华,等.孤岛微网信息物理系统可靠性建模与评估[J].电网技术,2018,42(5):1441-1450.
[11] 郭嘉,韩宇奇,郭创新,等.考虑监视与控制功能的电网信息物理系统可靠性评估[J].中国电机工程学报,2016,36(8):2123-2130.
[12] 韩宇奇,郭嘉,郭创新,等.考虑软件失效的信息物理融合电力系统智能变电站安全风险评估[J].中国电机工程学报,2016,36(6):1500-1508.
[13] 韩宇奇,郭创新,朱炳铨,等.基于改进渗流理论的信息物理融合电力系统连锁故障模型[J].电力系统自动化,2016,40(17):30-37.
[14] Çetinkaya E K, Alenazi M J F, Peck A M, et al. Multilevel resilience analysis of transportation and communication networks[J]. Telecommunication Systems, 2015, 60(4): 515-537.
[15] 王振刚,陈渊睿,曾君,等.面向完全分布式控制的微电网信息物理系统建模与可靠性评估[J].电网技术,2019,43(7):2413-2421.
[16] Xin S J, Guo Q L, Sun H B, et al. Information-energy flow computation and cyber-physical sensitivity analysis for power systems[J]. IEEE Journal on Emerging and Selected Topics in Circuits and Systems, 2017, 7(2): 329-341.
[17] 韩赫,张沛超,孙宏宇,等.能量流-信息流-价值流协同的区域热电系统分散式能量管理方法[J].中国电机工程学报,2020,40(17):5454-5467.
[18] 王迪,郭庆来,孙宏斌.图计算在GCPS中的应用场景研究[J].电网技术,2019,43(7):2384-2392.
[19] 何逵田.基于Petri网的混合系统建模与仿真方法研究[D].哈尔滨:哈尔滨工业大学,2016.
[20] Derler P, Lee E A, Vincentelli A S. Modeling cyber-physical systems[J]. Proceedings of the IEEE, 2012, 100(1): 13-28.
[21] Liu R, Vellaithurai C, Biswas S S, et al. Analyzing the cyber-physical impact of cyber events on the power grid[J]. IEEE Transactions on Smart Grid, 2015, 6(5): 2444-2453.
[22] 孙充勃,成晟,原凯,等.基于节点映射模型的电力信息物理系统实时仿真平台[J].电网技术,2019,43(7):2368-2377.
[23] 高昆仑,王宇飞,赵婷.电网信息物理系统运行中信息-物理交互机理探索[J].电网技术,2018,42(10):3101-3109.
[24] 杨志才,裘杭萍,权冀川,等.CPS拓扑结构节点重要性排序方法[J].计算机科学,2015,42(8):128-131.
[25] Cai Y, Cao Y J, Li Y, et al. Cascading failure analysis considering interaction between power grids and communication networks[J]. IEEE Trans. on Smart Grid, 2016, 7(1): 530-538.
[26] 冀星沛,王波,董朝阳,等.电力信息-物理相互依存网络脆弱性评估及加边保护策略[J].电网技术,2016,40(6):1867-1873.
[27] Xu L, Guo Q, Yang T, et al. Robust routing optimization for smart grids considering cyber-physical inter-dependence[J]. IEEE Transactions on Smart Grid, 2018, 10(5): 5620-5629.
[28] 曲朝阳,赵腾月,张玉,等.基于渗流理论的电力CPS网络风险传播阈值确定方法.电力系统自动化,2020,44(4):16-28.
[29] 张友强,寇凌峰,盛万兴,等.配电变压器运行状态评估的大数据分析方法[J].电网技术,2016,40(3):

768 - 773.
[30] Buldyrev S V, Havlin S, Parshani R, et al. Catastrophic cascade of failures in interdependent networks [J]. Nature, 2010, 464: 1025 - 1031.
[31] 王宇飞,高昆仑,赵婷,等.基于改进攻击图的电力信息物理系统跨空间连锁故障危害评估[J].中国电机工程学报,2016,36(6):1490 - 1499.
[32] Wang Y F, Yan Z, Wang J. The cross space transmission of cyber risks in electric cyber-physical systems[C]. Changsha: The 11th International Conference on Natural Computation (ICNC15), 2015: 1279 - 1283.
[33] 陈援非,朱珍民,鹿晓文.基于信息-物理空间映射的智能空间建模方法[J].系统仿真学报,2013,25(2):216 - 219,227.
[34] Su Z, Xin S, Xu L, et al. A compensation method based assessment of cyber contingency for cyber-physical power systems[C]. 2018 IEEE Power & Energy Society General Meeting (PESGM). IEEE, 2018: 1 - 5.
[35] Li W, Yang T, Delicato F C, et al. On enabling sustainable edge computing with renewable energy resources[J]. IEEE Communications Magazine, 2018, 56(5): 94 - 101
[36] 王海柱,张延旭,蔡泽祥,等.智能变电站过程层网络信息流潮流模型与计算方法[J].电网技术,2013,37(9):2602 - 2607.
[37] 何瑞文,汪东,张延旭,等.智能电网信息流的建模和静态计算方法研究[J].中国电机工程学报,2016,36(6):1527 - 1535.
[38] 孙辰,刘东,李庆生.信息物理融合的主动配电网动态潮流研究[J].中国电机工程学报,2016,36(6):1509 - 1516.
[39] 曹科宁,李仁发,张小明,等.面向CPS复杂事件流的不确定性研究[J].计算机工程与科学,2015,37(3):415 - 421.
[40] 尹忠海,张凯成,杜华桦,等.基于事件驱动的信息物理系统建模[J].微电子学与计算机,2015,32(12):126 - 129.
[41] 薛禹胜,赖业宁.大能源思维与大数据思维的融合 (一)大数据与电力大数据[J].电力系统自动化,2016,40(1):1 - 8.
[42] 曹一家,张宇栋,包哲静.电力系统和通信网络交互影响下的连锁故障分析[J].电力自动化设备,2013,33(1):7 - 11.
[43] Sridhar S, Hahn A, Govindarasu M. Cyber-physical system security for the electric power grid[J]. Proceedings of the IEEE, 2012, 100(1): 210 - 224.
[44] 汤奕,韩啸,吴英俊,等.考虑通信系统影响的电力系统综合脆弱性评估[J].中国电机工程学报,2015,35(23):6066 - 6074.
[45] Zhu Y H, Yan J, Sun Y, et al. Revealing cascading failure vulnerability in power grids using risk-graph[J]. IEEE Trans. on Parallel and Distributed Systems, 2014, 25(12): 3274 - 3284.
[46] 汤奕,王琦,倪明,等.电力信息物理系统中的网络攻击分析[J].电力系统自动化,2016,40(6):148 - 151.
[47] 倪明,颜诘,柏瑞,等.电力系统防恶意信息攻击的思考[J].电力系统自动化,2016,579(5):154 - 157.
[48] An Y, Liu D. Multivariate Gaussian-based false data detection against cyber-attacks[J]. IEEE Access, 2019, 7: 119804 - 119812.
[49] An Y, Liu D, Chen B, et al. Enhancing the distribution grid resilience using cyber-physical oriented islanding strategy[J]. IET Generation, Transmission & Distribution, 2020, 14(11): 2026 - 2033.

[50] 林进挚,吴英,吴功宜,等.基于信息物理系统的紧耦合网络控制方法[J].通信学报,2015,36(2):1-11.
[51] 曾倬颖,刘东.光伏储能协调控制的信息物理融合建模研究[J].电网技术,2013,37(6):1506-1513.
[52] 付灿宇,王立志,齐冬莲,等.有源配电网信息物理系统混合仿真平台设计方法及其算例实现[J].中国电机工程学报,2019,39(24):7118-7125,7485.
[53] 赵俊华,文福拴,薛禹胜,等.电力信息物理系统的建模分析与控制研究框架[J].电力系统自动化,2011,35(16):1-8.
[54] Lee E A, Seshia S A. Introduction to embedded systems: a cyber-physical systems approach[M]. Beijing: China Machine Press, 2012.
[55] 王云,刘东,李庆生.主动配电网中柔性负荷的混合系统建模与控制[J].中国电机工程学报,2016,36(8):2142-2150.
[56] 李培恺,曹勇,辛焕海,等.配电网信息物理系统协同控制架构探讨[J].电力自动化设备,2017,37(12):2-7.
[57] 李培恺,刘云,辛焕海,等.分布式协同控制模式下配电网信息物理系统脆弱性评估[J].电力系统自动化,2018,42(10):22-29.
[58] 黄良宝,张劲,李海翔.兰双线故障后系统安全自动装置的研制方案[J].浙江电力,1998(3):4-9.
[59] Falahati B, Fu Y, Wu L. Reliability assessment of smart grid considering direct cyber-power interdependencies[J]. IEEE Transactions on Smart Grid, 2012, 3(3): 1515-1524.
[60] Wu L, Kaiser G. An autonomic reliability improvement system for cyber-physical systems[C]. Omaha: IEEE 14th International Symposium on High-Assurance Systems Engineering, 2012: 56-61.
[61] 何磊.IEC61850应用入门[M].北京:中国电力出版社,2012.
[62] 杨菁,张鹏飞,徐晓伟,等.电网态势感知技术国内外研究现状初探[J].华东电力,2013,41(8):1575-1581.
[63] Alur R. Hybrid automata: an algorithmic approach to the specificatin and verification of hybrid systems[M]. Germany: Springer, 1993.
[64] 刘振亚.全球能源互联网[M].北京:中国电力出版社,2015.
[65] 曹军威,杨明博,张德华,等.能源互联网-信息与能源的基础设施一体化[J].南方电网技术,2014,8(4):1-10.
[66] 董朝阳,赵俊华,文福栓,等.从智能电网到能源互联网:基本概念与研究框架[J].电力系统自动化,2014,38(15):1-11.
[67] Tsoukalas L H, Gao R. From smart grids to an energy internet: assumptions, architectures and requirements[C]. Nanjing: Third International Conference on Electric Utility Deregulation and Restructuring and Power Technologies, 2008.
[68] 盛万兴,段青,梁英,等.面向能源互联网的灵活配电系统关键装备与组网形态研究[J].中国电机工程学报,2015,35(15):3760-3769.
[69] 韩国政,徐丙垠.基于IEC61850的高级配电自动化开放式通信体系[J].电网技术,2011,35(4):183-186.
[70] 丁涛,牟晨璐,别朝红,等.能源互联网及其优化运行研究现状综述[J].中国电机工程学报,2018,38(15):4318-4328,4632.
[71] 吴克河,王继业,李为,等.面向能源互联网的新一代电力系统运行模式研究[J].中国电机工程学报,2019,39(4):966-979.
[72] 别朝红,王旭,胡源.能源互联网规划研究综述及展望[J].中国电机工程学报,2017,37(22):

6445-6462,6757.
[73] 王冰玉,孙秋野,马大中,等.能源互联网多时间尺度的信息物理融合模型[J].电力系统自动化,2016,40(17):13-21.
[74] 施陈博,苗权,陈启鑫.基于CPS的能源互联网关键技术与应用[J].清华大学学报(自然科学版),2016,56(9):930-936,941.
[75] Xue Y S, Yu X H. Beyond smart grid—cyber-physical-social system in energy future[J]. Proceedings of the IEEE, 2017, 105(12): 2290-2292.
[76] Xue Y S, Yu X H. Smart grids: a cyber-physical systems perspective[J]. Proceedings of the IEEE, 2016, 104(5): 1058-1070.
[77] 王毅,陈启鑫,张宁,等.5G通信与电力物联网的融合:应用分析与研究展望[J].电网技术,2019,43(5):1575-1585.
[78] 傅质馨,李潇逸,袁越.电力物联网关键技术探讨[J].电力建设,2019,40(5):1-12.
[79] 张亚健,杨挺,孟广雨.电力物联网在智能配电系统应用综述及展望[J].电力建设,2019,40(6):1-12.
[80] 周峰,周晖,刁赢龙.电力物联网智能感知关键技术发展思路[J].中国电机工程学报,2020,40(1):70-82,375.
[81] Boschert S, Rosen R. Digital twin—the simulation aspect[M]. Berlin: Springer, 2016: 59-74.
[82] Shafto M, Conroy M, Doyle R, et al. Modeling, simulation, information technology and processing roadmap[M]. Washington: National Aeronautics and Space Administration, 2012.
[83] Schluse M, Rossmann J. From simulation to experimentable digital twins: simulation-based development and operation of complex technical systems[C]. 2016 IEEE International Symposium on Systems Engineering (ISSE), 2016.
[84] Schroeder G N, Steinmetz C, Pereira C E, et al. Digital twin data modeling with automation ML and a communication methodology for data exchange[J]. IFAC-PapersOnLine, 2016, 49(30): 12-17.
[85] Gabriela J J M, Juan B V, et al. Digital twins: review and challenges[J]. Journal of Computing and Information Science in Engineering, 2021, in press.
[86] 汪际峰,周华锋,熊卫斌,等.复杂电力系统运行驾驶舱技术研究[J].电力系统自动化,2014(9):100-106.
[87] 贺兴,艾芊,朱天怡,等.数字孪生在电力系统应用中的机遇和挑战[J].电网技术,2020,44(6):2009-2019.
[88] 吴盛军,刘建坤,周前,等.考虑储能电站服务的冷热电多微网系统优化经济调度[J].电力系统自动化,2019,43(10):10-18.
[89] 窦迅,王俊,王湘艳,等.基于演化博弈的区域电-气互联综合能源系统用户需求侧响应行为分析[J].中国电机工程学报,2020,40(12):62-73.
[90] 杨斌,杜文娟,王海风.数据驱动下的虚拟同步发电机等效建模[J].电网技术,2020,44(1):35-43.
[91] 尚宇炜,郭剑波,吴文传,等.数据-知识融合的机器学习(1):模型分析[J].中国电机工程学报,2019,39(15):4406-4416.

第2章

电网信息物理交互机理分析

当前信息通信技术已被广泛应用到现代电网并深刻变革其运行模式，但信息-物理交互机理仍不清晰，现有的电力系统计算与分析模型亦未充分考虑信息因素。CPS概念及理论注重于信息空间和物理系统之间的联系与交互作用，是实现二者融合分析与控制的有效手段，能够解决现代电网面临的运行与控制分析难题。因此我们需要突破空间界限，探索信息空间与物理系统在拓扑连接与功能耦合方面的交互机制，归纳信息过程和物理过程之间的驱动逻辑与演变规律，才能建立可精确描述GCPS多应用场景及业务的融合模型。

2.1 电网信息物理交互研究技术路线

考虑离散事件与连续过程耦合的电网信息物理交互机理分析包括以下三个部分：

1）信息物理关键交互路径辨识。分析电力二次设备等空间联动接口在跨空间交互过程中的作用，辨识实现信息空间与物理系统互动的信息物理关键交互路径，构建关键交互路径的信息物理多维度数学模型，揭示其运行机理，提出信息物理关键交互路径搜索方法。

2）信息-物理耦合事件成因与发展研究。阐释电力系统连续动力学动态过程与信息空间离散事件状态之间双向驱动的数理逻辑；阐释信息物理耦合事件的成因；揭示多个信息物理耦合事件之间因果关联、传播、转换与消退规律，提出考虑不确定性因素的信息物理耦合事件分析方法。

3）考虑交互影响的GCPS演化机理。度量电力元件与信息元件之间的实时跨空间相互依存关系，辨识功能失效元件，提出GCPS元件功能有效性判定方法；研究由拓扑与功能复合而成的GCPS功能形态及其多阶段演化机制，描述信息物理网络交替发展过程，建立适用于信息流与能量流可观可控的跨空间功能迁移分析模型，评估系统规模与形态对GCPS性能的影响。

信息-物理交互机理研究的技术路线主要是通过提出信息空间与电网物理系统的交互机理分析方法，以揭示电网信息物理系统运行的内在机制：首先，从信息-物理交互拓扑、离散信息状态与连续电力过程的相互驱动、电网信息物理系统运行状态的演化等层面剖析电网信息物理系统运行的信息-物理交互特性，提出考虑信息离散状态与电力连续过程融合的信息-物理耦合事件概念，并以此作为本文理论依据；进而，突破空间界限，提出基于信息-物理交互特性的信息-物理交互机理研究框架，揭示电网信息物理系统运行方式及运行状态的演化过程；最后，讨论信息-物理关键交互路径辨识、信息-物理耦合事件建模、信息-物理耦合事件协同演化机制等信息-物理交互机理的若干关键技术，展望其在电网信息物理分析与控制领域的应用前景。

电网信息物理系统运行涵盖了信息-物理交互拓扑（系统运行的拓扑结构）、信息流-能量流相互驱动（系统运行的事件驱动关系）、运行状态的演化（系统运行的状态迁移）三部分因素。因此，为了揭示电网信息物理系统运行的内在机制，将电网信息物理系统运行中的信息-物理交互机理为研究对象，并以电网信息物理系统运行的信息-物理交互特性作为研究出发点和理论依据，开展综合考虑信息-物理交互拓扑以及信息-物理耦合事件的信息-物理交互机理分析，主要包括前述三个研究部分：① 辨识信息-物理关键交互路径，建立信息空间与电网物理系统之间的交互拓扑；② 剖析信息-物理耦合事件成因，提出其对电网信息物理系统运行稳定性影响的数学模型及量化计算方法；③ 研究在系统运行的具体业务目标引导下，多个耦合事件之间的协同演化机制，阐明电网信息物理运行状态演化过程。

依据信息-物理交互特性，分别从以下三个层面对信息-物理交互机理展开研究，以阐明电网信息物理系统运行规律。

1. 信息-物理关键交互路径辨识

信息-物理交互拓扑为信息空间与电网物理系统的交互提供了实现场景，可通过分析电力二次设备等空间联动接口在跨空间交互过程中的作用进一步阐释信息空间与电网物理系统的交互路径，并辨识诸多交互路径中对实现信息-物理交互起核心作用的信息-物理关键交互路径，依据图论、复杂网络理论等知识提出考虑跨空间联动接口的信息-物理关键交互路径搜索方法。跨空间联动接口为能够实现信息-物理交互的一个或一组元件构成的功能逻辑体，如图 2－1 所示。每条信息-物理关键交互路径至少包含一个跨空间联动接口。

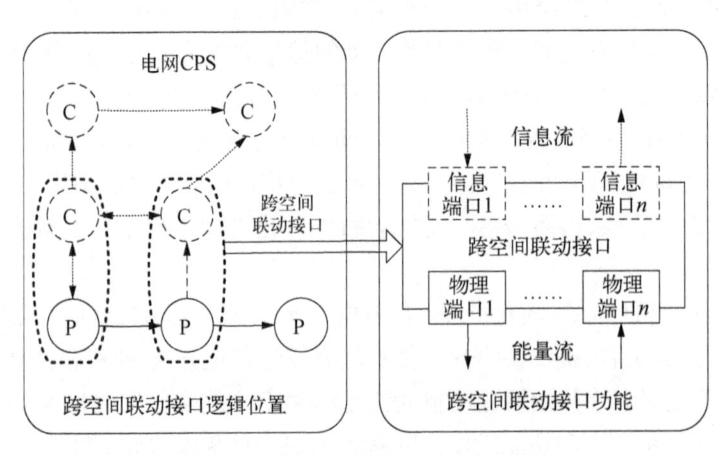

图 2－1　空间联动接口位置及功能

2. 信息-物理耦合事件建模

信息-物理耦合事件为信息空间与电网物理系统的交互提供了实现方式，可通过分析离散信息状态与连续电力过程之间双向驱动的逻辑，构建“离散状态-连续过程”的驱动事件链，揭示信息-物理耦合事件成因。之后，针对电网信息物理系统运行分析，建立信息-物理耦合事件的数学模型及其对系统运行稳定性影响的量化计算方法：首先，构建包含离散信息状态变量、连续电力过程变量、时间等多类变量的多维数理空间；之后，在该空间内建立融合了离散信息状态时变函数与连续电力过程时变函数的耦合事件数学模型；最后，讨论耦合事件内部信息时变函数与电力时变函数之间的融合计算方法，以及多个信息-物理耦合事件相互叠加的量化计算方法，如式(2-1)～式(2-5)所示。

$$\begin{cases} y_c = f_c(x_c,\ t) \\ y_p = f_p(x_p,\ t) \end{cases} \tag{2-1}$$

假设电网信息物理系统运行过程中存在公式(2-1)的离散信息时变函数 f_c 与连续电力时变函数 f_p，x_c 与 x_p 分别为时变函数的输入变量，t 为时间因素，y_c 与 y_p 分别为时变函数的输出变量，则由 f_c 与 f_p 构成的信息-物理耦合事件数学模型有以下两种计算方式。

方式1. 寻找函数映射 $\varphi_{c\to p}$，使得 y_c 作为 f_p 的输入变量 x'_p，如公式(2-2)与公式(2-3)。方式1可将信息空间的变化映射成为电网物理系统的变化，以 y_p 作为信息-物理耦合事件的计算结果。如在评估由信息攻击引起电网级联故障的危害时，可将信息攻击的危害折算成其电网功率/负荷的影响，并将该影响视为对电网的扰动进行分析计算。

$$x'_p = \varphi_{c\to p}(y_c) \tag{2-2}$$

$$y_p = f_p(x_p,\ x'_p,\ t) \tag{2-3}$$

方式2. 寻找函数映射 $\varphi_{c\to L}$ 与 $\varphi_{p\to L}$，使得 x_c 与 x_p 均映射为 x_L，再计算与 x_L 对应的 y_L，以 y_L 作为信息-物理耦合事件的量化计算结果，如公式(2-4)与公式(2-5)。需要注意的是 x_L 与 y_L 为人为构造的信息-物理耦合事件变量，其物理含义需进一步讨论。

$$\begin{cases} x_L = \varphi_{c\to L}(x_c) \\ x_L = \varphi_{p\to L}(x_p) \end{cases} \tag{2-4}$$

$$y_L = f_L(x_L,\ t) \tag{2-5}$$

3. 电网信息物理系统运行状态演化

信息-物理交互拓扑与信息-物理耦合事件为揭示电网信息物理系统运行状态的演化提供了技术支撑，通过分析面向电网信息物理系统运行各业务场景中多个耦合事件的协同演化机制可进一步明确电网信息物理系统运行本质。

面向电网信息物理系统运行的各业务场景，简化耦合事件内部的驱动事件链，剖析多个耦合事件之间的相互触发条件及约束条件。结合业务场景分析多个耦合事件时空协同的数学本质，求解电网信息物理系统运行状态演化的最优多个耦合事件协同演化方式，建立电网信息物理运行状态演化的多阶段系统运行状态演化模型。

综上所述，信息-物理交互机理分析的技术架构如图2-2所示。

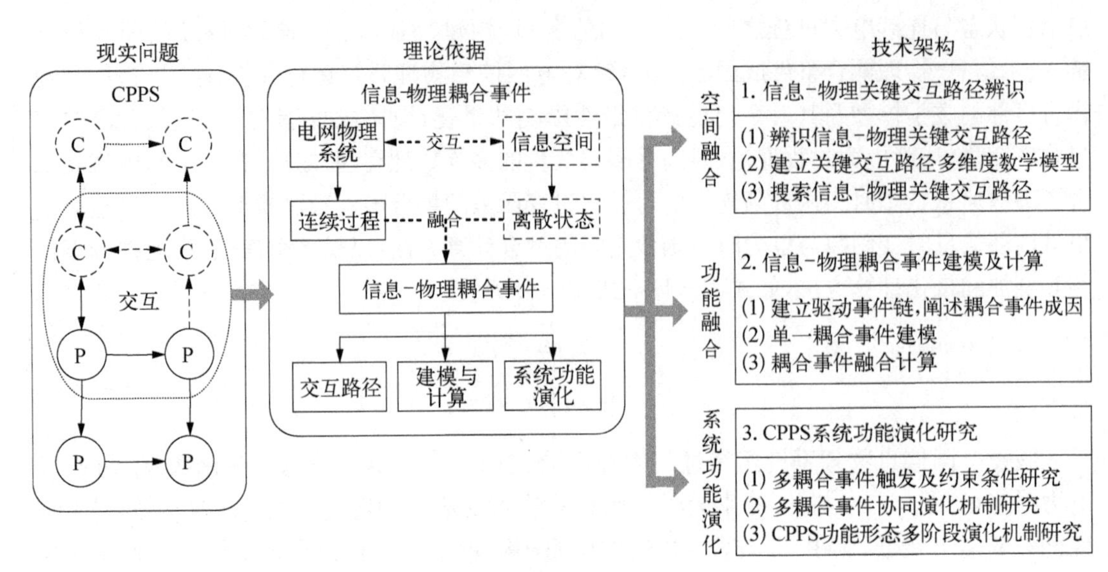

图 2-2　信息-物理交互机理的技术架构

2.2　信息-物理关键交互路径辨识

2.2.1　信息空间与电力系统交互特性分析

电网信息物理作为典型的复杂异构系统,其系统运行的信息-物理交互过程包含了信息节点与电力节点之间的信息-物理交互拓扑、信息流与能量流相互驱动,以及由两者相互叠加而产生的电网信息物理系统运行状态演化等多个信息-物理交互环节(图 2-3)。

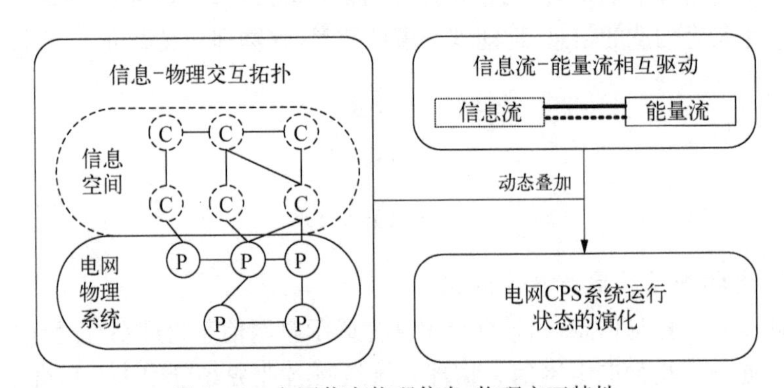

图 2-3　电网信息物理信息-物理交互特性

类似于交通系统中道路与车辆的关系,上述信息-物理交互环节的共同作用实现了电网信息物理系统运行过程中信息-物理交互：一方面,信息-物理交互拓扑实现了信息节点与电力节点之间的连接路径,为信息-物理交互过程提供了交互空间;另一方面,信息流与能量流相互驱动实现了信息空间与电网物理系统之间的业务连接,为信息-物理交互提供了动态的交互方式,使得电网信息物理成为一个同时涵盖信息功能与电网功能的完整系统;最后,在电网信息物理系统运行的具体业务场景中，电网信息物理系统运行状态的演化（即从电网信息物理的前一个系统稳态经历若干暂态过程之后，演化到电网信息物理的下一个系统稳态），需要通过信息-物理交互拓扑与信息流-能量流相互驱动的动态叠加来实现（图2-3）。在图2-3中，改变电网信息物理系统运行状态的触发条件、电网信息物理系统运行的多个暂态过程，可能是单纯的电力系统故障引起的电力系统潮流变化（如相间短路、母线接地等扰动引发的三道防线动作等）或是由信息因素引发的电力系统潮流变化（如信息空间对电力系统的调度控制、信息攻击引发的电力系统级联故障等）。

下面从信息-物理交互拓扑、信息流-能量流相互驱动、电网信息物理系统运行状态的演化等层面剖析电网信息物理系统运行过程中的信息-物理交互特性。

1. *信息-物理交互拓扑的交互特性*

信息节点与电力节点之间存在多种连接方式，且连接状态随电网信息物理系统运行状态而动态改变。一方面，电网信息物理节点的功能及形态各异，故存在多种连接方式，如单向单通路类型（互感器与合并单元之间的单向数据传递、控制装置与一次设备之间的单向控制指令传递等）、双向双通路类型（保护装置与一次设备之间同时存在的设备状态监测通路与保护动作执行通路等）、双向多通路类型[配电终端与开关之间的"三遥"（遥测、遥信、遥控）功能及保护通路等]等；另一方面，对应电网信息物理的不同运行状态，节点之间的连接状态可能出现"连接且活动"（正常工作）、"连接不活动"（备用或故障）、"连接断开"（检修或故障）等情况。上述信息-物理交互拓扑特性使得难以直接建立基于图论的精准电网信息物理系统运行模型，任意两条跨空间有向边的物理含义与权重可能均不相同，需要先辨识电网信息物理系统运行的关键交互拓扑，再构建基于复杂网络的精准电网信息物理系统运行模型。

2. *信息流-能量流相互驱动的交互特性*

电网信息物理系统运行及运行状态改变是通过离散信息状态与电力连续过程的动态相互触发实现。一方面，电网信息物理系统运行的信息-物理交互过程具备"离散-连续"的交互特征，该特征是电网信息物理系统运行区别于智能交通、工业自动控制、航空航天等其他行业CPS信息-物理交互过程的显著特征，其他行业CPS的物理系统变化可用离散状态进行描述，并通过离散事件链描述信息-物理交互过程；另一方面，电网信息物理系统运行中各类信息-物理交互过程的时间周期跨度大，一次完整的信息-物理交互过程时间周期可从数毫秒至数天，如表2-1所示。

表2-1　电网信息物理系统运行中信息-物理交互过程时间周期举例

序号	信息-物理交互过程描述	离散信息状态/耗时	连续电力过程/耗时	信息-物理交互过程的时间周期
1	调度指令改变发电机出力	调度指令下发并执行/若干分钟	发电机出力变化/若干微秒至若干分钟	若干分钟
2	APT攻击引起电力设备误动	APT攻击发生并攻击成功/数分钟至数天	电力系统暂稳状态改变、潮流发生变化/数微秒至数分钟	数分钟至数天
3	短路电流引起区域电网紧急控制	主动解列判定并自动决策/若干毫秒	产生相间短路电流/若干毫秒	若干毫秒

为了统一描述电网信息物理系统运行中各类信息-物理交互过程，将离散信息状态与连续电力过程进行联立分析，并将两者的交互过程定义为息-物理耦合事件。典型的信息-物理耦合事件如“由调度指令引起的发电机出力变化”（离散信息状态触发连续电力过程）、“信息攻击引起的一次设备状态变化及潮流改变”（离散信息状态触发连续电力过程）、“输电线路短路引起的保护装置动作”（连续电力过程触发离散信息状态）、“负荷变化引起的监测数据变化”（连续电力过程触发离散信息状态）等，如图 2-4 所示。

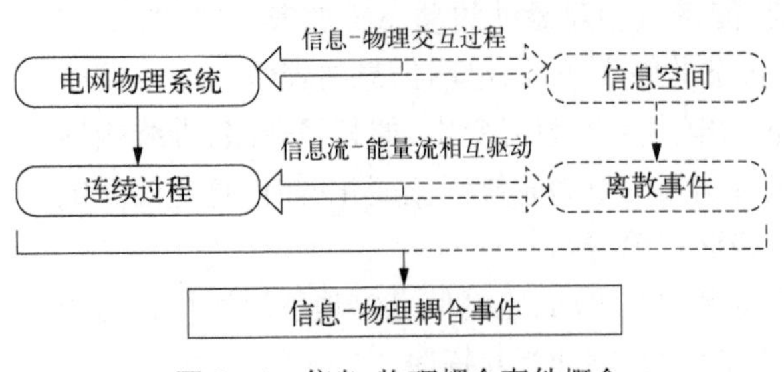

图 2-4 信息-物理耦合事件概念

3. 电网信息物理系统运行状态演化的交互特性

在系统运行的具体业务目标引导下，电网信息物理将从前一个系统运行稳态经历多个系统运行暂态逐步演化到下一个系统运行稳态，该过程为电网信息物理系统运行状态的演化。电网信息物理系统运行状态的演化需要多个信息-物理耦合事件的时空协同来实现：一方面，单一耦合事件难以完成复杂的系统运行状态演化；另一方面，实现系统运行状态演化的多个耦合事件组合方式可能有多种，需要判定其中的最优组合方式。因此，可将电网信息物理系统运行的状态演化过程抽象成目标问题，将各种耦合事件组合方式作为目标问题的可行解，并构建综合考虑多个耦合事件组合方式、演化时长、电网信息物理系统运行经济性指标及安全性指标的多目标优化问题，以求解最优多个耦合事件组合，如公式(2-6)。

$$\min_{(k,\ i)\in R} \quad \Delta p = f(k,\ i)$$

$$\text{s.t.} \quad \begin{cases} P^{t+i} = \varphi(P^t,\ k) \\ k = \{k_1,\ \cdots,\ k_l\} \\ R_E = \{(k,\ i) \mid E'_k \leqslant f(k,\ i) \leqslant E''_k\} \\ R_S = \{(k,\ i) \mid S'_k \leqslant f(k,\ i) \leqslant S''_k\} \end{cases} \tag{2-6}$$

式中，P^t 表示电网信息物理在 t 时刻的系统运行状态（稳态）；P^{t+i} 表示电网信息物理在经历 i 个时刻演化后的系统运行状态（稳态）；k 为电网信息物理实现从 P^t 演化到 P^{t+i} 的一种信息-物理耦合事件组合，公式(2-6)的约束条件代表电网信息物理由 t 时刻的稳态 P^t 经历信息-物理耦合事件组合 k 影响后过渡到 $t+i$ 时刻的稳态 P^{t+i}，R_E 为电网信息物理系统运行的经济约束因素，E' 与 E'' 为系统运行经济性指标上下限，R_S 为电网信息物理系统运行的安全约束因素，S' 与 S'' 为系统运行安全性指标上下限。Δp 为综合考虑耦合事件组合 k 与时间 i 的目标函数，求解该目标函数即可得到电网信息物理系统运行从 P^t 演化到 P^{t+i} 的最优信息-物理耦合事件组合方式。

下面举例说明电网信息物理系统运行状态演化，以及耦合事件对改变系统运行状态的作用：假设某电网信息物理系统运行过程中的负荷总量恒定，且其在 t_1 时刻处于

系统运行稳态 P^1；在 t_2 时刻母线 A 的控制终端因信息攻击而宕机形成控制失效的隐性故障(耦合事件1：由信息攻击引发的电力系统故障)，此时系统运行稳态为 P^2；在 t_3 时刻母线 B 因相间短路而退出运行，电网信息物理需断开母线 A 以变更系统运行拓扑并重新分配潮流，但母线 A 因控制失效导致断开失败，电网信息物理进入紧急状态 P^3；经 t_4 至 t_5 时刻的电网紧急控制(耦合事件组合：基于运行数据量测的故障定位及隔离、信息空间参与决策的潮流重新分配与网络重构等)，电网信息物理恢复系统运行稳态 P^5，如图 2-5 所示。

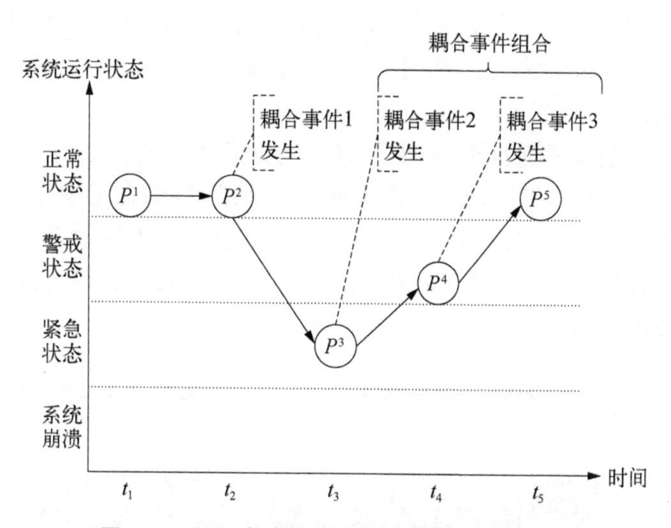

图 2-5　电网信息物理系统运行状态演化示例

在系统封闭性层面，电网信息物理并不是完全封闭的自治系统，其信息空间与电力市场、人口流动、信息安全等社会因素以及其他 CPS 的信息空间紧密相关，电力系统与石油网络、天然气网络、热力网络等其他能源系统或能源 CPS 交互，如图 2-6 所示。

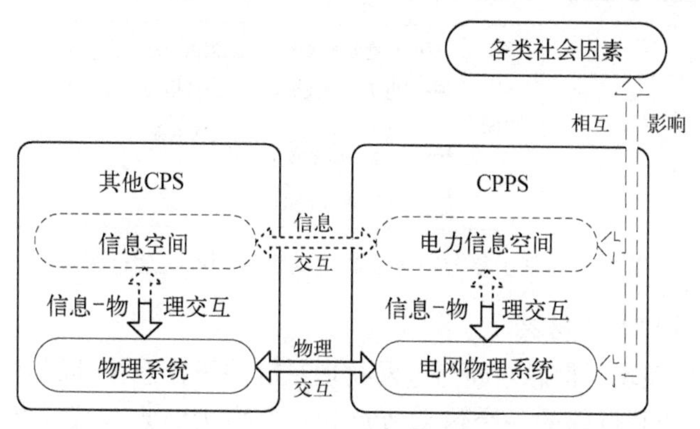

图 2-6　电网信息物理与社会因素和其他 CPS 的交互

2.2.2　考虑路径功能失效的信息-物理关键交互路径辨识方法

在电网信息物理系统运行过程中，其系统拓扑连接及各拓扑所承载的信息流或能量流均会动态调整，以满足不同时刻的业务目标。从拓扑连接视角发掘对电网信息物理系统运行影响最大的信息-物理关键交互路径，可为电网信息物理系统运行的优化调度、安全分析提供技术支撑。

1. 构建电网信息物理系统运行模型

信息空间与电网物理系统在功能结构及运行方式上存在巨大差异，而复杂网络理论可实现异构系统之间的融合建模及分析，因此可构建基于复杂网络的电网信息物理系统运行分析模型。在确定目标电网信息物理的系统规模与主要功能后，构建与目标电网信息物理对应的复杂网络 $\vec{G}(V, A)$，其中顶点集合 V 包含信息节点（如计算、存储、控制、量测等节点）、通信节点、电力节点（如传统发电、输/变电、配电、负荷、储能、新能源等节点），并依据节点功能设定有向边集合 A 中各边的类型（如通信边、数据边、控制边、潮流边等）、权重、有向边容量阈值等参数。

电网物理系统是全局平衡且连续，而信息空间是典型的离散系统，可建立两层复杂网络，上层网络代表信息空间，下层网络代表电网物理系统，再综合考虑文献提出的信息流计算方法与信息空间稳态模型，以及本书的信息-物理耦合事件等技术手段，可在基于复杂网络的电网信息物理系统运行分析模型中模拟电网信息物理系统运行过程，即分析电网信息物理在不同时间尺度下的运行过程，如图 2-7 所示。

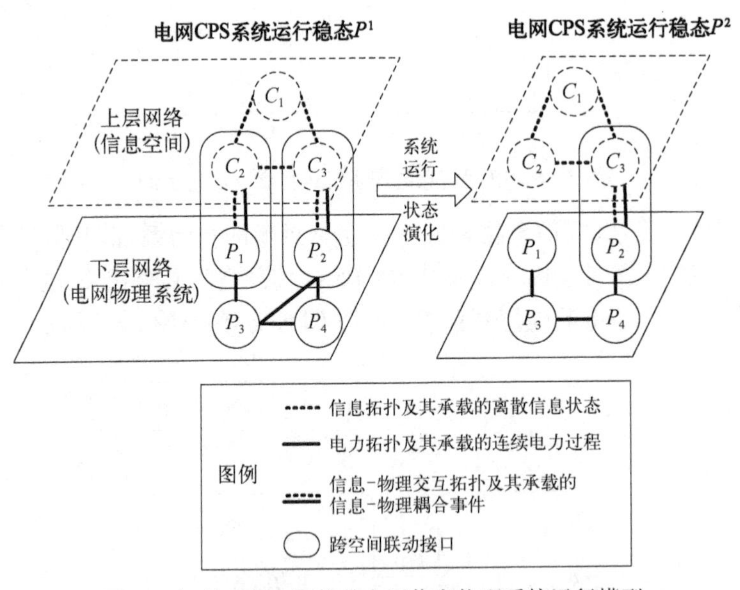

图 2-7 基于复杂网络的电网信息物理系统运行模型

2. 搜索信息-物理交互路径

跨空间联动接口实现了信息空间与电网物理系统的拓扑连接，以其作为搜索信息-物理交互路径的起始点，与其近邻的一个信息节点和一个电力节点构成一条信息-物理交互路径，如图 2-7 中的路径"$\{C_1—C_2—P_1—P_3\}$"和"$\{C_1—C_3—P_2—P_4\}$"，可按以下步骤搜索信息-物理交互路径：

1) 设 $\vec{G}(V, A)$ 中，存在由 m 个信息节点构成的集合 V_c^m 与由 n 个电力节点构成的集合 V_p^n，且 $V_c^m \cup V_p^n = V$，则寻找信息节点 $V_c^{(i)}$ 与电力节点 $V_p^{(j)}$ 的组合，且存在连接 $V_c^{(i)}$ 与 $V_p^{(j)}$ 的有向边 $A^{i,j}$，则 $\{V_c^{(i)}—V_p^{(j)}\}$ 为跨空间联动接口。

2）从剩余的节点集合 V_c^{m-1} 与 V_p^{n-1} 中搜索节点 $V_c^{(i')}$ 和 $V_p^{(j')}$，满足存在有向边 $A^{i',i}$ 与 $A^{j,j'}$，则 $R^{i',j'}=\{V_c^{(i')}—V_c^{(i)}—V_p^{(j)}—V_p^{j'}\}$ 构成一条信息-物理交互路径。

3）依次遍历剩余节点集合 V_c^{m-2} 与 V_p^{n-2}，寻找其他包含 $\{V_c^{(i)}—V_p^{(j)}\}$ 的信息-物理交互路径，直至剩余节点集合为空。

4）以下一个跨空间联动接口为搜索起始点，搜索包含其的信息-物理交互路径，直至所有跨空间联动接口遍历完毕。

3. 信息-物理关键交互路径判定

以拓扑功能失效对电网信息物理系统运行的影响，作为信息-物理关键交互路径的判定依据，选取影响较大的交互路径作为信息-物理关键交互路径。假设经搜索，电网信息物理中共有 1 条信息-物理交互路径，尝试切断某条信息-物理交互路径 R^{α}，$\alpha\in[1, l]$，依次进行下列判别：

判定准则 1. 若电网信息物理直接变成相互割裂的信息空间与电网物理系统（电网信息物理的纵向割裂），即信息-物理交互路径 R^{α} 为割边，则 R^{α} 为信息-物理关键交互路径，可标记为 R^{α^*}。

判定准则 2. 若 R^{α} 不是割边，但电网信息物理因 R^{α} 功能失效而解列为多个孤立的子电网信息物理（电网信息物理的横向割裂），则 R^{α} 为信息-物理关键交互路径 R^{α^*}。

判定准则 3. 若 R^{α} 即非割边又未使电网信息物理系统解列，则计算是否可利用其他信息-物理交互路径弥补 R^{α} 的功能。当 R^{α} 功能失效后电网信息物理仍能保持完整系统功能，则 R^{α} 不是关键交互路径；反之，计算因 R^{α} 功能失效而造成的电网信息物理系统功能损失程度 Q^{α}；进而依次计算其他类似的交互路径 R 因功能失效而造成的电网信息物理系统功能损失程度 Q，最后对 Q 进行分析，得到考虑拓扑功能失效的信息-物理关键交互路径的判定阈值及 R^* 集合。

2.2.3　信息物理跨空间连锁故障微观建模和分析

2.2.3.1　跨空间连锁故障机理分析

1. 跨空间连锁故障的概念

在电网信息物理形成之前，信息空间与电力系统中分别存在各自空间内部的连锁故障，如电力系统连锁故障（失步解列等）、网络风暴、震荡波病毒等，这些故障只针对各自空间内部的组件产生影响。

因电网信息物理中信息空间与电力系统存在大量的信息流和能量流实时交互，因此原本被孤立于各自空间的安全风险因素拥有了跨越空间边界，并相互叠加形成跨空间连锁故障的可能：如信息空间中某个信息系统失效，导致与其关联的控制系统不能正常工作，进而影响与其连接的一次设备异常，甚至引发电力系统解列；又如电网监测控制系统对于一次设备的测量出现偏差，进而导致信息空间中的仿真运算模型出现偏差，以致发布错误的调度运行指令，最终一次设备因执行错误指令而破坏电网安全稳定运行；或者因电力一次设备断电，直接导致信息空间因断电而全面瘫痪。图 2-8 与图 2-9 以智能变电站为例列举了两类典型的跨空间连锁故障。

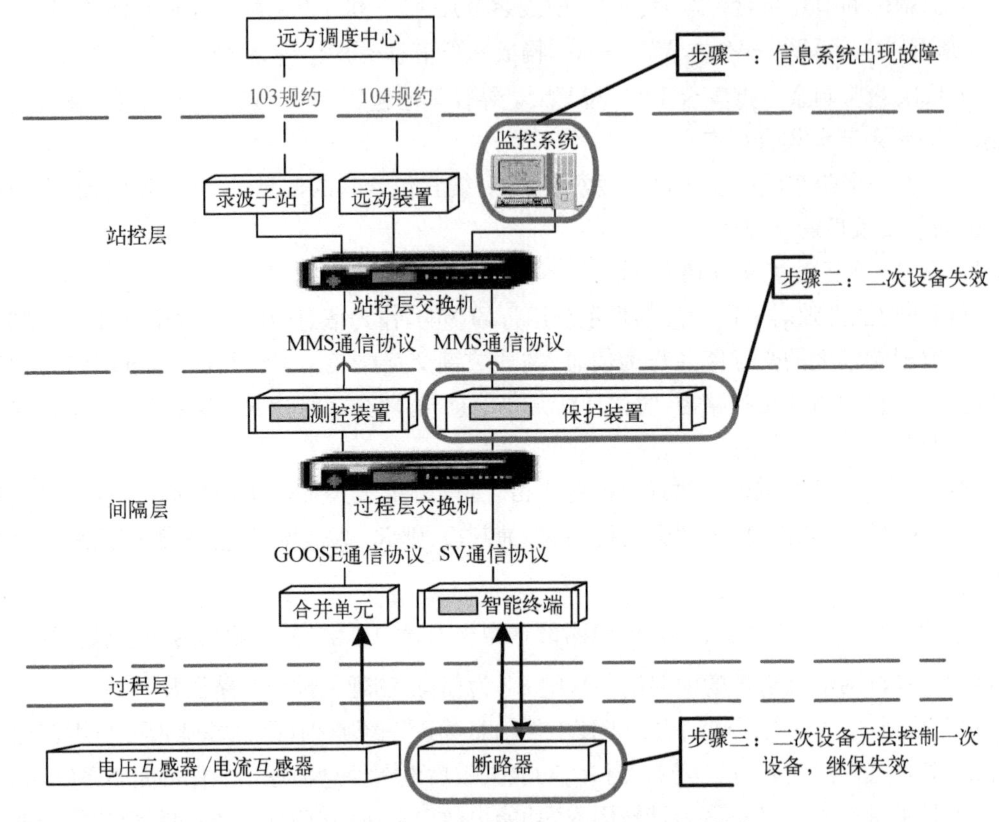

图 2-8　由信息系统故障引发的跨空间连锁故障

因此电网信息物理中跨空间连锁故障的产生原因是非常复杂的，其故障根源可能是信息空间组件，也可能是电力系统组件，或者由两者同时引发。

2. 跨空间连锁故障的产生机理

(1) 跨空间连锁故障的形成过程

电力信息物理系统具备典型的二元异构结构，信息空间呈现出无标度的离散时空特性，而电力系统是典型的连续时空，在信息空间与电力系统的空间边界需要一类特殊的设备实现离散量与连续量之间的转换，即空间联动接口。空间联动接口的物理形态为各种电力二次设备，如发电厂分布式主控单元和自动发电控制装置(automatic generation control, AGC)、智能变电站的保护装置和测控装置等，其同时处于信息空间的最底层和电力系统的最顶层。在电力信息物理系统中已知的空间联动接口为电网监测控制系统，因此其也是安全事故连锁反应跨越空间边界的关键节点。电网监测控制系统实现了对于能量流、控制流、信息流的交汇，实现了信息流和控制流的上传下达，既为信息系统提供运算数据，又对电力一次设备实现精确测控。

空间联动接口的作用为：一方面，从信息空间组件(如本地监测控制系统、调度平台等)接收含有业务指令内容的信息流，翻译成控制流向下传递给电力一次设备，实现对能量流的控制；另一方面，将电力一次设备的运行状态和实时潮流等数据转化为信息流，并向上发送给信息空间组件，完成实时监测、仿真计算、状态估计等工作。

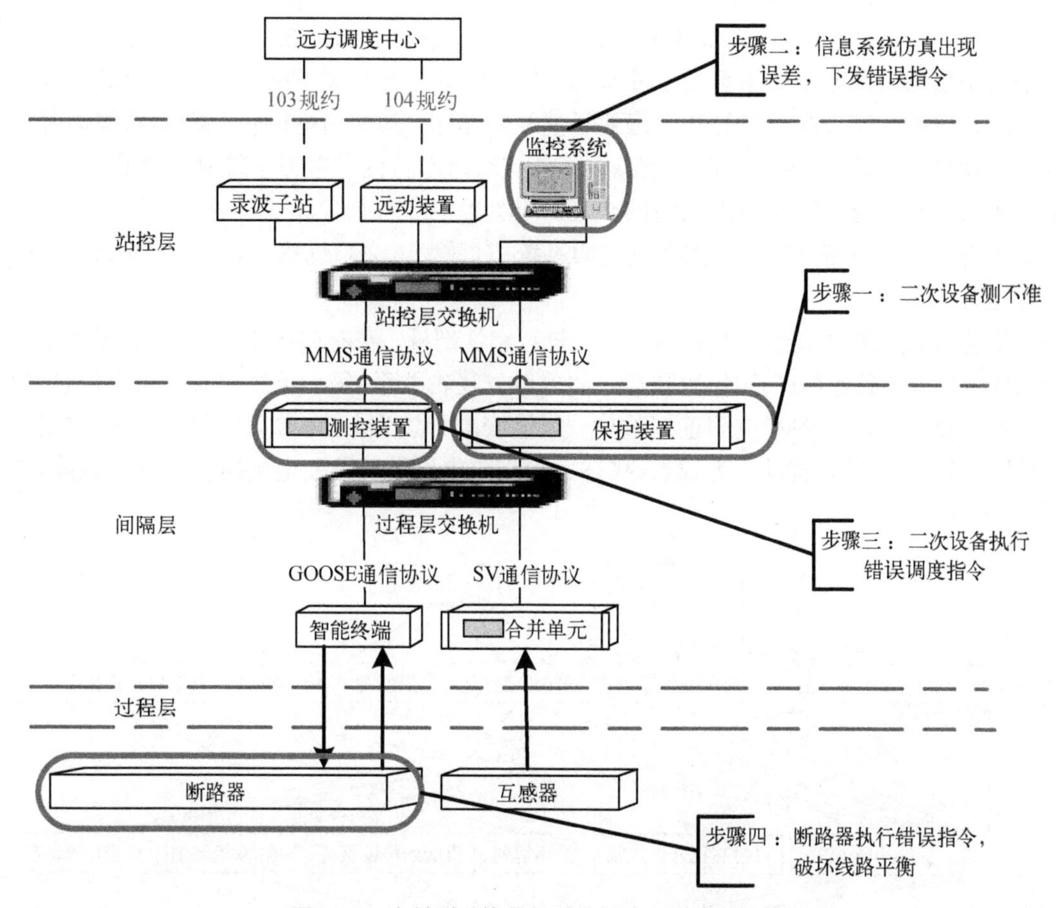

图 2-9　由量测系统误差引发的跨空间连锁故障

空间联动接口连接了信息空间与电力系统，也引发了新的安全缺陷——原孤立于电力系统或信息空间的安全风险有可能跨越空间界限，对电力信息物理系统全域施加影响。

跨空间连锁故障为网络攻击、二次设备故障和电力系统暂态稳定节点扰动等安全风险紧密结合而成，其产生过程可概括为：首先，某空间内的安全风险（故障源）在一定条件下发作；进而，其影响空间联动接口，诱发二次设备故障，并将其影响传播到另一空间；最终，故障源的影响作用于另一空间中的组件，并形成跨空间连锁故障。

产生跨空间连锁故障的根本原因为：因电网信息物理中信息空间与电力系统的紧密耦合，原本孤立于信息空间（或电力系统）中的安全隐患一旦形成故障（如网络攻击或电力系统暂态稳定节点扰动产生）就有可能借助于空间联动接口对整个电网信息物理施加影响，并且跨空间连锁故障可通过空间联动接口不断地在信息空间和电力系统之间反复穿越传播，不断放大其危害。

跨空间级联故障的一种典型过程为：因遭受网络攻击或可靠性故障导致信息空间元件工作异常，将可能导致与之连接的电力二次设备出现异常（或以隐性故障形态存在），如网络攻击会引发继电保护装置拒动、变电站监测控制装置误动、AVC 下发错误指令等电力二次设备故障。进而电力二次设备异常工作后将有可能诱使电力一次设备出现非正常操作或者处于异常工况，从而使信息风险的破坏作用从信息空间向电力系统投影。

故网络攻击、电力二次设备故障和暂态稳定节点扰动之间存在明显的因果逻辑关系，正是由于信息空间与电力系统的紧密耦合，它们顺序爆发形成了跨空间级联故障。电力二次设备对跨空间级联故障的产生起到了重要的作用：其作为电网信息物理系统内部的空间联动接口，将离散时空特性的信息空间与连续时空特性的电力系统紧密耦合起来，实现了离散信息流与连续能量流之间的交互，同时原本孤立于信息空间的安全风险有可能借助于电力二次设备将其危害扩散到电力系统中，诱发电力系统扰动，进而影响电力系统稳定运行。

借助图论方法，对跨空间连锁故障成因进行定性剖析。在有向图中，顶点代表某种攻击步骤或最终攻击目标，有向边代表顶点之间的触发逻辑关系，每一条有向通路均为信息-物理交互关键路径，即一种跨空间连锁故障。以输变电场景为例，将常见的网络攻击、二次设备故障、暂态稳定节点扰动作为顶点，描述由网络攻击引发的输变电侧跨空间连锁故障，如图 2-10 所示。

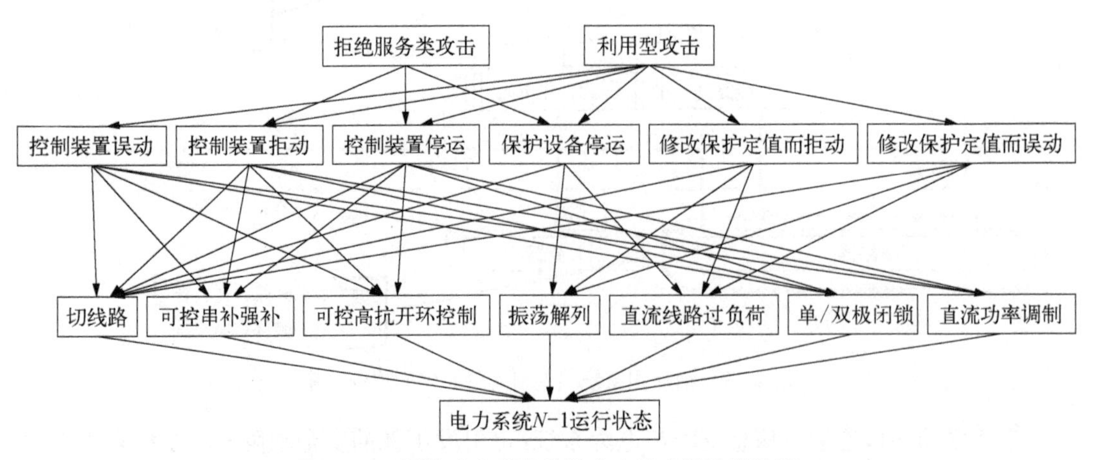

图 2-10 网络攻击引发的输变电跨空间连锁故障

(2) 跨空间连锁故障的存在形态

跨空间连锁故障可被理解为由网络攻击、二次设备故障和电力系统暂态稳定节点扰动相互融合而成的复合型故障，不同类型的跨空间连锁故障在电网信息物理的不同空间内表现形态也不尽相同。

一方面，由网络攻击引发的跨空间连锁故障。其产生过程可概述为网络攻击发生并对二次设备施加影响，进而形成暂态稳定节点扰动，最终干扰电力系统正常运行，如因网络攻击引发的电力设备误动、拒动等。此类故障在信息空间呈现出典型的故障形态（各种网络攻击），而在电力系统中又呈现出扰动形态（各类暂态稳定节点扰动）。

另一方面，由暂态稳定节点扰动引发的跨空间连锁故障。其产生过程可概述为暂态稳定节点扰动发生，造成电力系统运行故障，进而干扰信息空间组件的正常运行。此类故障对信息空间可造成直接影响或间接影响，直接影响包括信息空间组件停电停运、设备的电磁损坏等高危破坏，间接影响包括由坏数据注入造成的状态估计错误、由监测数据测不准造成的仿真计算错误等低危破坏，此类故障对信息空间组件造成的破坏可视为信息空间扰动。此类故障在电力系统呈现出典型的故障形态(由暂态稳定节点扰动引发的电力系统故障),而在信息空间中呈现出扰动形态。

信息安全风险因素各式各样,但其对于电网监测控制系统的影响无外乎两类:一类使电网监测控制系统失效(拒动);另一类使电网监测控制系统发布错误/异常的运行指令(误动)。所以可以得到下面重要结论——信息空间风险因素跨越空间边界进入电力空间后,将以扰动或故障的形态作用于电力系统,即各类跨空间连锁故障在故障源空间以故障形态存在,并在其他空间以扰动形态存在。

2.2.3.2　跨空间连锁故障传播机制研究

从前面的分析可知,电网信息物理中跨空间连锁故障的最简单形态为空间内部横向传播或者跨空间的单向传播,但是实际的电网信息物理结构十分复杂,其中蕴含着各种各样的联系,往往会形成跨空间连锁故障在电网信息物理的不同空间之内反复穿越空间边界,这时的跨空间连锁故障从电网信息物理的纵切面看去将是波状传播,从电网信息物理的横切面看去将呈辐射状的传播,如图 2-11 所示。

下面借助细胞自动机(cellular automation, CA)展示电网信息物理中跨空间连锁故障的传递方式。下面先简单介绍细胞自动机。细胞自动机是定义在一个具有离散、有限状态的细胞组成的细胞空间上,并按照一定局部规则,在离散的时间维演化的动力学系统。它最基本的组成部分包括细胞(cell)、细胞空间(lattice)、邻居(neighbour)及演变规则(rule)。

1) 细胞:细胞又可称为单元或基元,如图 2-12 中的网格单元,是 CA 最基本的组成部分。细胞分布在离散的一维、二维或多维欧氏空间的晶格内部,具有离散有限的状态,通过赋予其不同的值,对于最初基本的细胞自动机,通常状态有两种:0 和 1;或三种:−1,0,+1。

2) 细胞空间:细胞空间如图 2-12 中的网格空间,是细胞所分布的空间网点集合。其网点可有多种形式,例如二维细胞可按三角、四方或六边形等网格排列。需要规定模拟空间的大小并定义相应的边界条件。边界条件主要有周期型、反射型和定值型等。

3) 邻居:在考虑一个细胞对其他细胞的影响时,必须规定每个细胞会影响到哪些邻居细胞。在一维细胞自动机中,通常以半径 r 来确定邻居,距离一个 r 内的所有细胞均被认为是该细胞的邻居。模型设计可按四邻域、八邻域或扩展邻域确定。

4) 演变规则:根据细胞当前状态及其邻居状态确定下一时刻该细胞状态的动力学函数,就是一个状态转移函数,通常可以写为

$$S_i(t+l)=f(S_{i-r}, S_{i-r+1}, \cdots, S_i, \cdots, S_{i+r-1}, S_{i+r}) \tag{2-7}$$

其中,S_i 表示第 i 个细胞的状态。这个函数构造了一种简单的、离散的空间/时间的局部物理成分。在细胞空间中采用这个局部物理成分对其结构的“细胞”重复修改。细胞自动机的演化之所以千变万化,是由于其转化规则的不同引起,转化规则是细胞自动机的核心,它决定系统演化的结果。

根据之前建立的局部电网信息物理模型和细胞自动机工作原理,将智能变电站中可构成链路的“信息节点-控制节点-电力节点”组合构造成细胞空间,细胞空间中每个细胞代表

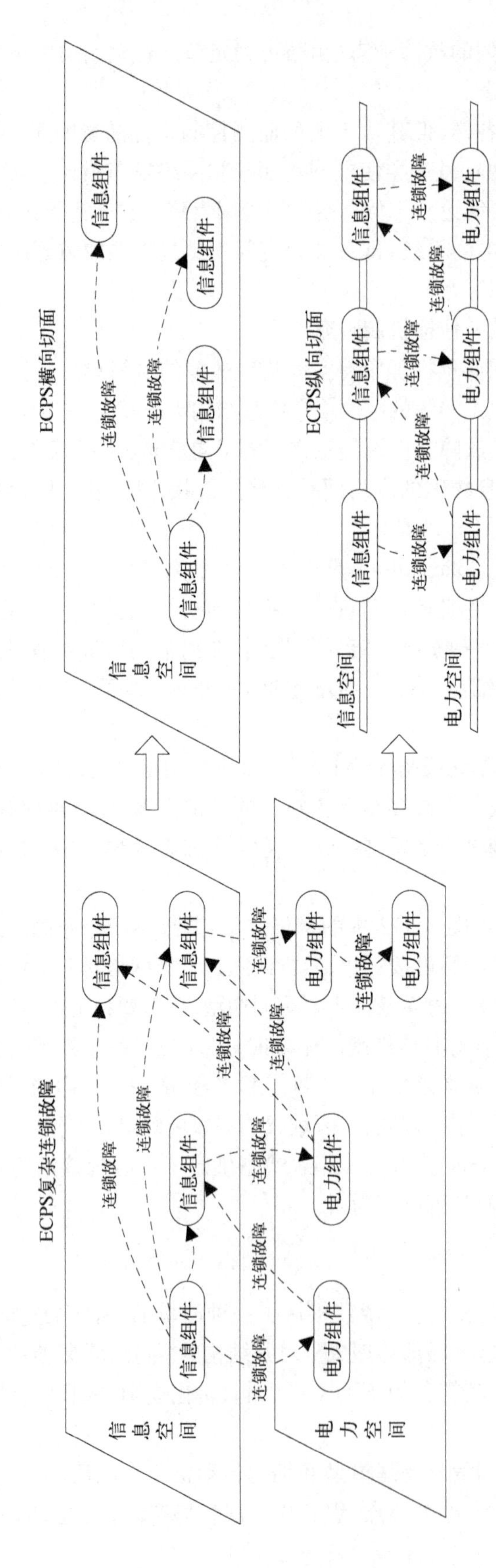

图 2-11 电网信息物理系统中复杂传播的形态

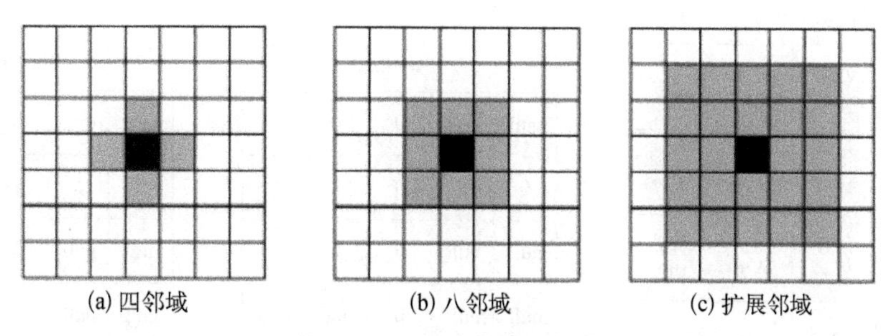

图 2-12 细胞空间和领域

一个节点，细胞的邻居为可通过信息流或能量流与该细胞产生关系的其他节点，并通过细胞自动机中邻居状态的不断演化来模拟跨空间连锁故障的传播方式。

先将智能变电站中每个组件抽象成细胞，因为组件之间最多与其他 4 个组件存在联系，故细胞的临域设定为 4。对于与其他细胞联系少于 4 的细胞可将其部分临域设定为“空”(null)。设定每个细胞有两种状态“0”和“1”，“0”表示正常，“1”表示故障。细胞空间的传染规则设定为，“若某个细胞状态为 1，则其临域内的细胞状态也置为 1”(图 2-13)。根据图 2-13 中智能变电站的细胞状态空间，模拟其中某个组件发生故障后，其跨空间连锁故障的传播过程，如图 2-14 所示。

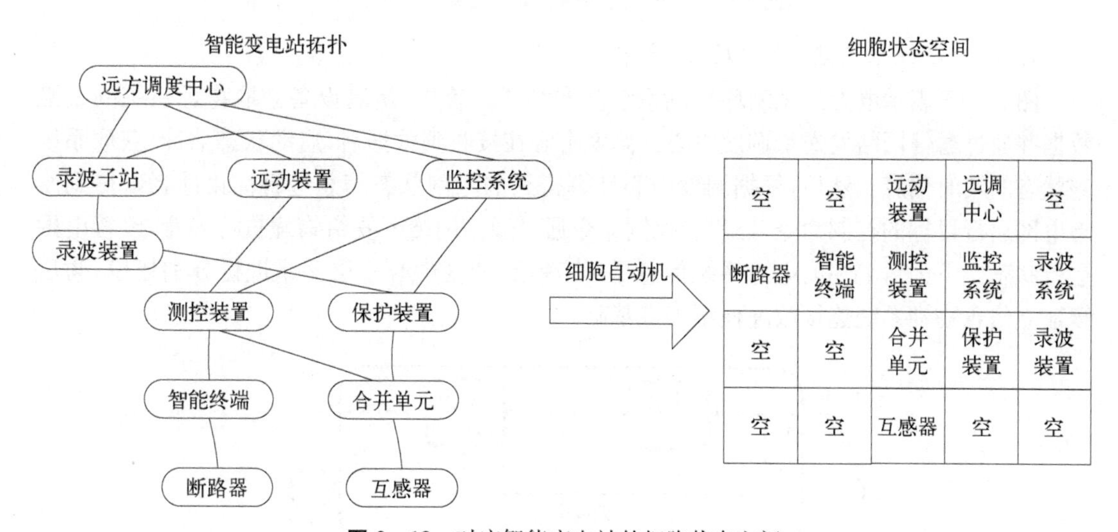

图 2-13 对应智能变电站的细胞状态空间

2.2.4 信息物理跨空间连锁故障宏观建模和分析

信息物理系统是由信息系统和物理系统组成的互相耦合、互相影响的复合系统。电力系统具有信息物理系统的典型特征，并且随着智能电网和能源互联网的不断发展，电力系统将变成一个信息和物理深度融合的网络。另外，目前已经发生的多起大停电事故都与电力信息系统和物理系统的相互影响有关。而传统的电力系统分析方法多关注潮流断面，难以表征电力信息物理系统的动态特性。为此，本书提出了一种新的电力信息物理系统连锁故障模型。

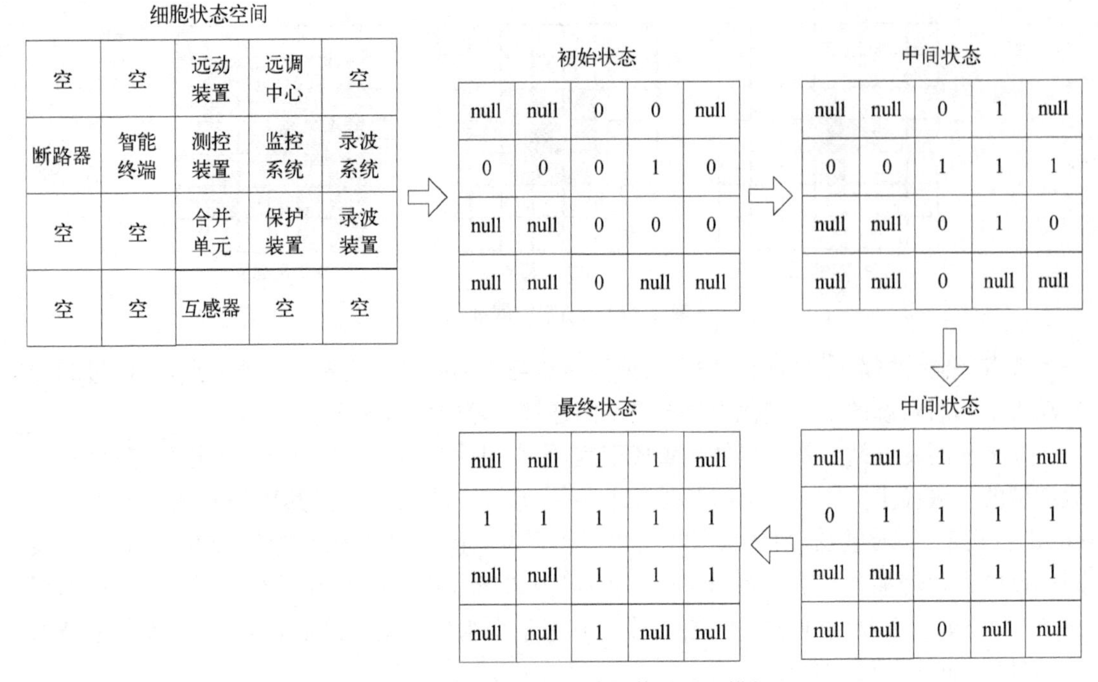

图 2-14　跨空间连锁故障的传播过程模拟

1. 电力系统信息层-物理层-调度中心建模

图 2-15 表示电力广域闭环控制系统基本结构。首先，量测设备获取物理系统的量测数据并通过通信网络发送给调度中心。调度中心在接收到数据后，启动状态估计，获取系统的状态的实时信息。然后，根据调度中心计算得到的电网状态信息进行优化计算以得到改善电网运行目标的控制命令。最后，控制命令通过通信网络下发给物理执行装置，改善电网运行状态。下面对上述的电力系统信息层-物理层-调度中心三层关系进行分别建模，为后续建立信息物理系统连锁故障模型提供基础。

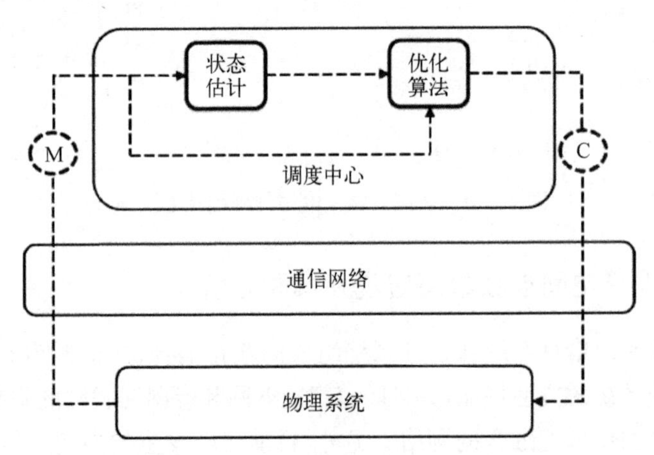

图 2-15　电力广域闭环控制系统基本结构

(1) 信息层建模

在建模过程中，按照实际的电力系统信息网络进行建模，典型的通信网络结构主要包括两种：双星型和网状结构。双星型结构的核心层为调度中心及其备用，而网状结构的核心层除调度中心外，还包括重要的变电站。两种结构都包含由地调组成的汇聚层和由发电厂、变电站组成的接入层。

用关联矩阵 M_{cyber} 来描述信息层中各个节点之间的关联关系。假设信息层节点数目为 N_{cyber}，则 M_{cyber} 中各元素的数值如式(2-8)所示：

$$\begin{cases} M_{cyber}(i,\ j)=M_{cyber}(j,\ i)=1 & 1\leqslant i,\ j\leqslant N_{cyber};i\neq j;\text{节点 } i,\ j \text{ 之间有信息边} \\ M_{cyber}(i,\ j)=M_{cyber}(j,\ i)=0 & 1\leqslant i,\ j\leqslant N_{cyber};i\neq j;\text{节点 } i,\ j \text{ 之间无信息边} \\ M_{cyber}(i,\ i)=0 & 1\leqslant i\leqslant N_{cyber} \end{cases} \tag{2-8}$$

(2) 物理层建模

对实际电力系统进行建模需要先分析厂站的接线，包括节点和母线，然后分析母线之间的连接关系，得到电力网络的模型。假设得到的模型中母线节点的数目为 $N_{physical}$。在数学上，可以将物理层分成三个部分进行描述。

1) 母线(bus)，主要包括母线的编号、类型、负荷功率、母线电压的幅值与相角等参数与变量。母线的类型分为三种：PQ 节点、PV 节点、$V\delta$ 节点。

2) 支路(branch)，主要包括支路始端母线编号和终端母线编号、支路电阻、电抗、电纳、传输容量等参数与变量。

3) 发电机(generator)，主要包括发电机所在母线编号、有功发电量、无功发电量、有功发电上下限、无功发电上下限等参数与变量。

(3) 耦合关系建模

假设信息网模型中节点数目是 N_{cyber}，物理网模型中母线节点的数目是 $N_{physical}$。选择一对一的耦合方式，忽略节点之间耦合强度的差异，则可用一个 $N_{cyber}\times N_{physical}$ 阶的矩阵 $M_{coupling}$ 来表示信息层与物理层的耦合关系。

$$\begin{cases} M_{coupling}(i,\ j)=1 & 1\leqslant i\leqslant N_{cyber},\ 1\leqslant j\leqslant N_{physical},\text{信息层节点 } i \text{ 与物理层节点 } j \text{ 耦合} \\ M_{coupling}(i,\ j)=0 & 1\leqslant i\leqslant N_{cyber},\ 1\leqslant j\leqslant N_{physical},\text{信息层节点 } i \text{ 与物理层节点 } j \text{ 不耦合} \end{cases}$$

其中信息层模型中的调度中心节点作为信息层中信息传递的起点与终点，信息层其他节点之间的信息传递不会通过调度中心，因而认为其介数为0。另外，调度中心节点被视为信息层相较于物理层多加的一个节点，因而不与物理层中的任何节点耦合，因此

$$N_{cyber}=N_{physical}+1$$

2. 信息物理系统连锁故障模型

在建立信息层模型、物理层模型、调度中心模型等分立的模型后，将各个模块整合成电力信息物理系统连锁故障模型。本研究所提出的以复杂网络理论和交流潮流为基础的信息物理系统连锁故障模型，如图2-16所示。

具体计算流程如下：

第1步：恢复系统初始状态，包括信息网和物理网的结构与参数。

第2步：线路开断，包括三种情况，分别是信息层线路开断(表征电力信息系统中通信

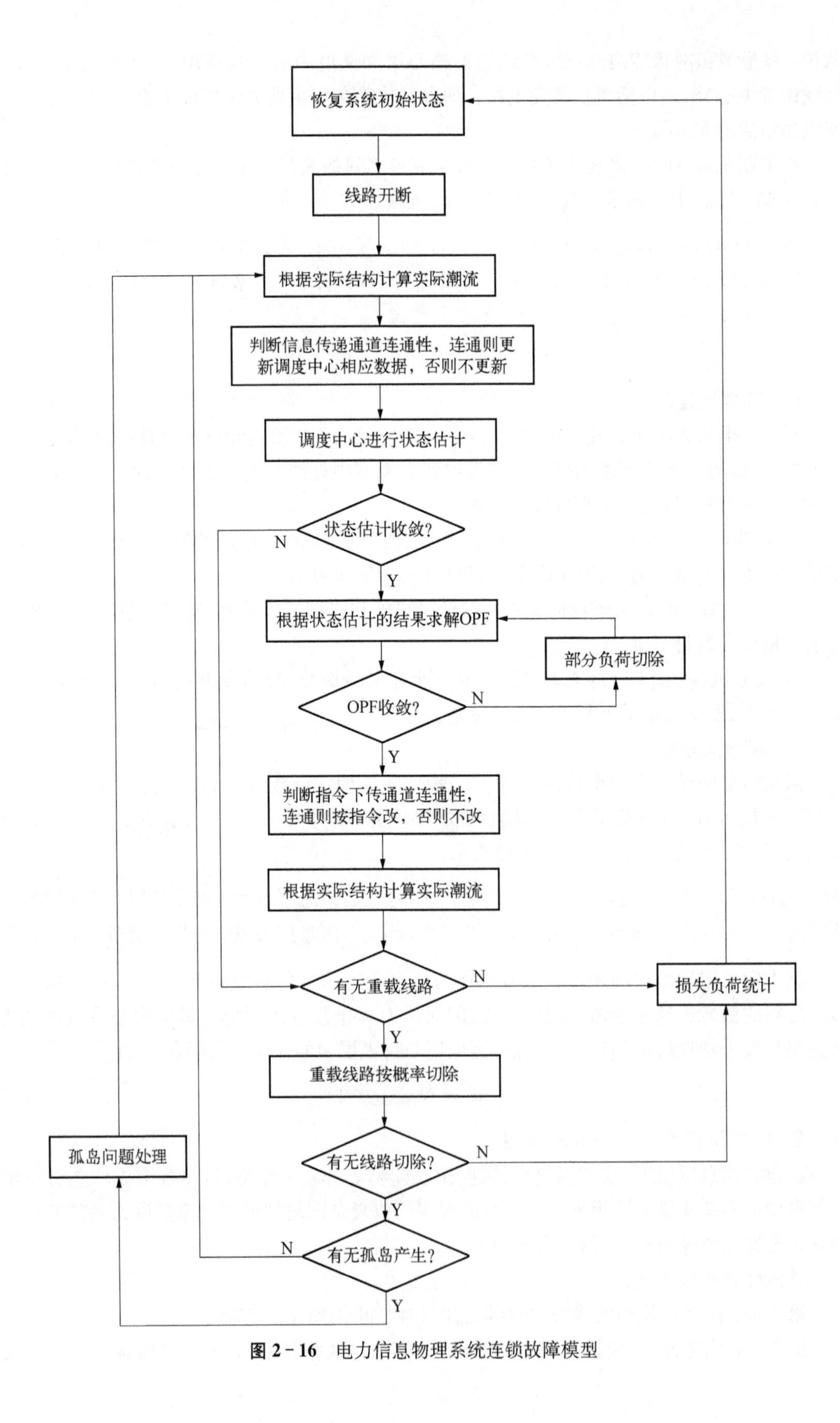

图 2-16　电力信息物理系统连锁故障模型

线路开断的情况)、耦合边开断(表征信息采集装置失灵和指令下达通道不同的情况)、物理层线路开断(表征电力线路永久故障的情况)。线路开断可以是以上三种情况的组合,来表征信息层物理层同时受到攻击的状况。

第 3 步：根据受攻击后物理层的实际结构计算实际潮流 PF_{real}。

第 4 步：判断信息上传通道连通性。本模型中认为信息上传过程需要经过两步,即从物理层节点传递到信息层相应节点,接着再传递到调度中心,指令下达过程亦类似。从物理层节点传递到信息层相应节点这一传递过程能否完成通过判断信息物理关联矩阵 $M_{coupling}$ 中相应元素是否为 1 完成。从信息层节点 j 传递到调度中心节点 num_{center} 这一过程能否完成通过判断 $M_{cyber\_sum}(j, num_{center})$ 是否大于 0 来判断。其中

$$M_{cyber\_sum} = I + M_{cyber} + \cdots + M_{cyber}^{N_{cyber}-1} \tag{2-9}$$

如果 $M_{cyber\_sum}(j, num_{center})$ 大于 0,则这一过程可以完成,否则认为信息传递失败。上传信息的内容为潮流计算的结果,下传信息的内容为调度中心下达的对发电机出力和负荷的调整。如果信息上传过程能够完成,则刷新调度中心节点的相应数据。

第 5 步：调度中心根据当前掌握的数据进行状态估计。

第 6 步：判断状态估计是否收敛。如果状态估计收敛就进入第 7 步,否则进入第 10 步。

第 7 步：调度中心根据状态估计的结果求解 OPF。如果 OPF 收敛,则进入第 8 步;否则通过切除系统负荷使 OPF 收敛。

第 8 步：判断信息下传通道连通性,判断方法与第 4 步中方法类似,在此不加赘述。如果信息传递过程能够完成,则根据调度指令更新实际系统中的数据;否则不更新。

第 9 步：根据电网当前实际结构和数据计算实际潮流。

第 10 步：检查物理层是否有线路达到线路重载阈值 α；若有,则进入第 11 步;否则,进入第 14 步。

第 11 步：对于重载线路,以一定的概率 β 开断。如果有线路开断,就进入第 12 步;否则跳至第 14 步。

第 12 步：如果系统被切成两个以上孤岛,则进入第 13 步;否则返回第 6 步。

第 13 步：孤岛问题处理。首先计算每个孤岛内部的负荷水平和发电机最大出力。计算最大的孤岛内被切除的负荷;对剩余孤岛,如果负荷小于发电机最大出力,则认为该孤岛内部能够自行平衡,否则依据两者之差来确定被切除负荷。返回第 3 步。

第 14 步：统计当日负荷损失。

当信息层或耦合边故障时,可能导致调度中心不能收到对应节点的潮流信息,进而对电网进行错误的状态估计,并生成错误的调度指令。调度指令也可能因信息下传路径不同而不能执行,如此错误的累积将可能造成电力信息物理系统的大规模连锁故障。

3. 算例仿真及防控策略

以 IEEE39 节点系统为例进行算例分析,分别建立 IEEE39 节点系统对应的信息层以及物理层,如图 2-17 及图 2-18 所示。

对于建立的电网信息物理模型,针对多种不同形式的故障过程进行仿真,并在此基础上

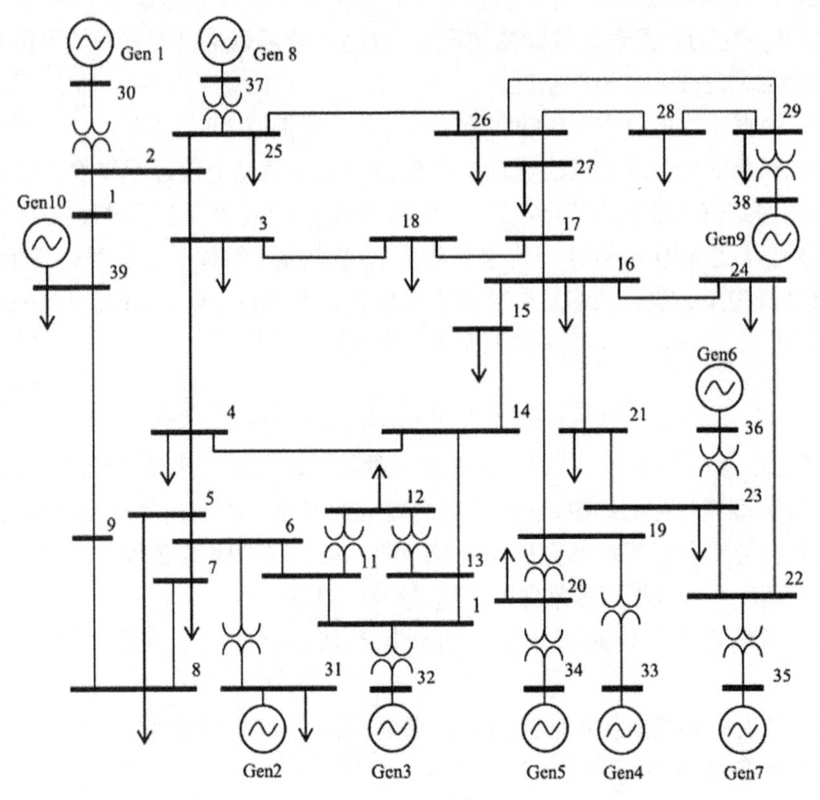

图 2-17 10 机 39 节点系统

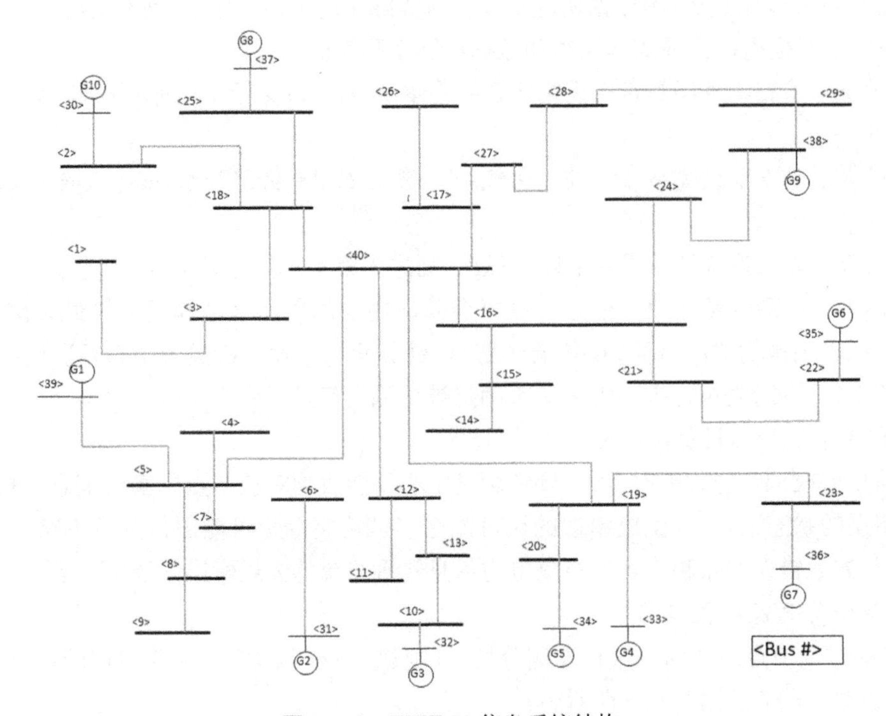

图 2-18 IEEE 39 信息系统结构

研究不同情况下的连锁故障对实际 GCPS 造成的影响。与常规的连锁故障仿真过程不同，由于考虑到 CPS 中信息网的存在，连锁故障仿真过程需要同时考虑信息网和物理网的故障情况。

以高介数、高度数信息节点和物理节点发生故障为例，分析可能造成的负荷损失，进行 1 000 次仿真，得到的结果如图 2-19 与表 2-2 所示。

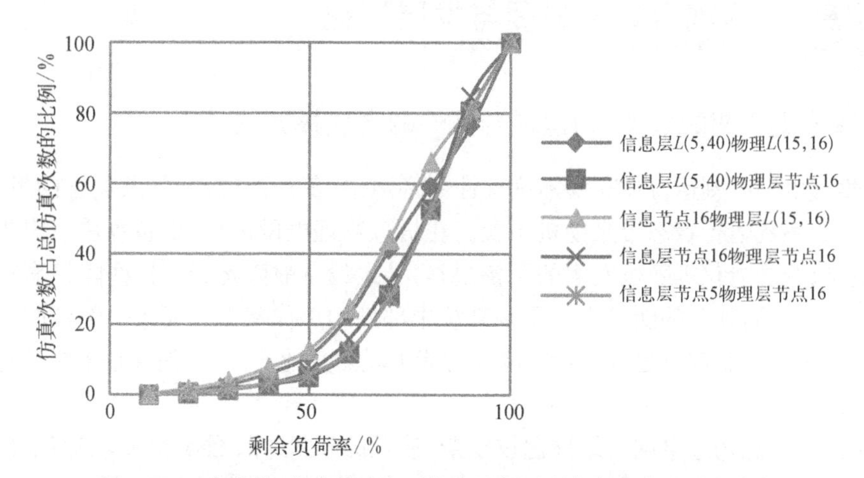

图 2-19　高介数-高度数攻击下仿真比例对剩余负荷率的累积分布

表 2-2　不同初始故障下平均失负荷率和物理层平均被切线路数

初 始 故 障	平均失负荷率	物理层平均被切线路数
信息层 $L(5,40)$ 物理层(15,16)	26.24%	13.19
信息层 $L(5,40)$ 物理层节点 16	21.94%	13.86
信息层节点 16 物理层(15,16)	28.78%	13.62
信息层节点 16 物理层节点 6	23.64%	13.92
信息层节点 5 物理层节点 16	22.18%	13.81

高介数-高度数攻击的平均失负荷率均在 30%以下，小于随机攻击的平均失负荷率。高介数-高度数攻击的物理层平均被切线路数与随机攻击的物理层平均被切线路数接近，说明两种攻击下的物理层的结构完整性接近，但故障线路的脆弱度不同。因此，网络中节点与边的介数并非表征脆弱度的良好指标。由表 2-2 可知，在物理层初始故障相同的条件下，信息层高介数节点故障与信息层高介数边故障相比，平均失负荷率与物理层平均被切线路数均有所上升。

根据仿真结果，研究得到如下两个结论：

1) 信息物理联合随机攻击比单纯的物理随机攻击的平均失负荷率和物理层平均被切线路数均有所增高。

2) 在物理层初始故障相同的条件下，信息层高介数节点故障与信息层高介数边故障相比，平均失负荷率与物理层平均被切线路数均有所上升。

综上所述，我们对 CPS 系统中的连锁故障模型进行了研究，分别建立了物理网、信息网以及两者之间的耦合关系，并在此基础上提出了一套基于复杂网络理论的 CPS 连锁故障模型，为后续利用该模型产生大量的仿真数据打下了坚实的基础，并为关键交互路径识别提供了有力的研究工具。除此之外，我们还对不同类型的故障所造成的负荷损失进行了研究，利用仿真结果，可以为后续系统运营人员制定运行策略提供有价值的参考。

2.3 信息-物理耦合事件成因与发展研究

2.3.1 基于概率图的信息-物理耦合事件融合建模方法

信息物理电网时刻运行在充满不确定性的环境中，负荷的波动、气象灾害的发生、人为的损坏都会给系统运行状态带来随机干扰。在信息物理电网内部，设备也往往因为安装不良、局部放电、绝缘老化等随机发生的设备缺陷，导致设备故障运行。这些随机事件的发生都不是相互独立的，外源的随机事件影响系统中部件的工作状态。而单一部件的工作状态的改变，也会进一步影响与之有物理关联或功能关联的其他部件，从而导致系统整体的运行状态的改变。

但是，由于信息物理电网的结构比较复杂，涉及的随机事件种类繁多，如何准确刻画随机变量的联合分布，描述变量间的相关关系，一直是学术界的研究难题。在本章中，将首先从随机事件的基本概念入手，阐述信息物理系统中不确定性事件的来源，将随机事件与连续/离散随机变量关联起来。阐述随机变量的联合概率密度分布在刻画系统不确定性的重要意义。

为解决获取和表达高维随机变量联合分布中遇到的难题，本节通过引入概率图模型，将随机变量的相关关系用节点和边组成的拓扑来描述，并探索了根据先验知识和采样数据共同构造概率图的拓扑结构的方案。为了降低模型的复杂程度，提升泛化能力，采用了多种结构优化算法。本章还阐述了根据概率图模型进行推断的一般方法，分析了推断的时间和空间复杂度。为了加速推断过程，提出了基于马尔科夫毯的推断加速算法。为了提升推断的容错能力，提出了多轮次的推断流程。基于所建立的基于概率图的信息物理事件模型，开展了灾变下信息物理设备功能失效和停运预测应用。

1. 基于有向概率图的信息-物理事件融合建模

一般的信息物理系统可视为一个包含着若干随机事件的系统 $\mathcal{S}$，它可能是一个独立的信息物理设备，也可能是一个由多个设备和线路组成的信息物理电网。$\mathcal{S}$ 中的每个随机事件均可以映射到一个连续的或者离散的随机变量，因此，采用有向概率图 $\mathcal{G}$ 对系统 $\mathcal{S}$ 建模，就是要使用有向概率图 $\mathcal{G}$ 来表示系统 $\mathcal{S}$ 中的随机变量的联合分布。

假设系统 $\mathcal{S}$ 中有 N 个随机变量 X_1, X_2, …, X_N，则每个随机变量都对应概率图中的一个节点，因此概率图 $\mathcal{G}$ 的节点集为 $\mathcal{N}=\{n_1, n_2, \cdots, n_N\}$。若已知变量之间的依赖关系，则可以得出 $\mathcal{G}$ 的边集合：$\mathcal{E}=\{l_{n_i, n_j}\}_{0\leqslant i, j\leqslant N}$。边 l_{n_i, n_j} 具有方向性，称 n_i 为 n_j 的(一个)父节点，表示随机变量 X_j 依赖于随机变量 X_i 的值。节点 n_i 的所有父节点所组成的集合，称为该节点的父节点集，记为 π_{n_i}。图 2-20 展示了系统 $\mathcal{S}$ 的一种可能的有向概率模型，可见 $\pi_{n_2}=\{n_1\}$，$\pi_{n_5}=\{n_2, n_3\}$ 等。

如何确定有向概率图的边集合需要引入大量的先验假设，或者从数据中挖掘相关关系。在网络拓扑确定的条件下，可以通过链式法则给出系统 $\mathcal{S}$ 中所有随机变量联合分布的表达式：

$$P(X_1, X_2, \cdots, X_n) = \prod_{1\leqslant i\leqslant N} P(X_i \mid \pi_{n_i}) \tag{2-10}$$

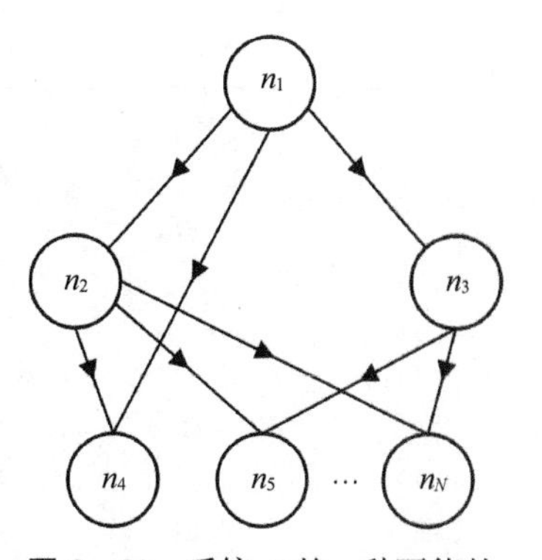

图 2-20　系统 $\mathcal{S}$ 的一种可能的有向概率图模型

2. 基于事件的相关性的概率图拓扑决定

使用有向概率图建模的关键，在于获得系统 $\mathcal{S}$ 中各个随机变量的相关性，以便得到网络拓扑的边集合 $\mathcal{E}$。对于含有 N 个节点的网络，其可能的拓扑结构有 $2^{\frac{N(N-1)}{2}}$ 种，是一个 NP 难问题，通过遍历网络所有可能的拓扑结构来获取合适的网络拓扑是不现实的。因此，需要结合先验的知识与后验的数据，缩小最优拓扑的搜索范围。

首先，考虑到信息物理电网由多个设备组成，每个设备下还可能会进一步分为若干子模块。对设备而言，单个元件的故障可能引发模块级别的故障乃至整个设备功能异常；对电网而言，单个设备的停运也会导致其他电气或信息设备的停运。这些现象表明，在物理空间上具有关联性的部件，随机事件的发生也可能具有相关性。

其次，可以通过数据来确定所研究的系统 $\mathcal{S}$ 的随机变量间的相关关系。数据的来源，可以是通过对系统 $\mathcal{S}$ 进行的多次随机试验积累下来的实测历史数据，也可以是通过建立精确的仿真模型得到的大量仿真数据。无论是实测的数据还是仿真的数据(记为 $D=\{(x_1^i, x_2^i, \cdots, x_N^i) \mid 1\leqslant i\leqslant N_s\}$，其中 N_s 为样本量)，在统计学角度上都是对 $\mathcal{S}$ 中的随机变量的抽样，即：

$$D \sim f(X_1, X_2, \cdots, X_N) \tag{2-11}$$

因此，在样本量充足的前提下，可以通过样本推算随机变量的相关性和因果性。本书对于时间序列数据与非时间序列数据，分别采用 Granger 因果检验与卡方检验做相关性分析。

据此，可以提出如下的概率图拓扑决定算法，如表 2-3 所示。

表 2-3　概率图拓扑决定算法

算法 1　概率图拓扑决定算法
Input：样本数据 D，随机变量 $X_1, X_2, \cdots, X_N$，先验知识 K，Granger 置信度阈值 α_g，卡方检验置信度阈值 α_χ
Output：有向概率图的拓扑 $\langle \mathcal{N}, \mathcal{E}\rangle$
1：令节点集 $\mathcal{N}=\{n_1, n_2, \cdots, n_N\}$，每个节点 n_i 代表随机变量 X_i
2：**For** $i=1:N$
3：　　**For** $j=i+1:N$
4：　　　　**If** 根据先验知识 K，有 X_i 与 X_j 相关
5：　　　　　　$l_{n_i, n_j} \in \mathcal{E}$
6：　　　　　　**continue**
7：　　　　**If** 样本数据 D 为时间序列数据
8：　　　　　　对 $x_{i,t}$ 与 $x_{j,t}$ 做 Granger 因果检验，得到统计量 $\Delta_{i\to j}$

续 表

9:　　　**If** $\Delta_{i\to j} > \alpha_g$
10:　　　　$l_{n_i, n_j} \in \mathcal{E}$
11:　　　**Else**
12:　　　　$l_{n_i, n_j} \notin \mathcal{E}$
13:　　**Else**
14:　　　对 x_i 与 x_j 做卡方检验,得到统计量 χ^2
15:　　　**If** $\chi^2 > \alpha_\chi$
16:　　　　$l_{n_i, n_j} \in \mathcal{E}$
17:　　　**Else**
18:　　　　$l_{n_i, n_j} \notin \mathcal{E}$
19: **Return** 有向概率图的拓扑 $\langle \mathcal{N}, \mathcal{E} \rangle$

至此,通过结合先验的知识,以及从后验的数据中统计的变量间相关关系,得到了有向概率图的基本拓扑结构。

3. 概率图模型的参数学习方法

对于有向概率图,其参数 Θ 则代表了图中所有节点关于其父节点的条件概率的集合。假设节点 $n_i \in \mathcal{N}$,代表随机变量 X_i。有 k 个父节点,其父节点集为 $\pi_{n_i} = \{\pi_{i,1}, \pi_{i,2}, \cdots, \pi_{i,k}\}$,各父节点对应的随机变量为 $X_{\pi_i} = \{X_{\pi_{i,1}}, X_{\pi_{i,2}}, \cdots, X_{\pi_{i,k}}\}$,则关于节点 n_i 的条件概率函数为

$$\Phi_{n_i}(x_i) = P(X_i = x_i \mid X_{\pi_i}) \tag{2-12}$$

进一步地,如果节点 n_i 及其各个父节点均为离散随机变量,则 $P(X_i \mid X_{\pi_i})$ 可以写成条件概率表(conditional probability table, CPT)的形式,表格的每一行代表随机变量 X_i 的一种可能的取值,每一列则代表 X_{π_i} 中各随机变量取值的一种组合。因此,有向概率图的参数 Θ 即为图中所有节点的条件概率函数(对于连续随机变量)或者条件概率表(对于离散随机变量)的集合:

$$\Theta = \{\Phi_{n_i} \mid n_i \in \mathcal{N}\} \tag{2-13}$$

在数据集 D 给定的条件下,求解有向概率图的参数 Θ 是一个优化问题,使得数据集的总体后验概率最大化。假设数据集中包含着 d 条记录:$D = \{\tilde{x}_1^{(i)}, \tilde{x}_2^{(i)}, \cdots, \tilde{x}_N^{(i)}\}_{1 \leqslant i \leqslant d}$,其中的每条记录 $\tilde{x}_1^{(i)}, \tilde{x}_2^{(i)}, \cdots, \tilde{x}_N^{(i)}$ 都是对随机变量 $X_1, X_2, \cdots, X_n$ 的抽样。因此,在参数 Θ 下,第 i 条记录的对数似然为

$$\ln P(\tilde{x}_1^{(i)}, \tilde{x}_2^{(i)}, \cdots, \tilde{x}_N^{(i)}) = \sum\nolimits_{n_j \in \mathcal{N}} \ln \Phi_{n_j}(\tilde{x}_j^{(i)}) \tag{2-14}$$

因而数据集 D 在该概率图的后验对数似然函数 $\mathrm{LL}(D \mid \mathcal{N}, \mathcal{E}, \Theta)$ 为

$$\mathrm{LL}(D \mid \mathcal{N}, \mathcal{E}, \Theta) = \sum\nolimits_{1 \leqslant i \leqslant d} \sum\nolimits_{n_j \in \mathcal{N}} \ln \Phi_{n_j}(\tilde{x}_j^{(i)}) \tag{2-15}$$

那么,参数学习可以表达为对后验概率的优化问题:

$$\Theta = \underset{\Phi_{n_1}, \cdots, \Phi_{n_N}}{\arg\max} \mathrm{LL}(D \mid \mathcal{N}, \mathcal{E}, \Theta) \tag{2-16}$$

式中对后验概率取了对数,便于后续的推导。上述优化问题可以使用随机梯度下降算法求解,给定学习率 $\eta \in (0, 1)$ 与初始参数 $\Theta^{(0)} = \{\Phi_{n_1}^{(0)}, \Phi_{n_2}^{(0)}, \cdots, \Phi_{n_N}^{(0)}\}$,可以通过如下的迭代方式修正模型参数($k$ 为迭代次数):

$$\Phi_{n_j}^{(k+1)} = \Phi_{n_j}^{(k)} + \eta \sum_{1 \leqslant i \leqslant d} \nabla_{\Phi_{n_j}} [\mathrm{LL}(D \mid \mathcal{N}, \mathcal{E}, \Theta)] \tag{2-17}$$

4. 强化信息物理关键路径的概率图结构优化

采用概率图可以准确描述信息物理事件关联关系。考虑到系统中存在复杂的关联关系,导致对应的概率图拓扑结构复杂多变且难以辨识。为了增强概率图训练效率和泛化应用能力,需要识别关键的(主要的)信息物理事件关联关系,在概率图结构辨识算法中引入正则化手段,优化概率图模型拓扑结构。

对于概率图 $\mathcal{G} = \langle \mathcal{N}, \mathcal{E}, \Theta \rangle$,根据 K2 正则化的规定,在数据集 D 中定义范数 $|\mathcal{G}|_K$ 如下:

$$|\mathcal{G}|_K = \frac{N_S}{2} |\Theta| \tag{2-18}$$

式中,N_S 为数据集 D 的样本数,$|\Theta|$ 表示概率图中参数的个数。加入惩罚项后的优化目标如下:

$$s(\mathcal{G}) = LL(D \mid \mathcal{G}) - \alpha_K |\mathcal{G}|_K \tag{2-19}$$

式中,$\alpha_K > 0$ 为惩罚因子,α_K 越大代表惩罚项的权重越高。称 $s(\mathcal{G})$ 为概率图 $\mathcal{G}$ 的评分函数,则概率图的结构优化过程就是要优化 $\mathcal{G}$ 的参数组合,使得评分函数 $s(\mathcal{G})$ 最大化。进一步,提出一种逐边贪心的信息物理事件概率图结构优化算法,具体流程如表 2-4 所示。

表 2-4　逐边贪心的概率图结构优化算法

算法 2　逐边贪心的概率图结构优化算法
Input: 样本数据 D,待优化的概率图 $\mathcal{G}_0 = \langle \mathcal{N}, \mathcal{E}, \Theta_0 \rangle$,惩罚因子 α_K
Output: 优化的概率图 $\mathcal{G}_{opt} = \langle \mathcal{N}, \mathcal{E}, \Theta_{opt} \rangle$
1: 计算初始评分 $s(\mathcal{G}_0) = \mathrm{LL}(D \mid \mathcal{G}_0) - \alpha_K |\mathcal{G}_0|_K$
2: Set $s_{max} = s(\mathcal{G}_0)$, $\Theta_{opt} = \Theta_0$
3: **For each** $l_{n_i, n_j} \in \mathcal{E}$
4:　　在参数表中移除与边 l_{n_i, n_j} 相关的模型参数
5:　　在样本 D 中通过随机梯度下降法求解式,得到 Θ
6:　　**Set** $\mathcal{G} = \langle \mathcal{N}, \mathcal{E}, \Theta \rangle$
7:　　重新计算评分函数 $s(\mathcal{G}) = \mathrm{LL}(D \mid \mathcal{G}) - \alpha_K |\mathcal{G}|_K$
8:　　**If** $s(\mathcal{G}) > s_{max}$
9:　　　　$s_{max} = s(\mathcal{G})$
10:　　　　$\Theta_{opt} = \Theta$
11:　　**End if**
12: **End for**
13: **Return** 结构优化的有向概率图 $\mathcal{G}_{opt} = \langle \mathcal{N}, \mathcal{E}, \Theta_{opt} \rangle$

至此,在给定数据集上的有向概率图的拓扑决定与参数学习过程结束,所得到的概率图即为表征被研究的系统 $\mathcal{S}$ 的随机事件分布的概率模型。

5. 基于有向概率图推断的信息物理元件失效分析

基于概率图模型的推断问题在信息物理电网中有着广泛的应用场景。例如，在设备故障诊断领域，需要通过观测到的故障表征，计算各种可能的设备缺陷的条件概率，推断出最有可能的设备缺陷；在台风过境前，需要根据未来数小时的风速和台风路径，推断出配电网中信息和物理设备的停运概率等。

给定系统 $\mathcal{S}=\{X_1, X_2, \cdots, X_N\}$，相应的概率图模型 $\mathcal{G}$ 与联合分布 $f(X_1, X_2, \cdots, X_N)$，令 E 与 Y 为两个非空的随机变量集合，且满足：

$$\begin{cases} E \subseteq \mathcal{S} \\ Y \subseteq \mathcal{S} \\ E \cap Y = \varnothing \end{cases} \tag{2-20}$$

则基于概率图的推断问题为求取条件概率 $P(Y \mid E)$。通常称 E 为推断证据(evidence)，Y 为推断的查询(query)。

首先，提出的基于马尔科夫毯的推断加速算法。给定有向概率图 $\mathcal{G}=\langle \mathcal{N}, \mathcal{E}, \Theta \rangle$，记节点子集 $Y \subset \mathcal{N}$ 马尔科夫毯为 $\mathcal{T}$，图中既不在 Y 中又不在 $\mathcal{T}$ 中的节点组成集合 $\mathcal{W}$，则 $\mathcal{T}$ 为满足如下两个条件的最小节点子集：

1) $Y \cap \mathcal{T}=\varnothing$。

2) $\mathcal{T}$ d-分离 Y 与 $\mathcal{W}$，即如果在图 $\mathcal{G}$ 中移除 $\mathcal{T}$ 的所有节点以及与之相连的边，则 Y 与 $\mathcal{W}$ 的节点将不再连通。

马尔科夫毯的结构比较好地利用了有向概率图的局部特性。当节点子集 Y 的马尔科夫毯 $\mathcal{T}$ 中的每个随机变量都给定时，余下的节点集 $\mathcal{W}$ 所提供的信息将被马尔科夫毯所屏蔽，即

$$P(Y \mid \mathcal{T}, \mathcal{W}) = P(Y \mid \mathcal{T}) \tag{2-21}$$

显然当 $\mathcal{W}$ 所含元素较多时，$P(Y \mid \mathcal{T})$ 的计算量比 $P(Y \mid \mathcal{T} \cup \mathcal{W})$ 小得多。回到本节要解决的推断问题。给定证据 E，由贝叶斯定理有

$$P(Y \mid E) = \frac{P(Y, E)}{P(E)} \tag{2-22}$$

根据证据中的节点是否属于 $\mathcal{T}$，将证据划分为两个子集：$E=E_{\mathcal{T}}^{+} \cup E_{\mathcal{T}}^{-}$。其中，$E_{\mathcal{T}}^{+}$ 中的所有节点均属于 $\mathcal{T}$。由式(2-16)与马尔科夫毯的性质，有

$$P(Y \mid E) = \frac{P(Y) \prod_{X_i \notin E_{\mathcal{T}}^{+}} P(X_i \mid \pi_i)}{\prod_{e^{+} \in E_{\mathcal{T}}^{+}} P(e_i^{+} \mid \pi_{e_i})} \tag{2-23}$$

通常，推断问题不关心 $P(Y \mid E)$ 具体的值是多少，而只关心在给定证据 E 的条件下，查询 Y 的值使得后验概率最大化。因此，可以认为 $P(Y \mid E) \propto P(Y) \prod_{X_i \notin E_{\mathcal{T}}^{+}} P(X_i \mid \pi_i)$，进而有

$$Y^{*} = \arg\max_{y} P(y) \prod_{X_i \notin E_{\mathcal{T}}^{+}} P(X_i \mid \pi_i) \tag{2-24}$$

当 Y 的规模较小时，可以通过枚举法求得全局最优的 Y^*。当 Y 的规模较大时，则可以借助模拟退火法、粒子群算法等求解。

进一步，假设系统还可以根据 Y^* 给出反馈，指出 Y^* 中的哪些分量的值与实际不符合。那么，这个反馈的结果也可以作为新的证据补充到 E 中，并进行下一轮推断。上述流程写成如表 2-5 的算法形式。

表 2-5　考虑证据更新的多轮次推断流程

算法 3　考虑证据更新的多轮次推断流程

Input：系统 $\mathcal{S}$，初始证据 $E^{(0)}$，推断查询变量 Y，有向概率图模型 $\mathcal{G}$，最大轮次数 R_{max}

Output：多轮次推断结果 Y^*

1：基于初始证据，推断 Y 的初始最大概率取值 $Y^{(0)}$

2：**For** $i = 0 : R_{max}$

3：　获取系统 $\mathcal{S}$ 关于推断结果 $Y^{(i)}$ 的反馈 F

4：　**If** $F = \varnothing$

5：　　$Y^* = Y^{(i)}$

6：　　**break**

7：　**Else**

8：　　$E^{(i+1)} = E^{(i)} \cup F$

9：　　根据 $E^{(i+1)}$ 推断 $Y^{(i+1)}$

10：　**End if**

11：**End for**

12：**Set** $Y^* = Y^{(R_{max})}$

13：**Return** Y^*

6. 信息物理元件失效分析案例

考虑台风灾变冲击，信息物理电网中可能发生多个元件功能失效，导致大范围负载停运。针对该场景，应用所提的信息物理事件概率图建模和推理方法，实现灾害场景下信息物理电网元件功能失效和负载停运范围的概率评估。记各次台风的风速断面数据为 X，通过采样得到的风速数据为 $\tilde{X}$，在历次台风后配电网各条线路的停运情况为 Y。基于有向概率图的灾变下信息物理电网停运预测模型的框架图(图 2-21)。

选择 IEEE 14 节点系统作为研究对象，并选用 2018 年 9 月 13 日在湛江市登陆的台风"百里嘉"的断面风速数据测试灾变停运模型。如图 2-22 所示，假设配电网的位置在图中框线范围内，台风经过配电网时行进路径大致与赤道呈 30°夹角，登陆后的 15 个时间断面的最大风圈的风速数据 w 见表 2-6。

表 2-6　台风"百里嘉"各断面最大风圈风速数据

断面号	风速/(m/s)	断面号	风速/(m/s)	断面号	风速/(m/s)
1	23	6	40	11	38
2	28	7	40	12	33
3	33	8	45	13	30
4	40	9	45	14	23
5	40	10	45	15	18

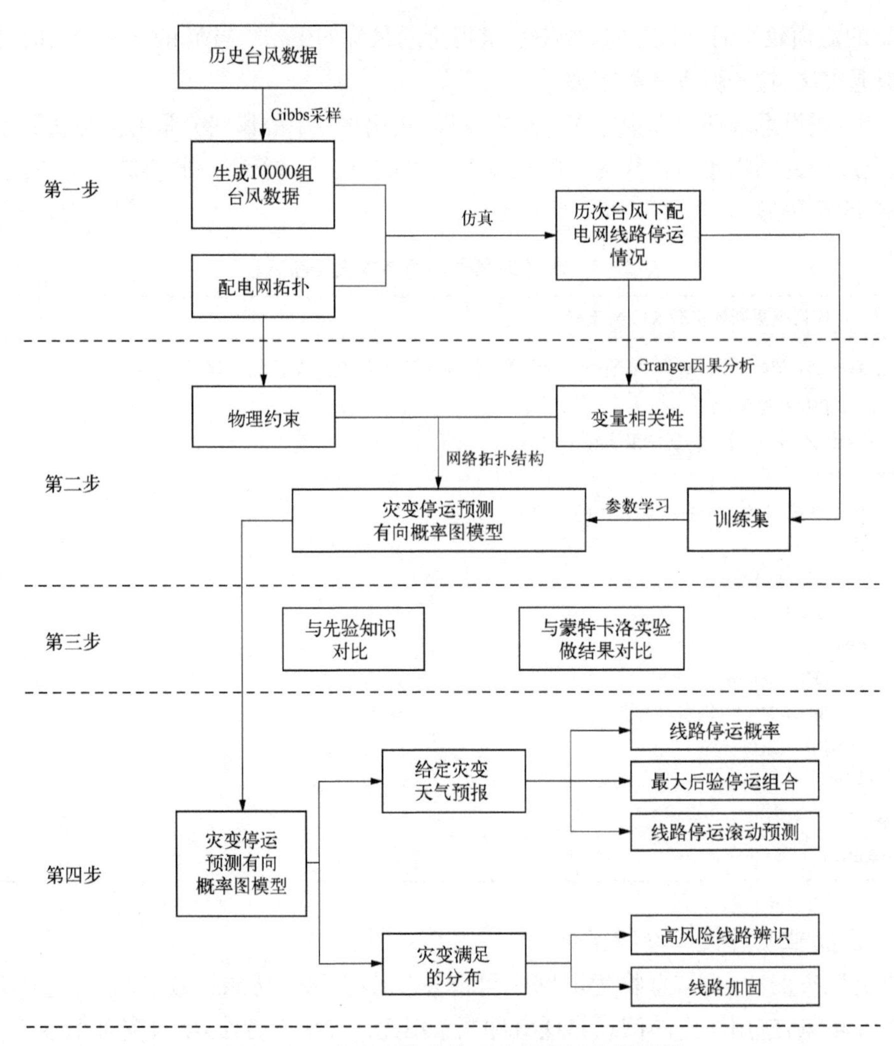

图 2-21 灾害下信息物理电网停运范围预测

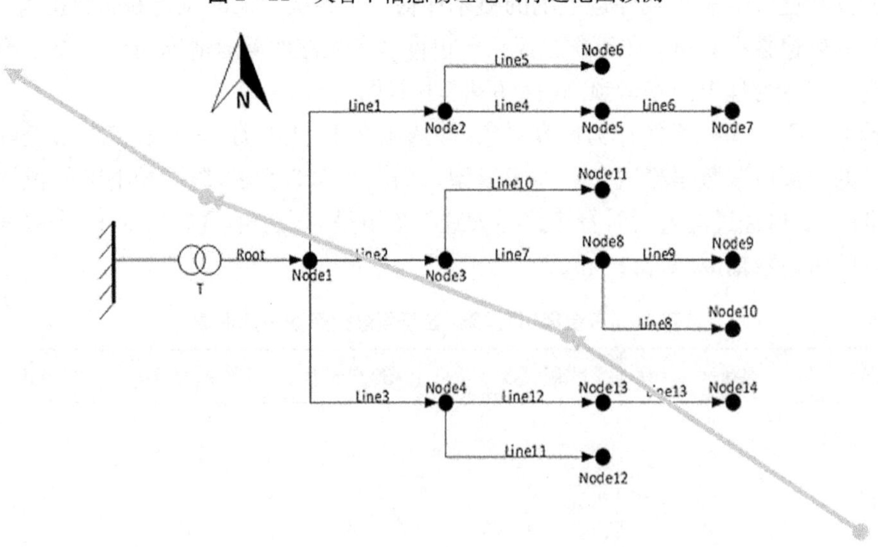

图 2-22 台风“百里嘉”登陆前后路径

基于概率图 $\mathcal{G}\langle\mathcal{N},\mathcal{E},\Theta\rangle$ 以及台风的断面风速数据，可以预测台风过后该配电网的停运范围和线路的停运概率，可以得到后验概率最大化(MAP)的线路停运状态组合为

$$S^* = \{0, 1, 1, 0, 0, 0, 1, 1, 1, 1, 1, 1, 1\} \tag{2-25}$$

即台风过后线路 Line1、Line4、Line5、Line6 为停运状态，可视化推断结果，图 2-23 中灰色线代表停运的线路，黑色线代表非停运的线路。

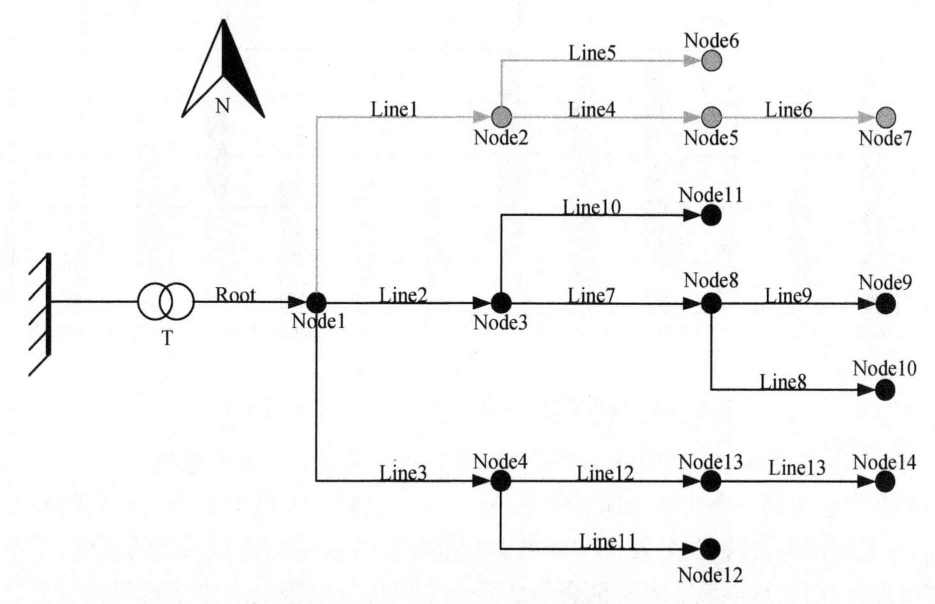

图 2-23 台风"百里嘉"过境后的停运区域的 MAP 推断结果

表 2-7 给出台风"百里嘉"过境后各条线路的停运概率。

表 2-7 台风"百里嘉"过境各条线路的停运风险

线 路	$P(S_l=0 \mid H)$	线 路	$P(S_l=0 \mid H)$	线 路	$P(S_l=0 \mid H)$
Line1	0.339 8	Line6	0.341 6	Line11	0.327 6
Line2	0.156 0	Line7	0.157 0	Line12	0.166 1
Line3	0.109 6	Line8	0.159 3	Line13	0.205 7
Line4	0.341 3	Line9	0.159 6		
Line5	0.356 4	Line10	0.165 9		

为了更加精确地检验上述线路停运概率的计算结果，则可以通过重复试验的结果做统计，如图 2-24 所示。从对比结果上看，两种途径算出的停运概率大致有着相同的变化趋势，绝对误差也在可接受的范围之内。

2.3.2 信息物理耦合事件链建模和分析方法

现代电力系统的稳定运行无时无刻不需要一个可靠准确的信息系统，信息系统的失效将会严重影响物理电力系统的稳定运行。这种深刻的依赖关系，是物理信息电力系统显著的特征。因此，建立准确完善的物理信息电力系统模型，寻找有效的分析方法，研究各种场

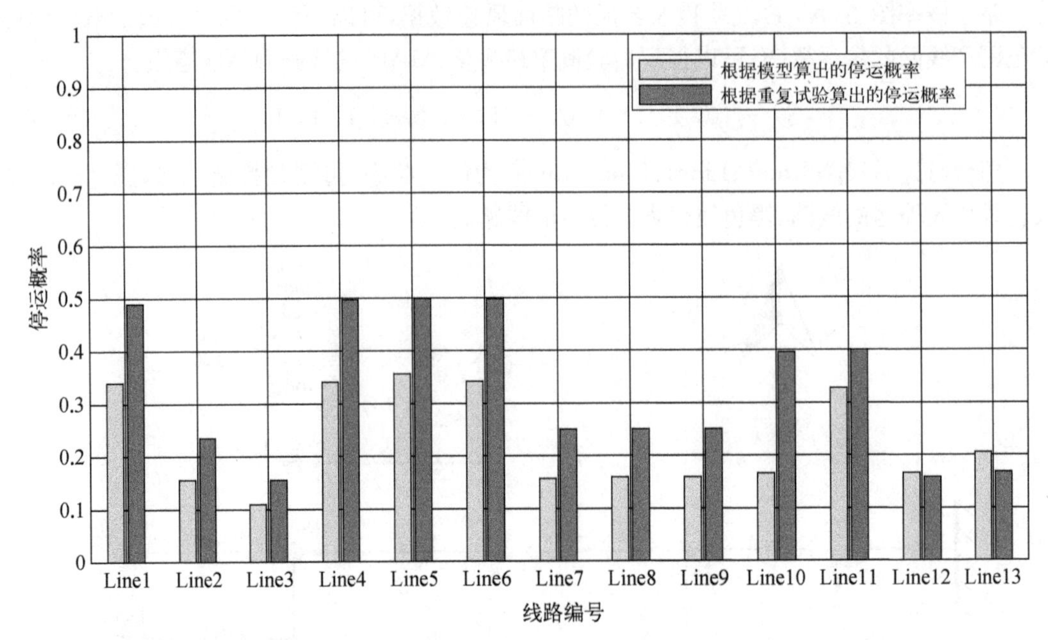

图 2-24 概率图推断结果与重复试验统计结果对比

景中信息系统失效对于物理电力系统的影响，成为各国研究者的研究重点。

物理电力系统是一个典型的动力学系统，其动态过程是连续的。而与常见的动力学系统不同，一系列由通信协议、触发机制和数据构成的软件系统是信息系统的主体，是不可分割的重要部分，因此从本质上来看信息系统是一个事件驱动系统。为了实现物理信息电力系统耦合仿真，势必要改进原有的仿真方法，使之既能够准确描述时间连续动态系统，又可以适应事件驱动系统。

在离散事件系统中对动力学系统进行建模与仿真的量化状态积分方法为解决这一问题提供了新的思路。本节提出了基于离散事件系统的物理信息电力系统建模方法，将物理系统的连续动态过程转化成按照时间顺序排列的离散事件依次发生的过程，从而统一了物理系统和信息系统的模型，使得耦合仿真更加简单易行。

1. 实际电力系统建模

现代物理信息电力系统的结构如图 2-25 所示。信息物理电力系统可以分为三部分：电力网络、信息采集系统以及信息网络。

电力网络，即传统意义上的电力系统，包括变压器、发电机、传输线等元件，用于传输电能。早期的电力网络是纯物理网络，不依赖信息系统即可完成电力的生产、输送、分配和使用。随着电力系统规模的扩大以及用户对安全性、经济性等指标需求的提升，现代电力系统已经与信息系统紧密结成一体。电力网络中各个元件的电压、电流以及其他指标被记录并上传，作为系统状态评估和优化控制的依据。

信息采集系统，主要由传感器以及相应软件构成，用于采集电力系统信号并将其转化成数据，输送到信息系统。现代电力系统中各个元件处大量装设传感器，与 EMS/SCADA 系统相结合，通过循环式和问答式两种方式(国家电力行业标准 DL/T630—1997《交流采样远动终端技术条件》)完成数据采集。循环式是指传感器按照固定的时间频率向处理器(调度

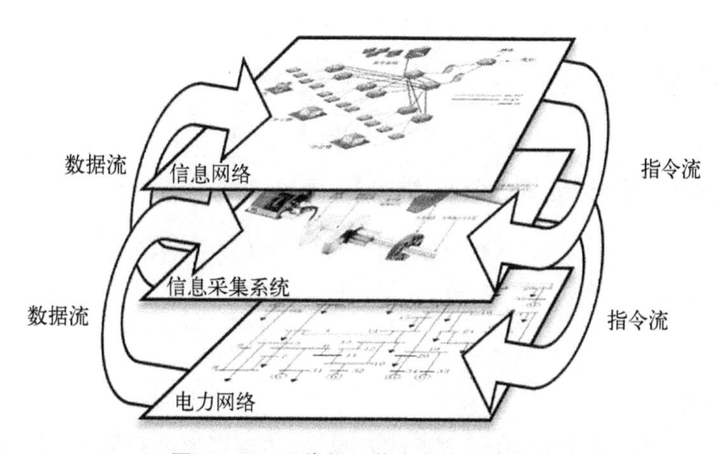

图2-25 现代物理信息电力系统结构

中心)传递数据,周期一般为0.5 s或者1 s;问答式则是指处理器根据监视限制向传感器发出问询指令,传感器对此做出应答或者传感器在其所采集的数据呈现某些特征时向处理器发送数据。无论物理电力系统运行状态如何,循环式的数据上传都会发生;问答式的数据上传,则一般通过设置监视限制或者触发上传的数据特征使得在物理电力系统出现异常时警报大量触发,正常运行时保持静默。

2. 基于离散事件系统的模型

传统模型中,物理系统采用离散时间模型,信息系统数据流模型也可以采用离散时间模型,而数据包模型则采用离散事件模型。此时接口模型需要包括时序协调和数据转化两个功能,比较复杂,效率和准确度都不高。为了尽可能提高计算的效率和精确度,同时简化程序,本书将物理系统和信息系统统一使用离散事件模型进行建模。

量化状态积分方法(quantized state system simulation, QSS)是一种基于离散事件系统(discrete event system, DEVS)的新的积分方法。基于量化状态仿真方法,可以从离散事件的角度对电力系统的动态过程做出新的解释。离散事件系统的基本原理是将连续动态过程转化成一系列按照时间顺序排列的事件依次发生的过程,各个事件之间的时间间隔不再固定,而是取决于系统模型动态过程。如图2-26所示,$M_i(i=0, 1, 2, 3, \cdots)$表示系统的一种可以存在的状态,$t_i(i=0, 1, 2, 3)$表示事件发生的时间,$t_{ai}(i=0, 1, 2, 3, \cdots)$代表特定状态持续的时间。事件发生时刻,系统状态 M_i 发生改变,新的状态将会持续 t_{ai}。通过这种方式,连续物理过程就被转化成了事件序列。

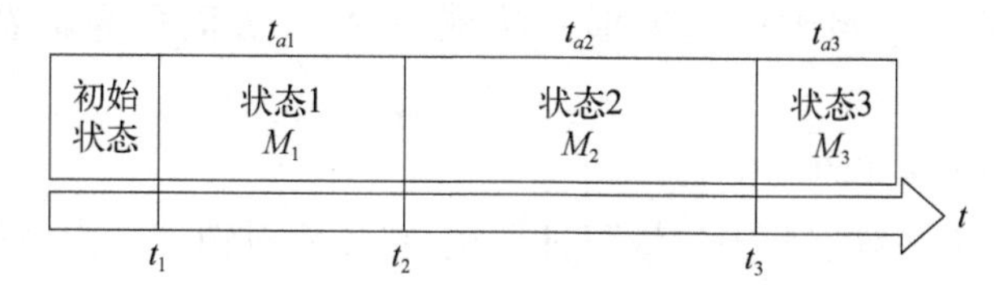

图2-26 事件的发生和状态的切换

量化状态积分方法可以广泛用于动力学系统的仿真。可以考虑如下的微分方程组:

$$\dot{x}=f(x, t, u) \tag{2-26}$$

其中，x 和 $\dot{x}$ 都是n_s 维向量，分别表示状态变量及其导数；u 表示输入向量；n_s 是状态变量个数。量化状态积分用离散状态变量代替连续状态变量

$$\dot{x}=f(q,\ t,\ u) \tag{2-27}$$

其中，q 就是离散状态变量，也是一个 n_s 维向量，满足

$$q_i(t)=\begin{cases}x_i(t) & |q_i(t)-x_i(t)|>Q_i\\ q_i(t^-) & 其他\end{cases} \tag{2-28}$$
$$i=0,\ 1,\ 2,\ 3,\ \cdots,\ n_s$$

Q_i 被称为量化阈值。

式(2-28)表明当状态变量变化(增长或者减少)的幅度超过阈值 Q_i 时，就会引发事件；按照时间顺序依次发生的事件则会驱动仿真的进行。这样一来，连续时间系统模型就转化成了离散事件系统模型。

已知 $t=t_1$ 时刻状态变量 $x(t_1)$，离散状态变量 $q(t_1)$，则量化状态积分方法的基本步骤如下。

根据微分方程(2-27)，计算各个状态变量的导数。

根据式(2-29)计算各个状态变量变化超过阈值 $Q_i(i=0,\ 1,\ 2,\ 3,\ \cdots)$ 所需的时间，并从中找到最小时间 Δt：

$$\Delta t=\min\left\{\frac{Q_i}{\dot{x}_i}\middle|\,i=0,\ 1,\ 2,\ 3,\ \cdots,\ n_s\right\} \tag{2-29}$$

1) 以最小时间作为步长，更新各个状态变量的值；

$$x(t_1+\Delta t)=x(t_1)+\dot{x}(t_1)\Delta t \tag{2-30}$$

2) 按照式(2-28)更新各个离散状态变量的取值，并返回上述步骤 1)。

$$|\tilde{x}(t)-x_a(t)|\leqslant RQ \tag{2-31}$$

式(2-31)中，$\tilde{x}(t)$ 是一个 n 维向量，代表量化状态积分得到的结果；$x_a(t)$ 也是一个 n 维向量，代表准确值；$|\tilde{x}(t)-x_a(t)|$ 则代表误差；R 是一个$n\times n$ 维系数矩阵，可以根据系统的系数矩阵求得。式(2-31)右侧的 RQ 就代表误差上限。

量化状态积分方法可以在离散事件系统的基础上对物理信息电力系统进行建模，一方面使物理系统和信息系统的模型形式相统一，另一方面也为两者数据转换提供了方法。

3. 物理电力系统事件的定义

将连续的物理电力系统建模为离散事件模型，首先要对物理电力系统动态过程中的事件作出合适的定义。

根据量化状态积分方法的基本原理，可以给出电力系统连续动态中的状态改变事件定义方法。如式(2-28)所示，首先要构造离散函数将连续变化的状态变量 $x(t)$ 转换为离散状态变量 $q(t)$。式(2-28)表明，当连续状态变量 $x(t)$ 随时间增长改变量超过 Q 时，离散

状态变量 $q(t)$ 才发生改变，否则其数值不变。

进一步基于式(2-28)离散状态变量 $q(t)$ 定义状态改变事件 $ep_k(t_e)$，其意义是第 k 个离散状态变量 $q_k(t)$ 在时刻 t_e 发生改变。由式(2-28)可知，相应改变量一定为 Q。其中，$k=1, 2, \cdots, n_s$，n_s 为状态变量的数量。

定义离散状态变量和事件后，就可以对物理电力系统的连续动态过程进行描述了。从高维空间的状态轨迹离散化的角度出发，可以按照状态改变事件发生的顺序对物理系统的动态过程进行描述。以下举例说明其原理。

式(2-32)和式(2-33)描述了一个二维动力系统。以 x_1 和 x_2 为坐标，该系统连续动态状态可描绘为一个圆弧，如图 2-27 左侧实线所示。

$$\dot{x}_1=-\cos t \tag{2-32}$$

$$\dot{x}_2=\sin t \tag{2-33}$$

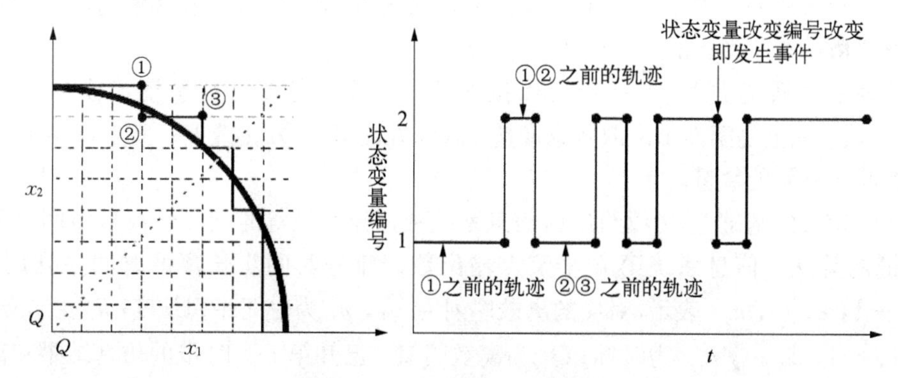

图 2-27　连续动态的离散化

对 x_1 和 x_2 按照阈值 Q 进行离散化，系统离散状态变化过程可用图 2-27 中折线表示：每当状态变量的变化量超过对应的阈值 Q 时即发生一次事件，对应的离散函数(q_1 或者 q_2)发生改变。再以时间作为横轴，状态改变事件作为纵轴，可以得到右侧的散点折线图。该折线纵坐标每次改变都对应"一次状态改变事件发生"。因此，该折线表述了按照前后顺序排列的状态改变事件，即离散事件链。

可以看出，连续动态的离散事件链是系统连续动态过程向离散事件空间的投影。事件链基本性质包括：

一个新事件发生意味着至少有一个离散状态变量发生改变且变化量为 Q；

系统动态过程趋于平稳(即各个状态变量导数趋于 0)时，事件发生的时间间隔会逐步增大、趋于无穷；

系统动态过程呈现某种固定模式不断重复时(如各个状态变量周期性变化、各个状态变量的导数周期性变化或者保持不变)，事件发生的间隔也会周期性变化；

描述系统有限时间内确定的动态过程的事件链，其长度是有限的，事件链的长度与离散阈值 Q 的大小相关。

4. 信息系统事件的定义

信息系统数据流模型将信息网络中传递的数据看作类似电流的连续的数据流，此时其状态变量为各个节点的输出数据流。因此,从数学本质上来看,信息系统的数据流模型与物理电力系统一样,其各个状态变量都是连续变化的。不同之处在于,物理系统模型是一组微分代数方程组,可以用量化状态积分的方法直接从仿真中得到事件链;而信息系统数据流模型是一组代数方程组,需要先得到仿真结果——等时间步长离散时间序列,再将其转化为事件链。

首先定义信息系统数据流模型中的事件。假设一组等步长时间序列 $x=\{x^i \mid i=1, 2, \cdots, n_x\}$, n_x 是序列 x 的长度; $q=\{q^i \mid i=1, 2, \cdots, n_q\}$, n_q 是序列 q 的长度; Q 是一个预先选定的阈值。令

$$q^1=x^1$$
$$q^i=\begin{cases} x^i, & |x^i-q^{i-1}|>Q \\ q^{i-1}, & \text{其他} \end{cases} \tag{2-34}$$

称 q 为离散序列。式(2-34)可以按照固定的阈值,将等时间步长离散时间序列转化成等变化量离散状态序列。由上式可知, $n_q=n_x$。

与物理电力系统类似,进一步可以按照式(2-28)定义信息系统流模型中的事件 $ec_k(t_e)$。其意义上是第 k 个离散状态变量 $q_k(t)$ 在时刻 t_e 发生改变。其中, $k=1, 2, \cdots, n_s$, n_s 为状态变量的数量。

在事件定义的基础上,可以给出由信息系统数据流模型等时间步长离散时间序列中提取事件链的算法。信息系统第 k 个节点输出数据流等时间步长离散时间序列用 $O_k=\{O_k^i \mid i=1, 2, \cdots, n_t\}$ 表示,对应的离散序列为 q_k, n_t 为时间序列长度; n_s 为节点总数; $t=\{t^i \mid i=1, 2, \cdots, n_t\}$ 为时标; Q_k 为离散阈值。已知第 i 个时步的仿真结果和离散阈值,则:

1) 获得离散序列取值。获得各个节点输出对应的 q_k^i 和 O_k^{i+1};

2) 更新离散阈值。根据式(2-34)更新各个节点离散阈值的取值;

3) 判断是否有事件发生。如果 $q_k^{i-1} \neq q_k^i$,则记录 k;

4) $i=i+1$,返回上述步骤 1)。

最后记录下来的引发事件的各个节点编号即为事件链。实际上,通过上述算法获得的等变化量离散状态序列 q_k 是对等时间步长离散时间序列 O_k 进行的有损压缩,而最终提取的事件链则是对于等变化量离散状态序列 q_k 的降维处理。等时间步长离散时间序列本身就是对连续曲线的一种按照等时间步长的离散化,即相邻两个离散点之间的时间间隔相等;而等变化量离散状态序列则是对连续曲线按照等变化量的离散化,即相邻两个离散点取值的差值相等。由于上述算法是由等时间步长离散时间序列得出等变化量离散状态序列,因此上述算法可以看作是对信息系统流模型输出的进一步压缩。而离散阈值 Q 则表征了压缩的比率。

5. 离散事件链分析方法

对不同时域暂态仿真所得离散事件链进行比较,可以分析系统动态过程的相似度,进而开展聚类分析。若所得聚类分析结果与先验知识一致,可说明这一数据抽象描述方法的有效性,进而支撑仿真结果快速分类和检索。

将状态改变事件链看作抽象符号序列，可用广泛应用于文本和生物数据比较领域的方法对其进行分析。按此思路，提出基于事件关系统计和 Bitmap 的状态改变事件链聚类分析方法，具体的流程如图 2-28 所示。

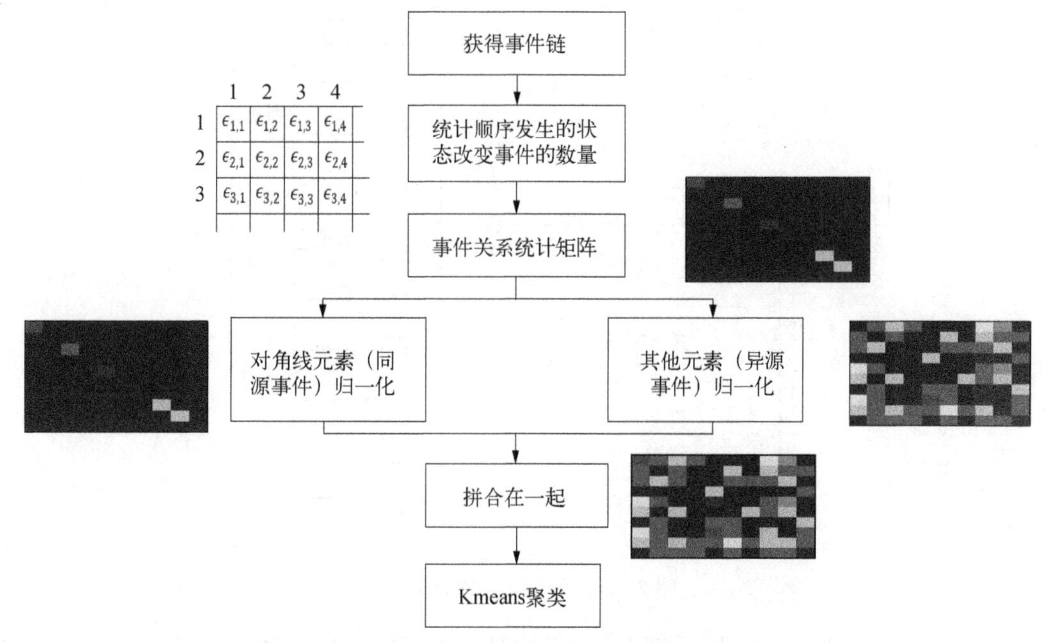

图 2-28　事件链聚类分析流程

从图 2-28 可以看出，获得状态改变事件链后，可形成事件关系统计矩阵 $E=\{\epsilon_{i,j}\}$。$E\in R^{n_s\times n_s}$，n_s 为状态变量数目，其中元素如式(2-35)定义。

$$\epsilon_{i,j}=|e^i(t_k)\rightarrow e^j(t_{k+1})|,\ k=1,\ 2,\ \cdots,\ n_t \tag{2-35}$$

式中，$|\cdot|$ 为统计发生次数的运算符，n_t 为事件链的长度。可见，事件关系统计矩阵统计了顺序发生的状态改变事件的数量，其中对角线元素记录单一状态变量状态改变事件（简称“同源事件”）的连续发生次数；而非对角线元素对应不同状态变量的状态改变事件（简称“异源事件”）相继发生的次数。

进一步，对事件关系矩阵进行归一化处理，使其反映电力系统动态过程特定数据模式的出现频度。当离散阈值比例系数 R 发生改变，可引发同源事件采样结果变化。但是，R 取值合理范围内，异源事件相继的次数是由状态变量导数绝对值大小关系改变次数决定的。因此，采用归一化函数，分别处理同源和异源事件统计数目，从而避免归一化处理结果受到 R 取值的影响。所采用归一化函数如式(2-36)所示。

$$\bar{x}=\frac{x-x_{\min}}{x_{\max}-x_{\min}} \tag{2-36}$$

式中，$\bar{x}$ 为归一化结果；x 为原始数据；$x_{\max}$ 和 $x_{\min}$ 对应 x 的最大和最小取值。

最后，将归一化处理后的事件关系矩阵绘制成 Bitmap，进而可以采用图形分析方法比较不同仿真结果对应 Bitmap 相似度，并采用 Kmeans 方法进行聚类分析。

6. 算例测试

本节采用一个由 IEEE39 节点电气网络和 18 节点放射状信息网络组成的智能电网算例进行测试。该算例中所有量测终端都装设在发电机处。算例的拓扑结构如图 2-29 所示。

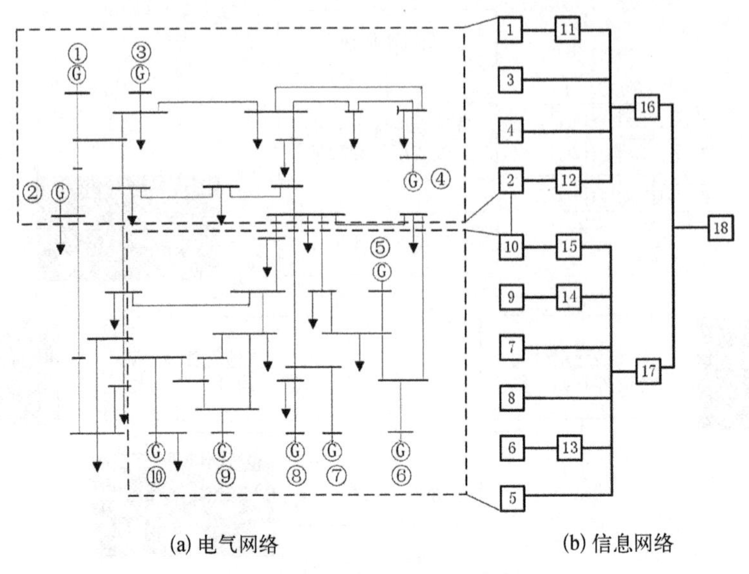

图 2-29　智能电网测试算例

图 2-29(a)和图 2-29(b)分别表示电气网络拓扑和信息网络拓扑。图 2-29(b)中节点 1～10 表示装设在对应编号发电机处的量测终端。终端数据通过联络节点[图 2-29(b)中的节点 11～15]汇聚到枢纽节点[图 2-29(b)中的节点 16、17]，枢纽节点再将数据上传至控制中心节点[图 2-29(b)中的节点 18]。本算例中电气网络只考虑发电机事件。本算例只考虑三相短路故障。故障在 1 s 时发生，0.1 s 后切除。典型故障集合为 1＃～10＃发电机母线三相短路故障。

假设电气网络中 2＃发电机母线发生短路故障，同时信息网络中 16 号节点被入侵。此时，由于 16 号节点是一个枢纽节点，攻击者可以篡改来自 1＃、2＃、3＃、4＃四个量测终端的报警。在事件链中表现为可以随机改变这些节点的事件。

传统方法分别考虑信息网络和电气网络动态特性。但是，蓄意信息攻击有可能导致控制系统作出错误判断。如图 2-30 所示，信息网络和电气网络分别考虑时，将持续时间 5 s 的量测事件链与标准事件链集合对比，与量测事件链最为相关的是 4＃发电机故障事件链，从而导致故障误判，即原本 2＃发电机故障可能被误判为 4＃发电机故障。

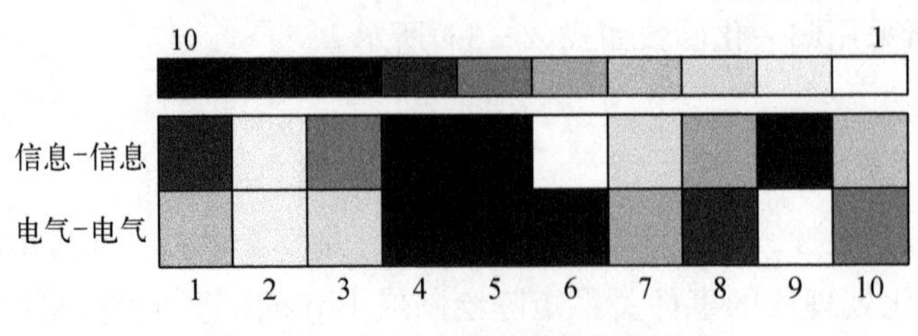

图 2-30　信息攻击对事件链的影响

在此情况下，根据图 2-30 所得事件链归一化相关系数矩阵计算有信息攻击和无信息攻击情况下典型故障集合通信动态异常指标 D_2，如图 2-31 所示。可以看出，分别考虑信息网络和电气网络时，有无信息攻击对通信动态异常指标 D_2 的影响不明显。只考虑信息-信息和电气-电气相关性的情况下难以区分有无信息攻击。

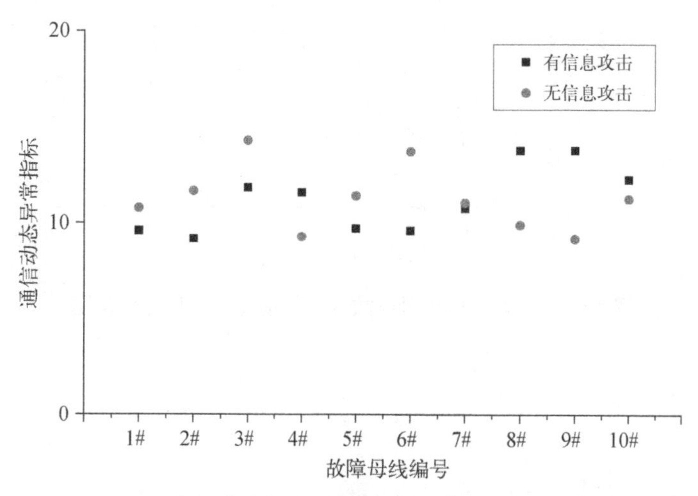

图 2-31　信息攻击对通信动态异常指标的影响

采用本书方法，同时考虑信息网络和电气网络事件链，得到归一化相关系数矩阵。图 2-32 可以看出，量测事件链和标准事件链集合对比差异明显。

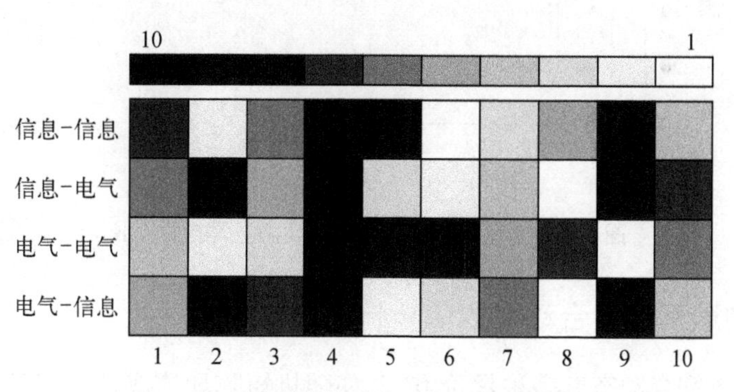

图 2-32　量测事件链归一化相关系数矩阵

图 2-33 展示了 2# 发电机故障场景下量测事件链通信动态异常指标随时间的变化情况。1s 之前系统稳定运行，没有事件，故而通信动态异常指标为 0；发生电气网络故障后，由于额外考虑了信息-电气和电气-信息两组相关性，归一化相关系数矩阵的每一行不会完全相同，所以无论有无信息攻击，通信动态异常指标都会上升；有信息攻击时通信动态异常指标明显高于无信息攻击时。通信动态异常指标的明显差异是识别信息攻击的基础。

图 2-34 给出了所有典型故障场景下有无信息入侵时的通信动态异常指标 D_4。同时考虑信息网络和电气网络后，有信息攻击时的通信动态异常指标明显大于无信息攻击。由此图可知，所测案例中将通信动态异常指标阈值 D_{set} 定为 40 即可有效识别信息攻击。

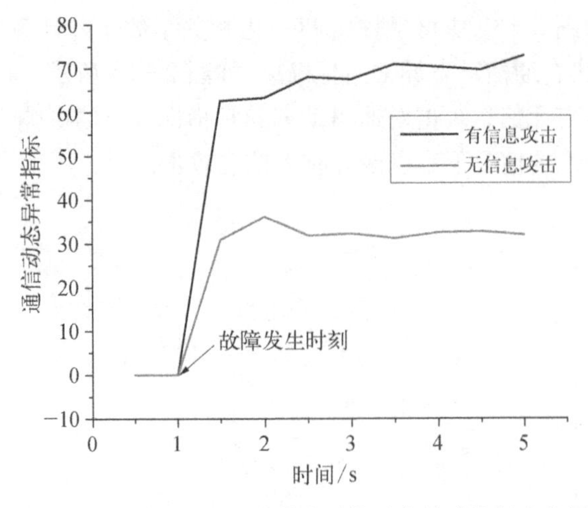

图 2-33 2#发电机母线故障通信动态异常指标变化图

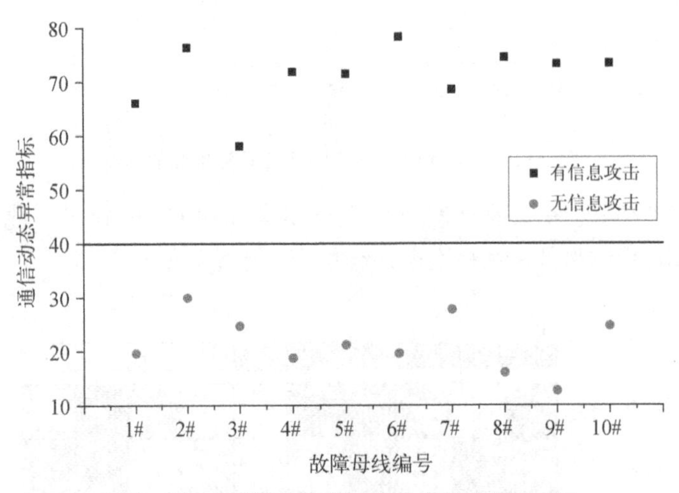

图 2-34 有无信息入侵通信动态异常指标对比

2.3.3 信息物理系统耦合动态的熵分析方法

信息物理系统耦合动态有多种评价方式,如随机矩阵理论或戴维南等效方法。本节以熵的视角对于错误信息注入攻击做出评价。这种熵判据还表现出了提前揭示脆弱母线的良好特性。

本节将含有病毒的电力系统作为研究对象,经过线性变化去相关性后,使用无模型的非参数估计的方法计算系统熵。电力系统是极端复杂的系统,且其中含有注入攻击。使用模型方式进行估算是极为困难且有漏洞的。因而此处使用无模型的概率分布拟合。该方法的优点在于不需要复杂的分布模型,缺点在于模型精度需要依赖足够多的数据。为了避免维数灾难,必须对状态量进行变换去相关后使用。电力系统中的各节点电压是相关的,系统状态数将为 m^{2N},若直接使用状态量的联合分布,一定因为维数灾难无法得到系统熵:本例中若取每个状态变量离散数为 50,则状态数为 50^{78},如此大的状态数将使非参数估计变得不可行。因而必须寻找一种方式,在不改变系统熵的情况下将现有状态量映射为一组互相独立的随机变量。由于熵的性质,相互独立的变量的熵是可以相加的,这样就解除了非参数估计时的维数灾难问题。

1. 无模型系统相对熵计算方法

在电力系统中,使用节点复电压作为系统的状态量 V,在本书中 V 为 $2N_{\text{bus}}\times 1$ 维向量。毫无疑问,状态量 V 是连续变量,计算连续变量的熵有两种方式,第一种是首先对其进行离散化,再将离散化后的状态量按照离散变量的熵求取。

$$H_n(X)=-\sum_{i=1}^{n}p_i\log p_i \tag{2-37}$$

需要注意的是,$H_n(X)$ 的数值是与划分精度密切相关的,即 $H_n(X)$ 的对于划分精度 Δ 的极限不存在。

事实上,对于极限过程

$$\begin{aligned}H_n(X)&=-\sum_{i=1}^{n}p_i\log p_i=-\sum_{i=1}^{n}p(x_i)\Delta\log(p(x_i)\Delta)\\&=-\sum_{i=1}^{n}p(x_i)\Delta\log(p(x_i))-(\log\Delta)\sum_{i=1}^{n}p(x_i)\Delta\\&=-\sum_{i=1}^{n}p(x_i)\log(p(x_i))\Delta-\log\Delta\end{aligned} \tag{2-38}$$

$$\lim_{n\to\infty}H_n(X)=\lim_{n\to\infty}\log\Delta+\int_{-\infty}^{+\infty}p(x)\log p(x)\mathrm{d}x \tag{2-39}$$

上式中第一项的极限是不存在的,而第二项被定义为连续变量的相对熵。即第二种连续变量的求取方法

$$H_c(X)=\int_{-\infty}^{+\infty}p(x)\log p(x)\mathrm{d}x \tag{2-40}$$

定理1:对于连续随机变量 $X\in\mathbb{R}_m$,以及可逆线性变换 A。若 $|A|=1$,执行线性变换 $Y=AX$ 前后相对熵不变,即 $H_c(Y)=H_c(X)$

证明:

$$H_c(X)=\int_{\forall X\in\mathbb{R}_n}p_X(X)\log p_X(X)\mathrm{d}X \tag{2-41}$$

$$Y=AX \tag{2-42}$$

$$H_c(Y)=\int_{\forall Y\in\mathbb{R}_n}p_Y(Y)\log p_Y(Y)\mathrm{d}Y \tag{2-43}$$

根据随机变量概率密度函数变换

$$X=A^{-1}Y \tag{2-44}$$

$$P_Y(Y)=P_X(A^{-1}Y)\ |A^{-1}| \tag{2-45}$$

代入得

$$H_c(Y)=\int_{\forall Y\in\mathbb{R}_n} P_X(A^{-1}Y)\mid A^{-1}\mid \log(P_X(A^{-1}Y)\mid A^{-1}\mid)\mathrm{d}Y$$
$$=\int_{\forall Y\in\mathbb{R}_n} P_X(A^{-1}Y)(\log(P_X(A^{-1}Y))+\log(\mid A^{-1}\mid))\mathrm{d}\mid A^{-1}\mid Y$$
$$=\int_{\forall X\in\mathbb{R}_n} P_X(X)(\log(P_X(X))+\log(\mid A^{-1}\mid))\mathrm{d}X \tag{2-46}$$

由于 $\mid A\mid=1$, $\log(\mid A^{-1}\mid)=0$

$$H_c(Y)=\int_{\forall X\in\mathbb{R}_n} P_X(X)(\log(P_X(X)))\mathrm{d}X=H_c(X) \tag{2-47}$$

证毕。

2. K－L 变换去除变量相关性

本节使用 K－L 变换，与 PCA 相似，希望找到一种能够将存在相关性的母线复电压映射为一组相互独立的变量以实现基于非参数估计的熵计算。对于随机变量 $X\in\mathbb{R}_m$，其存在 n 个样本 $X^{(1)}$，$X^{(2)}$，$X^{(3)}$，…，$X^{(n)}$。随机变量 X 的协方差矩阵定义为

$$\Sigma=E((X-\bar{X})(X-\bar{X})^{\mathrm{T}}) \tag{2-48}$$

使用样本估计协方差矩阵的方式为

$$\hat{\Sigma}=\frac{1}{N}\sum_{i=1}^{N}(X^{(i)}-\bar{X})(X^{(i)}-\bar{X})^{\mathrm{T}} \tag{2-49}$$

协方差矩阵为实对称阵，因而可以进行特征值分解，即存在一个由正交单位特征向量组成的矩阵 P，使得

$$P^{-1}\Sigma P=\Lambda \tag{2-50}$$

其中，Λ 为对角阵；对角元素为 Σ 的特征值。

主成分分析的目的为分析原有随机变量（向量）中的相关性，通过线性映射的方式将其映射到另一个空间内，该映射一般是不可逆的降维映射。PCA 的算法能够在降低维度的同时尽量保留变量的不确定性。

与 PCA 算法不同的是，本书直接使用矩阵 P 作为可逆的正交变换，这样选取的原因是其具有重要的性质。① 对于 $Y=PX$，Y 的各个维度间不相关，该结论是主成分分析法中的重要性质；② $\mid P\mid=1$，根据定理 1，该线性变换不改变随机变量的熵。至此，已经找到了所需要的映射，其满足映射前后熵不变，且映射后各个维度间不相关，该映射的具体求解流程如表 2－8 所示。

表 2－8　映射的具体求解流程

算法流程：
步骤 1：计算样本的协方差矩阵 $\hat{\Sigma}$
步骤 2：对协方差矩阵做出特征值分解 $\Sigma=P\Lambda P^{-1}$
步骤 3：得到变换矩阵 $\theta=P$
步骤 4：将样本 $X^{(i)}$ 映射为 $Y^{(i)}=X^{(i)}P$

3. 概率密度函数的非参数估计方法

对于某个参数空间。若需要估计某点 x_0 的概率密度，首先设定一个窗口，记窗口长度为 h_N。以最简单的矩形窗为例，该窗口对于 n 维数据空间而言是一个 n 维的超立方体。记落入该立方体的数据点个数为 K_N，总样本量为 N。记该超立方体的体积为 V_N。则对于 x_0 点的概率密度估计为

$$\hat{p}(x_0)=\frac{K_N}{NV_N} \tag{2-51}$$

为了提升拟合的平滑度，可以使用其他窗结构，本书中使用正态窗

$$\varphi(u)=\frac{1}{\sqrt{2\pi}}\mathrm{e}^{-\frac{1}{2}u^2} \tag{2-52}$$

在正态窗的条件下不以某数据点是否落在窗内表示，针对正态窗的概率密度估计为

$$\hat{p}(x_0)=\frac{1}{N}\sum_{1}^{N}\frac{1}{V_N}\varphi\left(\frac{|x_i-x_0|}{h_N}\right) \tag{2-53}$$

4. 信息物理系统熵计算算法

信息物理系统熵计算算法如表 2-9 所示。

表 2-9　信息物理系统熵计算算法

电力系统相对熵计算算法：

步骤 1：选取电力系统状态量，本算例总选取 N_{bus} 个母线复电压作为状态量：

$$V^{(i)}=[V_1^{\text{real}},V_1^{\text{img}},V_2^{\text{real}},V_2^{\text{img}},\cdots,V_{N_{\text{bus}}}^{\text{real}},V_{N_{\text{bus}}}^{\text{img}}] \tag{2-54}$$

在观测时间段内，取得了状态量的 N 个样本 $V^{(1)},V^{(2)},\cdots,V^{(N)}$

步骤 2：根据样本 $V^{(1)},V^{(2)},\cdots,V^{(N)}$ 计算样本的协方差矩阵

$$\hat{\Sigma}=\frac{1}{N}\sum_{i=1}^{N}(V^{(i)}-\bar{V})(V^{(i)}-\bar{V})^{\mathrm{T}} \tag{2-55}$$

步骤 3：对协方差矩阵做特征值分解

$$\hat{\Sigma}=P\Lambda P^{-1} \tag{2-56}$$

步骤 4：得到线性映射 $\theta=P$，将 V 映射为 $X^{(i)}=\theta V^{(i)}$，根据定理 1，该映射不改变状态量熵值的计算。

步骤 5：对于映射后的随机变量 $X=[x_1,x_2,\cdots,x_{N_{\text{bus}}}]$，对于每个分量，使用非参数估计计算其在任一点 x^* 概率密度函数。

$$\hat{p}(x_i^*)=\frac{1}{N}\sum_{j=1}^{N}\frac{1}{V_N}\varphi\left(\frac{|x_i^{(j)}-x_i^*|}{h_N}\right)$$
$$\varphi(u)=\frac{1}{\sqrt{2\pi}}e^{-\frac{1}{2}u^2} \tag{2-57}$$

步骤 6：对于映射后的随机变量 $X=[x_1,x_2,\cdots x_{N_{\text{bus}}}]$，计算每个分量的相对熵

$$H_c(x_i)=\int_{-\infty}^{+\infty}\hat{p}(x_i^*)\log\hat{p}(x_i^*)\mathrm{d}x_i^* \tag{2-58}$$

步骤 7：对于映射后的随机变量 $X=[x_1,x_2,\cdots,x_{N_{\text{bus}}}]$，它的每个分量 $x_1,x_2,\cdots,x_N$ 之间是独立的，系统熵值等于其每个分量熵值之和

$$H_c(X)=\sum_{i=1}^{N_{\text{bus}}}H_c(x_i) \tag{2-59}$$

5. 算例分析：信息物理系统熵与随机矩阵方法

使用随机矩阵评价和熵判据对系统状态作出评价。取 IEEE39 测试系统，本节选取未受攻击情况下系统 24 h 仿真数据作为数据源。分别选取负荷水平为 $\lambda_L=\{1,\ 2,\ 2.2,\ 2.4,\ 2.6\}$ 的子算例进行研究。算例涉及的重要参数在表 2－10 中列出。

表 2－10　随机矩阵理论与系统熵算例重要参数列表

参数分类	参　数	解　释	取　值
被测系统	isAttack	是否受到攻击	false
	λ_L	负载率	{1, 2, 2.2, 2.4, 2.6}
随机矩阵	T_s	样本矩阵列数	1 000
	N_s	量测向量长度	281
	L_m	形成矩阵积的样本矩阵数	4
系统熵	N_{step}	非参数估计的窗口数	1 000
	N	系统状态量的样本数	4 320

测试算例使用系统运行中产生的大量量测数据。某时刻 t_i 的样本向量 $x(t_i)$ 由以下量测按式(2－60)组合而成：节点母线电压量测 $V_{\text{meas}}=[v_1,\ v_2,\ \cdots,\ v_{N_{\text{bus}}}]^{\text{T}}$，负荷有功量测 $P_{\text{meas}}^{L}=[p_1,\ p_2,\ \cdots,\ p_{N_{\text{load}}}]^{\text{T}}$，负荷无功量测 $Q_{\text{meas}}^{L}=[q_1,\ q_2,\ \cdots,\ q_{N_{\text{load}}}]^{\text{T}}$，支路首端有功量测 $P_{\text{meas}}^{LH}=[p_1,\ p_2,\ \cdots,\ p_{N_{\text{line}}}]^{\text{T}}$，支路首端无功量测 $Q_{\text{meas}}^{LH}=[q_1,\ q_2,\ \cdots,\ q_{N_{\text{line}}}]^{\text{T}}$，支路末端有功量测 $P_{\text{meas}}^{LT}=[p_1,\ p_2,\ \cdots,\ p_{N_{\text{line}}}]^{\text{T}}$，支路末端无功量测 $Q_{\text{meas}}^{LT}=[q_1,\ q_2,\ \cdots,\ q_{N_{\text{line}}}]^{\text{T}}$，机组有功量测 $P_{\text{meas}}^{G}=[p_1,\ p_2,\ \cdots,\ p_{N_{\text{Gen}}}]^{\text{T}}$，机组无功量测 $Q_{\text{meas}}^{G}=[q_1,\ q_2,\ \cdots,\ q_{N_{\text{Gen}}}]^{\text{T}}$。

$$x(t_i)=\begin{bmatrix} V_{\text{meas}} \\ P_{\text{meas}}^{L} \\ Q_{\text{meas}}^{L} \\ P_{\text{meas}}^{LH} \\ Q_{\text{meas}}^{LH} \\ P_{\text{meas}}^{LT} \\ Q_{\text{meas}}^{LT} \\ P_{\text{meas}}^{G} \\ Q_{\text{meas}}^{G} \end{bmatrix},\quad \begin{matrix} V_{\text{meas}} \in \mathbb{R}^{39\times 1} \\ P_{\text{meas}}^{L} \in \mathbb{R}^{19\times 1} \\ Q_{\text{meas}}^{L} \in \mathbb{R}^{19\times 1} \\ P_{\text{meas}}^{LH} \in \mathbb{R}^{46\times 1} \\ Q_{\text{meas}}^{LH} \in \mathbb{R}^{46\times 1} \\ P_{\text{meas}}^{LT} \in \mathbb{R}^{46\times 1} \\ Q_{\text{meas}}^{LT} \in \mathbb{R}^{46\times 1} \\ P_{\text{meas}}^{G} \in \mathbb{R}^{10\times 1} \\ Q_{\text{meas}}^{G} \in \mathbb{R}^{10\times 1} \end{matrix},\quad x(t_i) \in \mathbb{R}^{281\times 1} \tag{2-60}$$

使用随机矩阵理论时，在每个子算例中(对应不同 λ_L)随机选取 4 000 个样本 $x(t_1)$，$x(t_2)$，…，$x(t_{4\,000})$ 构成 4 个样本矩阵 $\widetilde{X}^{(i)} \in \mathbb{R}^{281\times 1\,000}$。计算得到矩阵积的特征值谱，以及平均谱半径 MSR。

图 2－35 给出了系统处于不同负荷水平 λ_L 下，矩阵积的特征值谱。按照随机矩阵理论中的单环定理，特征值应该位于一内径为 $(1-c)^{\frac{\alpha}{2}}$、外径为 1 的圆环内。在图 2－35 中已经进入内环的特征值使用“×”标记。在使用随机矩阵理论评价系统电压稳

定性时，特征值谱进入内圆的严重程度的是最主要评价依据。从图中可以明显看出，当 $\lambda_L = 1$ 时，特征值谱几乎完全处于环内，少数进入内圆的特征值也没有深入，系统处于较稳定状态。随着 λ_L 的提升，特征值谱开始严重侵入内圆，$\lambda_L = 2.6$ 特征值谱侵入内圆的状况最为严重，甚至大量出现在原点附近。整体而言，随着负荷水平的上升，系统稳定性出现了明显下降。

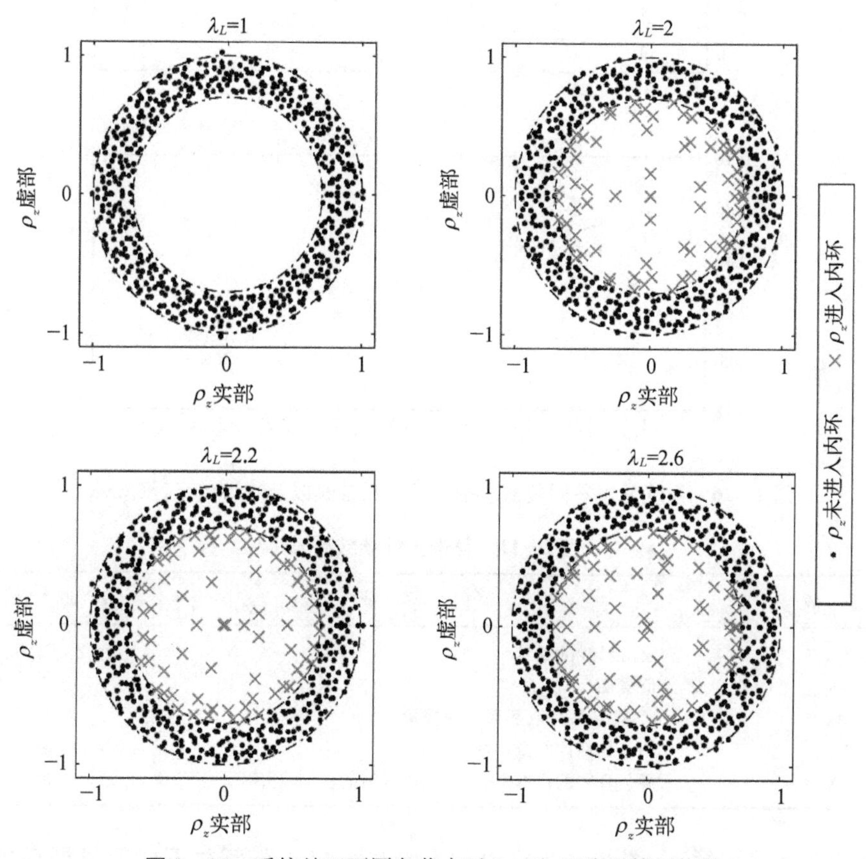

图 2-35　系统处于不同负荷水平 λ_L 下，矩阵积特征值谱

平均谱半径 MSR 作为统计量是衡量系统稳定性的量化判据。图 2-36 给出了系统的平均谱半径，4 个数据点分别对应图 2-35 的 4 幅特征值谱。从曲线上进一步看出 MSR 呈单调下降趋势，这意味着系统稳定性逐步下降。图 2-36 给出了本书提出的熵评价方法所计算出的系统熵，即系统熵相对于某个参照点的增量，本书中参照点选取为 $\lambda_{L0} = 1$、未受攻击的子算例。从图 2-36 中可以发现，随着负荷水平的上升，ΔS 单调上升，这表明系统稳定性下降。将 $\lambda_L = 2$ 与 $\lambda_L = 2.2$ 比较下，其 ΔS 判据区分度高于 MSR 判据。

随机矩阵理论是受到广泛验证的理论，也被应用于校验电力系统电压稳定性。本书所提出的熵评价方法与随机矩阵理论得出了相同的结论。熵判据表现出了与 MSR 判据相同甚至更高的显著性和区分度，这验证了本书所提出的熵评价方法的有效性。

6. 算例分析：信息物理系统熵对错误数据注入攻击的响应

算例中被测系统、攻击算法、熵计算相关的重要参数在表 2-11 列出，在每个子算例中(对应不同 λ_L)，选取全部 4 320 个状态量样本，计算系统熵。

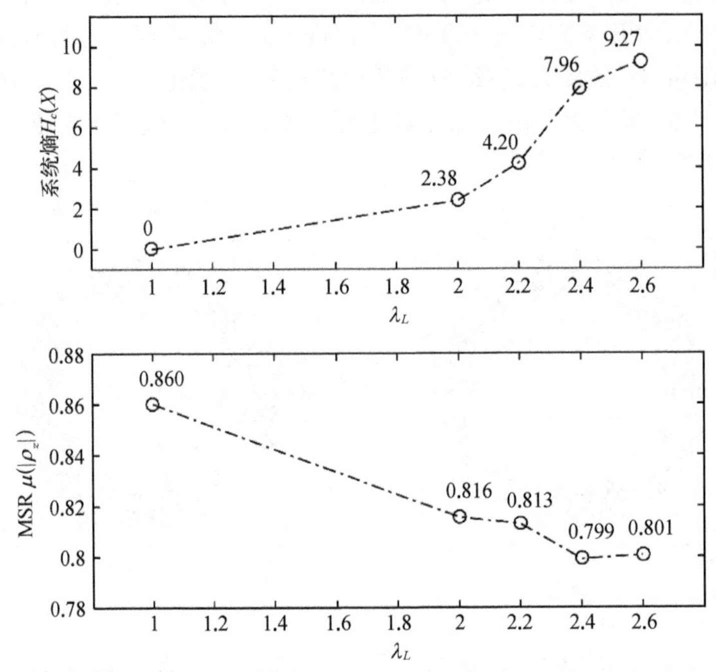

图 2-36 系统处于不同负荷水平 λ_L 下，系统熵以及平均谱半径(MSR)

表 2-11 算例关键参数列表

参 数	解 释	取 值
Bus^{Att}	攻击母线的编号	{1, 2, 3, …, 39}
λ_L	负载率	1
k_N	NSM 算法中取邻近点的数量	3
N_{step}	非参数估计的窗口数	1 000
N	每个算例的样本量，发生电压崩溃的算例除外	4 320

在低负荷水平工况下，图 2-37 给出的系统最大电压跌落并不能明显展现出系统某些节点的脆弱性。图 2-39 中显示出：19、34、36、37、38 母线受到攻击时，系统熵出现了明显上升。这说明在以上情境，病毒对于系统的攻击已经对系统造成了潜在影响。而在低负荷工况下，这些影响并没有明显表现在系统内电压跌落上。在 19、34、36、37、38 母线中，34、36、37、38 母线均直接与发电机组相连，且其相连的支路均只有一条。支路只有一条意味着该变电站内被注入错误数据时更难以被识别，因为缺乏足够的冗余量测。也就意味着该母线被攻击时，状态估计模块一方面更容易作出错误估计，另一方面则更容易因为达不到残差标准而无解。这也表明，熵评价方法能够有效在低负荷水平下发现系统的脆弱母线。特别的，在负荷水平达 $\lambda_L = 2.6$ 时，针对 36、38 母线的攻击最终引发了系统崩溃。

图 2-38 给出了系统输入熵，即错误数据注入攻击所注入的坏数据的熵值，与图 2-39 对比可以发现，不同点受到攻击时，系统的输入熵相差不大，但系统的整体的信息物理系统熵却区别显著。即信息物理系统对不同节点的注入熵的响应是有显著区别的。

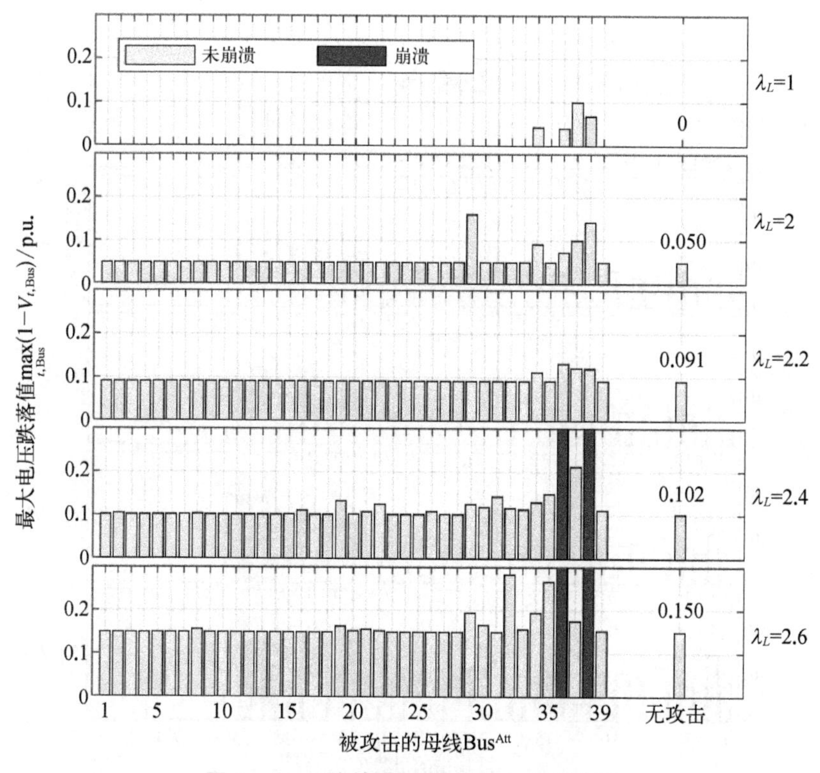

图 2-37　不同场景下系统最大电压跌落

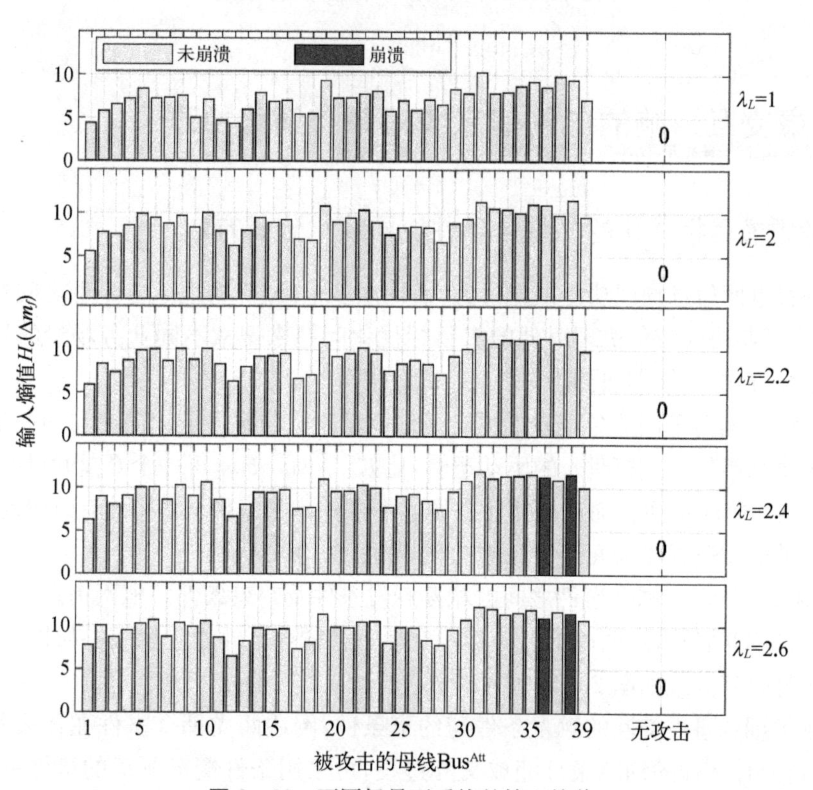

图 2-38　不同场景下系统的输入熵值

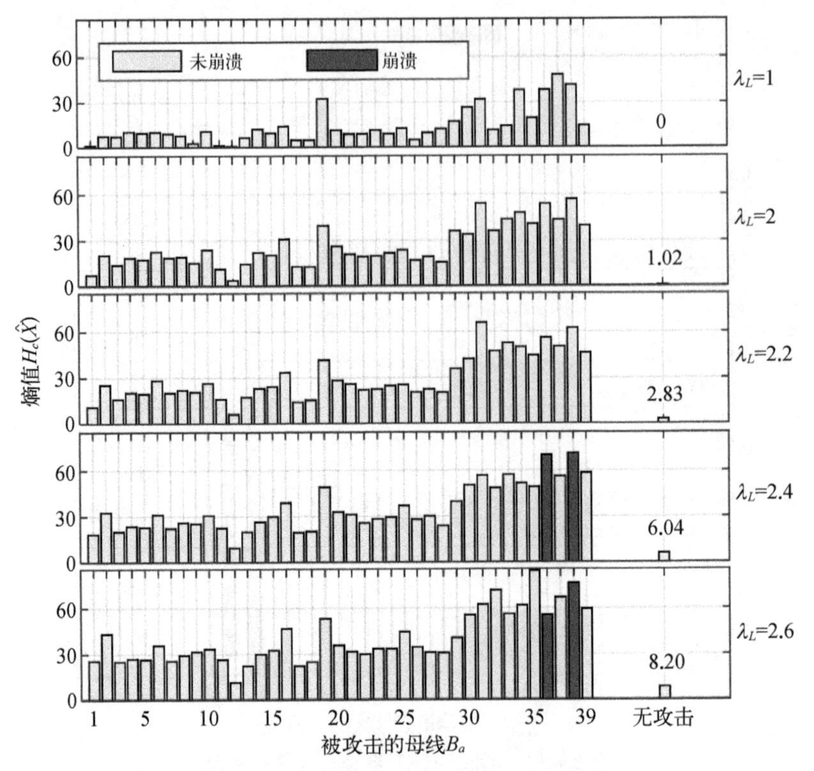

图 2-39 不同场景下信息物理系统熵

2.4 考虑交互影响的电网信息物理系统演化机理

2.4.1 考虑多目标优化的多耦合事件协同演化分析方法

为了阐释电网信息物理功能演化过程，需探索多个信息-物理耦合事件之间的协同演化机理，通过求解与协同演化机理对偶的多目标优化问题来搜索不同业务场景的最优多耦合事件协同演化方式，具体方法如下。

1) 步骤 1。面向不同业务场景的耦合事件驱动逻辑与事件链化简。在同一耦合事件中可能存在多个从事件 a 到事件 b 的驱动逻辑，比如 $f_{C_i}(a, b)$，每一个 C_i 均可代表一类业务场景中的 $a \rightarrow b$ 驱动关系。确定具体业务场景中事件 a 与事件 b 之间的有效驱动逻辑，其他不会被触发的驱动逻辑作为冗余关系被简化，如图 2-40 所示。

2) 步骤 2。辨识多耦合事件之间的相互触发条件及约束条件。电网信息物理中各耦合事件之间存在相互影响，在明确的业务目的驱使下各耦合事件相互触发并协同工作，几类典型的耦合事件交互方式如图 2-41 所示。

研究各类耦合事件交互的触发条件与约束条件，阐述两类耦合事件在什么前提下发生交互，以及遵照什么样的约束条件完成交互过程，可采用条件概率驱动的事件链、马尔可夫链等方法进行描述。针对复杂业务场景，可构造由多耦合事件相互依存的复杂网络，其中顶

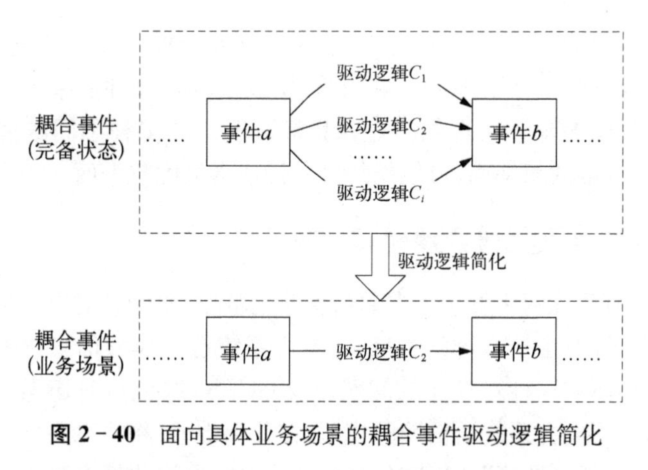

图 2-40　面向具体业务场景的耦合事件驱动逻辑简化

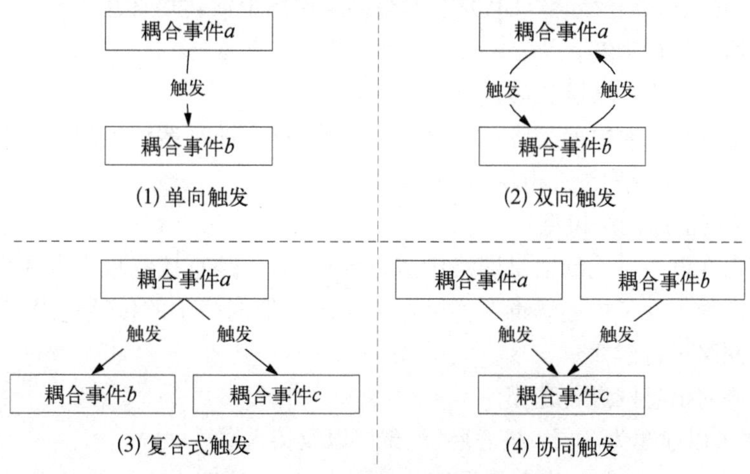

图 2-41　典型的耦合事件交互形态

点代表各类耦合事件、有向边代表触发条件与约束条件等因素。

3）步骤 3。求解针对特定业务目标的多耦合事件最优协同策略。针对特定业务目标，可由多个耦合事件以时间协同、空间协同、时空复合协同等方式协作完成。构建与多耦合事件协同演化对偶的动态多目标优化问题，以特定业务目标作为对偶问题的约束条件。设某业务场景中，可用 n 种耦合事件 x_1，x_2，…，x_n 组成一个协同方案，以 $x=(x_1, x_2, \cdots, x_n)^{\mathrm{T}}$ 表示，同时存在 m 个与 x 有关的业务目标 $f_1(x)$，$f_2(x)$，…，$f_m(x)$，此时多耦合事件协同就可用对偶的多目标优化问题来描述并求解，如公式(2-39)。其中 A 是对 x 自身的限定因素，f'_i 与 f''_i 表示第 i 个目标的上下限。

$$\begin{cases} \max\limits_{x\in R} f_1(x) \\ \vdots \\ \max\limits_{x\in R} f_i(x) \\ \vdots \\ \max\limits_{x\in R} f_m(x) \end{cases} \tag{2-61}$$

$$\text{st. } R=\{x \mid f'_i \leqslant f_i(x) \leqslant f''_i,\ i=1, \cdots, m,\ x \in A\}$$

研究该对偶问题的最优求解算法，以阐述具体业务场景中多耦合事件协同演化机理。因耦合事件可表示为耦合事件数理空间的向量，所以多耦合事件的某种协作方式可以用数理空间中的一个超平面表示。实现同一业务目标可能存在多种不同的多耦合事件协作方式，即存在多个解决方案的超平面，可依据约束条件搜索最优超平面。

2.4.2 信息物理系统演化博弈建模和分析方法

近年来，针对电力系统网络发生了多起信息安全事故，表明针对电网信息安全的研究已经刻不容缓。本研究针对工控系统的特点，对电力系统这一典型信息物理系统中病毒的演化过程开展了一系列研究。针对存在的问题以及 GCPS 的特点，对病毒在电网中的扩散进行了研究。首先建立了电力系统通信网的模型，在此基础上，将病毒在电网信息系统中的演化过程描述为“易感-感染-易感”(SIS)模型，最终采用图上演化博弈理论对病毒在电网信息网络中的扩散均衡进行求解。

1. 电网信息物理系统模型的建立

为了研究电网攻击对电网实际运行情况的影响，首先针对系统级的信息物理系统进行建模，再在此基础上研究病毒在电网中的传播过程。

(1) 电力系统信息网络模型

考虑到病毒在电力系统的信息网络中进行传播，而不是直接将攻击方式作用于电力系统的物理网架层面。为了描述病毒在实际电力系统通信网络中的传播过程，首先需要对电力系统的通信网络进行建模。

按以下规则对信息网进行建模。

1) 信息网可以建模为 3 层：核心层、汇聚层以及接入层。

2) 按照电力系统分区，每个分区设置一个调度中心，调度中心作为核心层节点；各个分区内的中高电压等级变电站作为汇聚层节点；分区内低电压等级变电站作为接入层节点。

3) 对通信系统中的节点类型确定之后，对信息网络的拓扑结构进行确定。核心层节点相互连接呈环形；汇聚层收集接入层信息，并将信息上传至核心层，汇聚层节点也以环形进行连接；接入层节点以辐射状形式接入汇聚层节点。

按照如上方式，即可得到电力系统信息网络拓扑结构。

(2) 电力网络物理网络模型

针对电力系统建模，按照实际物理系统进行建模即可。在物理系统模型中，各个电压等级变电站作为网络节点，变电站之间相连的连接线作为网络的边。在这里，不失一般性，我们认为核心层的调度中心不布置在变电站中，而其他的接入层、汇聚层的通信节点与实际物理系统节点一一对应。

2. 电网信息物理信息网中病毒传播的易感-感染-易感病毒传播模型

在这一部分，我们将病毒在电网信息物理融合系统传播过程建模为 SIS 过程，以研究病毒在信息网中的扩散过程。

由于我们考虑的是一个长期的演变过程。在这个演变过程中，电网的信息节点可能被病毒搜索到漏洞，从而被病毒感染并进一步被收集信息。在信息节点被病毒感染后，考虑到系统可能采取自检、杀毒软件更新等措施，所以节点也是有可能从易感状态恢复到正常状态的。因此，在一个长期的演化过程中，电网中的一个信息节点是有可能发生“易感-感染-易感-……”这样的状态交替行为的。为了描述上述过程，在这里，我们建立SIS模型对病毒在电网信息网络中的扩散过程进行建模。

SIS模型的完整过程如图2-42所示。

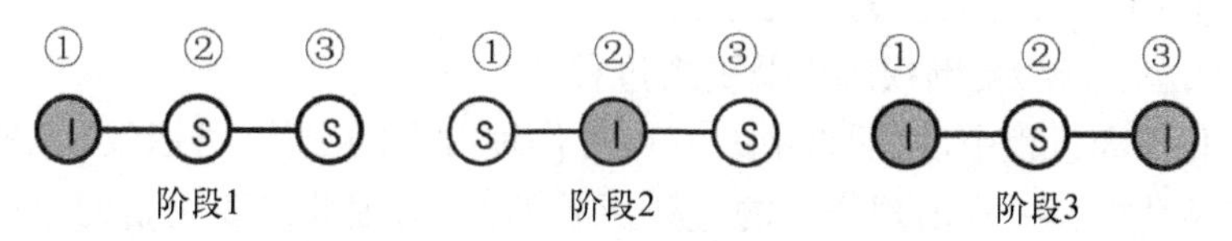

图2-42　一个简单的SIS过程

当然，一个正常状态下的信息节点周围被感染的节点越多，其越容易从正常的易感状态转化为受感染状态；而受感染节点周围如果有较多的正常易感节点，那么该节点向其他节点传播病毒的能力也会受限(因为病毒也需要扫描漏洞，而扫描漏洞也是需要时间的)，在一段时间内，病毒也是有可能被该节点发现，从而从系统中清除掉，在这种状态下，受感染节点是有可能从受感染状态恢复到易感状态的。

3. 基于演化博弈理论的电网信息物理通信网中病毒传播过程研究

将病毒在通信网上的传播过程视作一个长期的演化过程，每一次演化过程中随机选一个节点与周围相邻的节点进行博弈，并进行策略更新，考虑到电网中设备更新、查找漏洞也是分时段、逐步进行的，因此每次演化过程中选取一个节点进行博弈也是符合实际过程的。

其次，由于病毒的演化博弈发生在图上，在一次博弈过程中，我们需要关心一个节点周围的节点状态。为此，研究首先给出图上演化博弈过程中的各个节点的适应度的计算方法以及策略更新模式，在此基础上，给出网络中各个节点发生策略更新的概率，最终，计算图上演化博弈的演化稳定策略ESS的结果。

(1) 对图上各个节点之间的演化博弈过程进行介绍

对单个节点进行研究，设一次博弈过程中选中的节点的度为k，周围相邻节点中，受感染节点的个数为k_d，正常状态的节点个数为k_s，则有

$$k_d+k_s=k$$

由于之前将该问题建模为弱选择(weak selection)问题，因此，在每次博弈过程中节点的适应度(fitness)可以表示为

$$\text{fitness}=\text{baseline fitness}+\sum_i \text{payoff}_i$$

其中，baseline fitness代表该节点的基础适应度，其值与该节点所配置的防御资源密切相关；payoff_i为节点i在博弈中的损益。

对于与本课题研究的具体情况，可以得到如下公式：

$$f_d(k,\ k_d)=(1-\omega)+\omega(k_d\cdot u_{dd}+k_s\cdot u_{ds})$$

$$f_s(k,\ k_s)=(1-\omega)+\omega(k_s\cdot u_{ss}+k_d\cdot u_{sd})$$

式中，$f_d(k, k_d)$ 表示度为 k、状态为 d、周围有 k_d 个状态为 d 的节点在一次博弈后的适应度函数(状态为 d 的节点在单次博弈中被选中了)；$f_s(k, k_s)$ 表示度为 k、状态为 s、周围有 k_s 个状态为 s 的节点在一次博弈后的适应度函数(状态为 s 的节点在单次博弈中被选中了)；ω 代表了博弈中新增适应度与原有适应度的大小关系，考虑到为弱选择，因此 ω 远小于 1。

在此基础上，可以计算后续的演化过程。

(2) 节点状态(策略)更新模式以及更新过程

在图上演化博弈过程中，将网络中的节点看作种群中的个体，可以发现，种群中的个体是不会像传统演化博弈一样出现个体的生死更替的过程，因此需要用新的模型对种群个体策略的更新过程进行描述，本书采用"死生模型"对种群中的策略更新过程进行描述。死生模型的策略更新过程如图 2-43 所示。

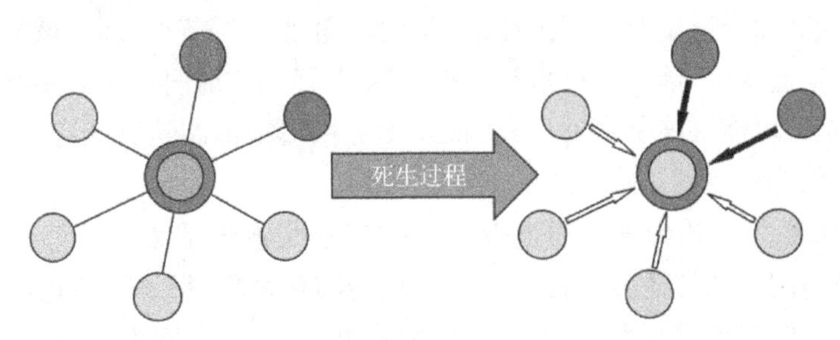

图 2-43　死生过程

在该过程中，选中的节点"死亡"，周围节点根据适应度的分布情况来确定该节点更新策略的概率。每完成一次"死生过程"，就相当于完成了一次传统演化博弈过程中的个体死亡与出生。

死生模型反映了种群中周围节点对中间相连节点的影响程度，而生死模型则着重考虑中间相邻节点对其他周围相邻节点的影响。考虑到病毒传播的特性，中心节点的状态受周围节点状态影响较大，因此采用死生模型对其进行建模。

依据对应的演化博弈理论，单次演化中 s 状态点转化为 d 状态点的节点转化概率计算如下：

$$P_{s\to d}(k, k_s) = \frac{k_d \cdot f_{s\Leftarrow d}}{k_d \cdot f_{s\Leftarrow d} + k_s \cdot f_{s\Leftarrow s}}$$

单次演化中 d 状态点转化为 s 状态点的节点转化概率计算如下：

$$P_{d\to s}(k, k_d) = \frac{k_s \cdot f_{d\Leftarrow s}}{k_s \cdot f_{d\Leftarrow s} + k_d \cdot f_{d\Leftarrow d}}$$

病毒在信息网络中的传播过程，就是节点状态从 s 状态转化为 d 状态，再从 d 状态转化为 s 状态的一个不断重复的过程。如果想要研究病毒在网络上的演化过程，那么只要关心这两个概率的取值以及变化情况即可。

4. 基于演化博弈理论的电网信息物理通信网中节点薄弱性研究

电网信息物理系统中存在大量的信息节点，其中必然存在一些较为"薄弱"的设备和节点，会吸引信息攻击者对其发动攻击。这里"薄弱"的概念是指当某一设备或组件被攻击时，其被入侵成功概率(或称功能失效概率)与攻击后电力系统遭受损失(或称功能失效损失)的乘积(或称功能失效风险)较高。

根据演化博弈的结果,我们能够得到信息网络中信息节点被成功入侵的概率;在此基础上,可以进一步得到电网中各个节点的薄弱性指标。通过排序,可发现系统最为薄弱的电力和信息环节,为博弈过程设计和信息安全主动防御提供依据。

鉴于现阶段已经发生的攻击案例,攻击者在成功感染一个节点并获得节点的控制权后,往往可以造成整个物理节点失效,所以在这里将对电网的攻击定义为攻击成功后与该节点相连的传输线全部断开。在上述情况下计算负荷损失。由此可以得到信息节点薄弱性指标。

定义:信息节点薄弱性指标

信息节点薄弱性指标I_{weak} = 节点感染概率 P_{node} × 攻击成功后造成的负荷损失 Loss

完整的电网信息节点薄弱性指标的计算流程如图 2-44 所示。

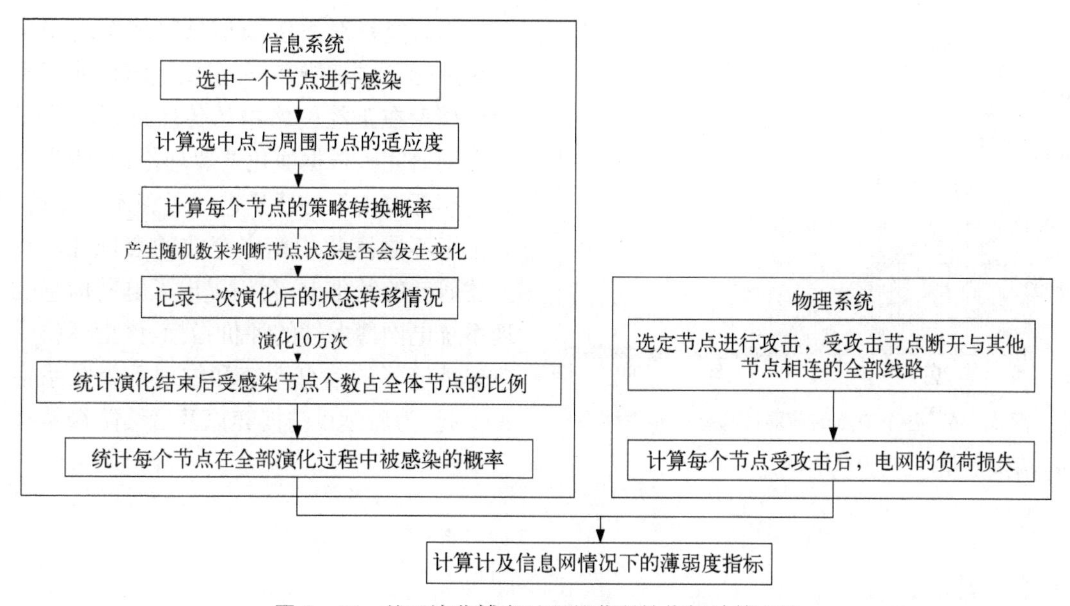

图 2-44　基于演化博弈过程的薄弱性指标计算方法

依据此流程对 IEEE118 节点系统中的病毒传播过程进行仿真,可以得到如下的病毒传播过程,受感染节点在整张网络中的扩散最终达到了均衡,如图 2-45 所示。

观察实验结果可以发现,病毒是有可能从网络中的一个点开始入侵的,其传播过程最终在电网中实现了一个均衡。在病毒传播进入稳态过程后,传播呈现动态均衡状态,节点状态在易感状态以及受感染状态之间来回转变。

最终,根据演化博弈得到的结果,对电网的节点薄弱性进行计算,计算结果如图 2-46 所示。

观察可以发现,当攻击者在 CPS 信息系统中进行传播时,不同位置和连接关系的节点有着不同的风险,对各个节点的风险进行排序,根据这些排序结果,即可为后续进行攻防博弈的研究以及防御策略的制定提供一定的理论基础。这些值充分考虑了信息节点以及物理

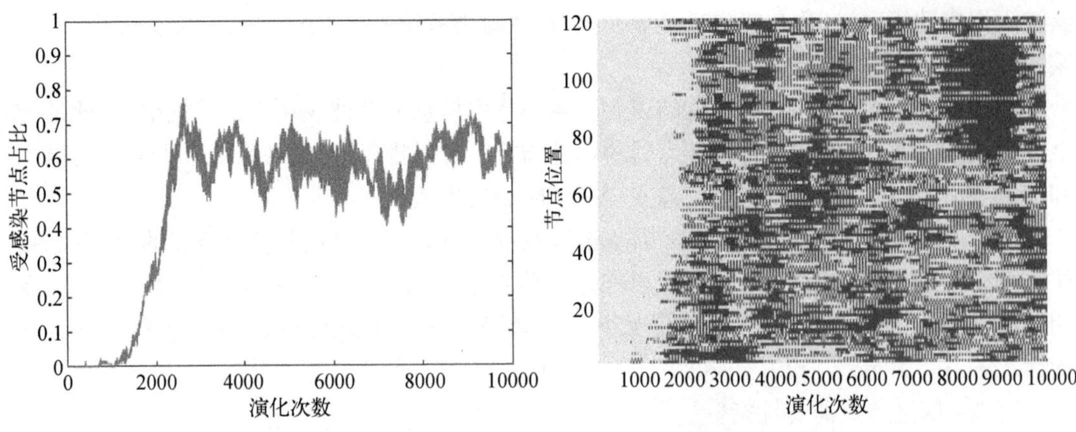

图 2-45 均衡点 3 对应适应度矩阵情况下的病毒演化情况

节点的耦合关系，对电网中各个节点的风险进行了综合评估。

本研究针对系统级信息物理系统安全问题进行了详细研究，利用图上演化博弈理论对病毒在工控网络中的传播过程进行了深入的研究。根据演化博弈理论，本研究对不同病毒攻击下的情景进行了深入的探讨，讨论了不同演化均衡点存在的合理性。在上述研究的基础上，我们提出了电网信息物理系统电网薄弱性的评价指标，该指标将受攻击情境下的信息系统和物理系统联系在了一起，为后续攻防博弈以及后续防御策略的制定提供了一定的参考。

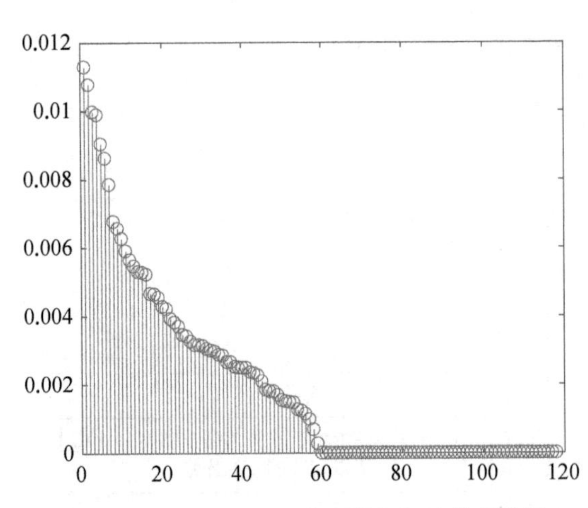

图 2-46 各个节点的薄弱性指标的排序结果

2.5 小结

信息物理电网中存在复杂的跨空间耦合机制，为了阐明信息物理互动机理，辨识信息物理交互的关键路径，刻画系统中复杂的耦合事件生成和传播的过程，本章介绍了以下三部分相关研究。

1) 信息空间和电力系统交互过程分析。从信息-物理交互拓扑、信息流-能量流相互驱动、电网信息物理系统运行状态的演化等层面剖析电网信息物理系统运行过程中的信息-物理交互特性；提出了信息-物理交互路径搜索方法，考虑路径功能失效的信息物理关键交互路径判定方法，基于信息-物理关键交互路径，总结了电网信息物理系统的跨空间连锁故障类别。

2) 信息物理耦合事件成因和过程分析方面。提出了信息物理耦合事件的概念，分析了电网信息物理系统的信息-物理交互特性，构建了信息-物理耦合事件的数学模型，提出了概率图的信息物理融合建模方法，采用贝叶斯网络描述信息物理设备运行状态关联关系，实现了知识和数据共同驱动的贝叶斯网络拓扑和参数学习；提出了基于贝叶斯网络拓扑优化的信息物理关键路径识别方法，设计了基于马尔可夫毯的信息物理设备功能失效推理算法，实现了灾害下设备失效概率预测；提出了基于离散系统的信息-物理耦合事件分析方法，将物理系统的连续动态过程转化成离散事件序列，统一了物理系统和信息系统的模型；提出信息物理耦合动态事件链相关性分析方法，定义事件链和相关性分析指标，识别事件链特征，实现基于事件链的动态聚类算法。

3）考虑交互影响的GCPS演化机理方面。在信息物理定义信息物理系统熵的概念，以单一指标反映信息物理耦合系统的不确定性，研究信息物理耦合事件对系统的影响；基于信息-物理交互路径及连锁故障，构建网络演化博弈模型；提出了考虑组合攻击的CPS中故障演化分析方法，通过长期演化博弈模拟发现有效攻击时刻、典型攻击模式和连锁故障路径。

第 3 章

电网信息物理元件建模的自动机方法

目前 GCPS 的建模研究仍存在以下问题：现有的电网模型针对电网信息系统和一次系统的静态特性分别建立模型，对信息过程的抽象不够全面精确，不能表征信息物理系统的融合机理。需从静态和动态两方面研究电网信息过程和物理过程协同工作机制和融合方式，根据电网信息系统和物理系统的离散和连续特性，构造能够用于分析和控制的元件模型。

3.1 基于自动机的元件建模方法

针对电网元件建模的工作分为两种：

一种是以输入、输出参数为基本要素构建数理逻辑方程，例如发电机的电磁暂态模型，其本身刻画了元件的工作特征。国网调度等部门制定的国家标准对于一些特高压及电力电子元件的属性信息以及工作特征函数都进行了细致化的规定，在需求侧响应管理中对于热负荷等也有工作函数去描述。值得注意的是，元件的工作函数有些并不能直接用于系统分析，系统分析往往关注的是元件的某些特征，而并非元件工作函数等。

由于机理模型不能完全刻画元件特征，尤其在一些机理较为复杂的元件分线性增强，传统的线性元件模型未能反映元件工作特征，即白箱模型与实际工作特性并不符合。因此也有人提出数据驱动的建模方法，基于统计学方法，克服传统机理模型的局限性，从系统所经历的真实物理环境出发，测试获得系统属性的真实数据集相关限制。

以上两种方法不适用于信息系统的元件，并且两种建模方法未体现 CPS 融合后控制逻辑以及离散事件对于元件运行的影响。因此我们提出电网信息物理系统元件级融合建模方法，实现对信息系统与物理系统设备的基础属性、运行状态及状态迁移机制、内在控制逻辑和动态工作函数等多层面的完整的数学表达，以及各层面之间的有机结合与联动。

3.1.1　元件建模的技术路线

本章研究基于有限状态机理论的元件建模方法，主要开展以下研究工作：

1）元件有限状态集合及工作特性研究。面向元件内部工作机制，研究各类元件的工作状态，如启动、停运、异常等，定义各类元件的有限状态集合。研究在不同工作状态下的各类元件运行特性与输入/输出量，并定义各类工作状态的函数表示。

2）元件状态转换规则研究。面向元件间的外部交互控制机制，研究电力及信息各类元件在不同外部驱动条件下的状态转换规则，包括：由同类元件外部驱动条件引发的状态转换，如信息内容、通信量引发的信息元件状态转换，潮流引发的电力元件状态转换；由不同类元件外部驱动条件引发的状态转换，如信息内容、通信量引发的电力元件状态转换，潮流信息引发的信息元件状态转换。

3）基于有限状态机理论的元件建模。从微观层面，以各类元件为建模对象并构建其对应的有限状态机模型，基于有限状态机理论定义元件的有限状态集合、各状态下的工作函数集合、状态转换规则、状态迁移函数、初始状态集合、时钟同步标签、交互端口集合等属性，构建适用于各类元件的有限状态机模型。

4）在标准有限状态机模型基础上，扩展元件属性及动态工作函数，提出了扩展有限状态机建模方法，该模型能够充分表达元件的工作状态、耦合事件驱动、状态转换规则、运行特征与输入/输出量、工作状态的函数等静态属性与运行动态特征。

3.1.2　元件有限状态集合及工作特性

电网智能化水平越来越高，信息通信与智能控制等技术广泛应用于电网，使得 GCPS 中信息系统与电力物理系统的耦合与交互的过程变得错综复杂。针对包含海量物理、信息元件与复杂通信规约的庞大系统，梳理清楚 GCPS 各部分之间的逻辑关联关系成为建模的基础与关键。而厘清海量物理、信息元件的状态集合及其工作特性，是基础建模中的第一步。

《信息物理系统白皮书(2017)》将 CPS 划分为单元级、系统级和大系统级(system of systems，SoS)3 个层次，并指出：CPS 的本质就是构建一套信息空间与物理空间之间基于数据自动流动的状态感知、实时分析、科学决策、精准执行的闭环赋能体系。GCPS 是一个典型多层级的 CPS，如单个光伏发电、本地保护系统、区域安控系统、自动发电控制 AGC 系统、智能电网调度系统等，都是不同层级的 CPS。不同层级的 CPS 都包括状态感知、实时分析、科学决策、精准执行的闭环过程。而不论 CPS 层级如何划分，其底层的构建元件是清晰、有限的。

以安全稳定控制应用为例。实际运行时，安控子站通过状态感知元件对物理电网的状态进行实时感知(如电压、电流、开关状态等)，并通过计算元件对实时感知状态进行实时分析(计算功率、频率、故障判断等)。然后，安控子站将实时分析结果通过 2M 电缆和同步数字体系 SDH 设备等信息通信元件传输至安控主站。安控主站根据当前电网信息进行决策，并通过站控层网络元件下发控制指令；控制指令通过过程层通信网络元件传输到安控子站。安控子站通过运行智能终端元件，控制执行器动作，完成 GCPS 完整的闭环控制过程。该电力业务的实现过程就基于多种电力 CPS 元件功能。

在此过程中，信息物理耦合过程为：二次设备中的数据量测元件（传感器）通过信息采集将能量流转化为信息流，信息流经过过程层网络元件和站控层网络元件，利用通信网传输和二次设备层的信息预处理转化为决策单元的输入信息。决策单元根据输入信息产生控制指令并以类似的过程将其下发至物理实体。由此，GCPS 单元可以抽象为物理实体层、信息物理耦合层和信息系统层，分别对应物理网络、通信网络/二次设备网络和控制决策单元。

因此面向元件内部工作机制，研究各类元件的工作状态，如启动、停运、异常等，定义各类元件的有限状态集合，对电力系统运行的关键节点与路径可以有更为清晰地认识，对电力系统各类元件的工作状态进行汇总与归纳，可以更为全面地了解电力系统运行状态的内在机理。当电力系统发生故障时，亦可以根据分析快速定位到元件级别。此外研究在不同工作状态下的各类元件运行特性与输入/输出量，并定义各类工作状态的函数表示，可以加深对元件工作的认识，提高对其工作原理的刻画能力。

电力二次设备的元件模型主要涉及的是信息过程。而大量的电力一次元件不仅涉及与二次元件（如采集装置、控制器）的信息交互，还包含各自的连续物理动态。此类元件的信息物理耦合效应更加紧密，并对电网运行产生直接作用。例如空调负荷元件，其输出功率关于设定温度具有非线性特性（如最大功率处的限幅作用）。当空调工作点逼近最大功率点处时，其输出功率对功率加强型控制信号并不敏感，而对功率减弱型控制信号敏感；当空调工作点逼近最小功率点处时，其输出功率对功率加强型控制信号敏感，而对功率减弱型控制信号不敏感；当空调工作点处于最大与最小功率之间时，其输出功率对功率加强型信号和减弱型信号均敏感。由此可见，在元件的不同的物理工作点处，元件对于信息系统的信号灵敏度是完全不同的，物理系统接受信息系统控制，信息系统的控制效果同时也依赖于物理系统的状态，两者的紧密耦合渗透于元件的整个控制过程和动态过程。

综上所述，元件级建模主要关注三方面的问题：① 对元件划分出有限的工作状态集合，确保单一的工作状态下，元件的物理动态演化过程具有相同的表达形式，且元件在任意时刻处于且仅处于一个运行状态；② 对于元件在各个工作状态下的工作特性建模，即用合适的模型对元件各单一工作状态下的信息过程和物理过程进行融合建模；③ 明确元件的状态转换规则，明确元件各个工作状态间的转移路径。

3.1.3　元件状态转换规则

电力系统在正常运行的过程中，可能发生各种故障和不正常运行状态。原因主要有雷击、鸟兽跨越电气设备、电气设备维修不当或者操作错误、电气设备绝缘强度下降等，最危险的故障是发生各种形式的短路。通过故障点的短路电流很大，引燃电弧，使故障元件损坏。而由于发热和电动力的作用，会引起元件的寿命缩短或者直接损坏。

电力系统中如果电气元件的正常工作遭到破坏，但没有发生故障，这种情况属于不正常运行状态。例如，过负荷就是一种最常见的不正常运行状态。由于过负荷，使得元件载流部分和绝缘材料的温度不断升高，加速绝缘老化和损坏，就可能发展成故障。系统中出现功率缺额而引起的频率降低、发电机突然甩负荷而产生的过电压、电力系统震荡等，都属于不正常运行状态。

因此面向元件间的外部交互控制机制，研究电力及信息各类元件在不同外部驱动条件下的状态转换规则，包括由同类元件外部驱动条件引发的状态转换，如信息内容、通信量引发的信息元件状态转换，潮流引发的电力元件状态转换，以及由不同类元件外部驱动条件引发的状态转换，如信息内容、通信量引发的电力元件状态转换，潮流信息引发的信息元件状态转换，对电力系统正常运行而言，具有非常重要的研究与实践意义。

元件的状态变化，包含其自身的物理状态变化，会受所在的工作环境条件的影响，如是否露天、是否接受风吹日晒雨淋冰冻，以及是否可能受到不法分子或者鸟兽的破坏，结合自身的材料属性，可能会造成物理状态上的变化，如从良好变成破损等。

元件的状态变化，也包含其工作逻辑的变化。一个元件之所以能在系统里发挥作用，是因为它能接受系统内或者系统外的影响因子，经过自身逻辑处理，然后输出给系统内的其它元件。因而在输入、处理和输出的过程中，三个阶段都可能存在影响元件工作状态异常的情况。例如站控层网络通信元件，当上行与下行的报文等信息输入所占带宽超过元件自身可处理的上限，其状态会由正常工作转变成丢包等非正常工作状态。

另外，除了元件工作异常状态，我们也关心元件正常状态下的状态转移。如何设定元件状态及各状态之间的转换规则，凝练状态迁移函数，是本节研究重点。这里我们采用有限状态机模型，即表示有限个状态以及在这些状态之间的转移和动作等行为的数学模型。

状态机可归纳为 4 个要素，即现态、条件、动作、次态。“现态”和“条件”是因，“动作”和“次态”是果。详解如下。

1）现态，是指当前所处的状态。

2）条件，又称为“事件”。当一个条件被满足，将会触发一个动作，或者执行一次状态的迁移。

3）动作，条件满足后执行的动作。动作执行完毕后，可以迁移到新的状态，也可以仍旧保持原状态。动作不是必需的，当条件满足后，也可以不执行任何动作，直接迁移到新状态。

4）次态，条件满足后要迁往的新状态。“次态”是相对于“现态”而言的，“次态”一旦被激活，就转变成新的“现态”了。

可用元件状态转换表来表示整个过程，如图 3-1 所示。

状态转移的规则限定在初态与次态之间，具体表现为根据触发条件，选择相应的执行动作。而状态迁移函数则是各个状态转换的规则抽象。

GCPS 中，触发条件分为两类：① 时间驱动，例如数据采集与监控系统(SCADA)，其按照固定的工作周期完成信息采集、信息通信、指令计算、控制下发的流程，每个驱动条件带有明确的时标；② 事件驱动，由信息系统事件(如突发性通信系统故障)以及物理系统事件(如线路短路、频率越限等)驱动状态转移。由于事件的发生具有随机性，因此事件驱动不依赖于时标。

前文分析了状态转换的定义与触发条件。由于 GCPS 是信息与物理过程紧密耦合的混合系统，在状态转换的过程中，不仅需要关注驱动状态转移的条件，还要关注状态转移过程

初态＼次态	状态A	状态B	状态C
状态A	触发条件：事件1 执行动作：动作1	触发条件：事件2 执行动作：动作2	触发条件：事件3 执行动作：动作3
状态B	···	···	···
状态C	···	不存在	···

图 3-1　元件状态转换表示意图

中物理系统的状态是如何变化的。元件状态转移意味着物理动态过程发生了本质的变化，但是由于实际物理系统是时间驱动的连续系统，元件状态转移发生时，次态的物理量初始值将严格等于初态的物理量终值。因此，元件在多个状态间的转移虽然是“离散”的，但是物理系统的“不变性”保证了各个状态的连续性，实现平稳过渡。

3.2　基于自动机理论信息物理元件模型

如表 3-1 所示，本章建立了基于有限状态机的 CPS 元件模型 48 种，其中物理层元件 26 种，信息层元件 11 种，融合层元件 11 种。元件选取原则：覆盖信息层、物理层及信息物理融合层三个层面；覆盖“源-网-荷-储”；所选元件满足系统级分析需求。

表 3-1　**电网信息物理**

分　类	物　理　层	信　息　层	融　合　层
源	风力发电机 光伏逆变器 燃气轮机 水轮机 虚拟同步发电机 异步发电机 交直流变流器		调频系统 远程终端单元(RTU) 调压系统(AVC)
网	断路器 联络开关 分段开关 配电线路设备 变压器 无功补偿设备	光传输设备 控制终端 交换机 路由器 操作系统 监控主站服务 安控主站 需求侧响应控制服务 充电策略控制服务 SCADA 服务 通信节点	差动保护装置 过流保护装置 配电开关监控终端(FTU) 数据传输单元(DTU) 配电变压器监测终端(TTU) 电流传感器

续　表

分　类	物　理　层	信　息　层	融　合　层
荷	可控制冷负载 不可平移负荷 可平移负荷 恒功率负荷 恒阻抗负荷 恒电流负荷 动态负荷 随机负荷 电动汽车 恒温器		充电桩 量测单元
储	电池储能设备 飞轮储能 燃料电池		

3.2.1　物理层元件模型

3.2.1.1　断路器

1. 元件状态

设定断路器元件模型具备 2 种功能——“断开”与“闭合”。断路器元件模型接收控制终端、保护装置、DTU 等设备的指令控制。当出现故障或执行检修计划时，接受运维人员的物理操作，且暂停接收指令控制。断路器元件模型的潮流数据可由电流互感器、电压互感器进行量测，断路器元件模型与其他一次设备元件模型共同实现潮流传输。

1) S_0，设备正常运行，且处于断开状态；

2) S_1，设备正常运行，且处于闭合状态；

3) S_2，设备处于备用状态；

4) S_3，设备处于故障状态。

2. 状态转移

状态转移如图 3-2 所示。

断路器元件模型的状态迁移过程如表 3-2 所示。

表 3-2　断路器状态转换规则

事　件		初　始　状　态			
		S_0	S_1	S_2	S_3
迁移状态	S_0	无	正常运行，执行断开指令	投入运行	无
	S_1	正常运行，执行闭合指令	无	无	无
	S_2	执行检修计划，转入备用状态	执行检修计划，转入备用状态	无	故障修复
	S_3	出现故障	出现故障	无	无

3. 元件属性

断路器元件属性包含左右两端电流 I_1、I_2，左右两端电压 U_1、U_2，输入包含控制信号，输出为两端电压与电流 U_1、U_2、I_1、I_2。

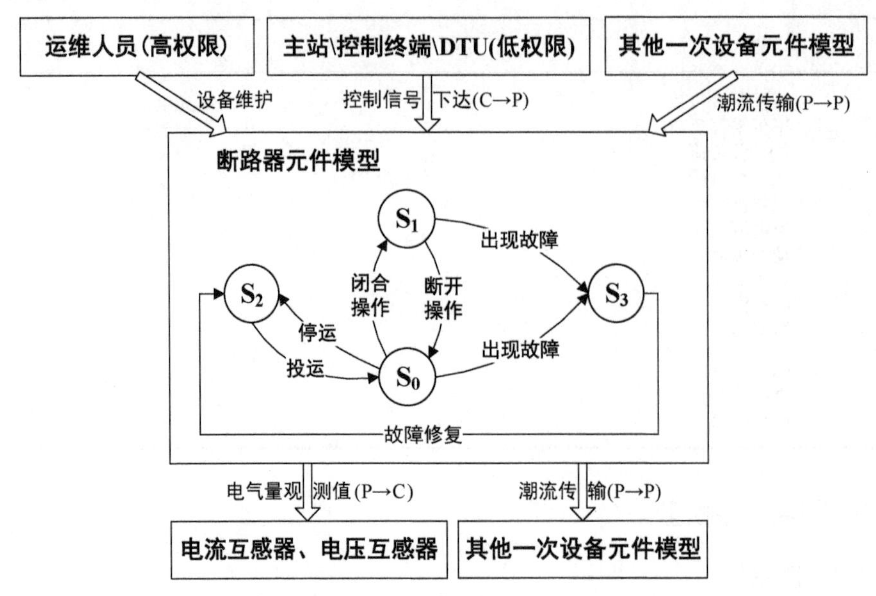

图 3－2　断路器元件模型的状态转移图

4. 工作函数

1）S_0 状态下的断路器元件模型工作函数为 $I_1=I_2=0$。

2）S_1 状态下的断路器元件模型工作函数为 $U_1-U_2=0$，$I_1=I_2$。

3）S_2 状态下的断路器元件模型工作函数为 $I_1=I_2=0$。

4）S_3 状态下的断路器元件模型工作函数为 $I_1=I_2=0$。

3.2.1.2　联络开关

1. 元件状态

设定联络开关元件模型具备 2 种功能——“断开”与“闭合”。断路器元件模型接收主站、控制终端、FTU 等设备的指令控制；当出现故障或执行检修计划时，接受运维人员的物理操作，且暂停接收指令控制。联络开关的初始状态通常为 S_0。联络开关元件模型的潮流数据可由电流互感器、电压互感器进行量测，联络开关元件模型与其他一次设备元件模型共同实现潮流传输。

1）S_0，设备正常运行，且处于断开状态；

2）S_1，设备正常运行，且处于闭合状态；

3）S_2，设备处于备用状态；

4）S_3，设备处于故障状态。

2. 状态转移

状态转移如图 3－3 所示。

联络开关元件模型的状态迁移过程如表 3－3 所示。

3. 元件属性

联络开关元件属性包含左右两端电流 I_1、I_2，左右两端电压 U_1、U_2，输入包含控制信号，输出为两端电压与电流 U_1、U_2、I_1、I_2。

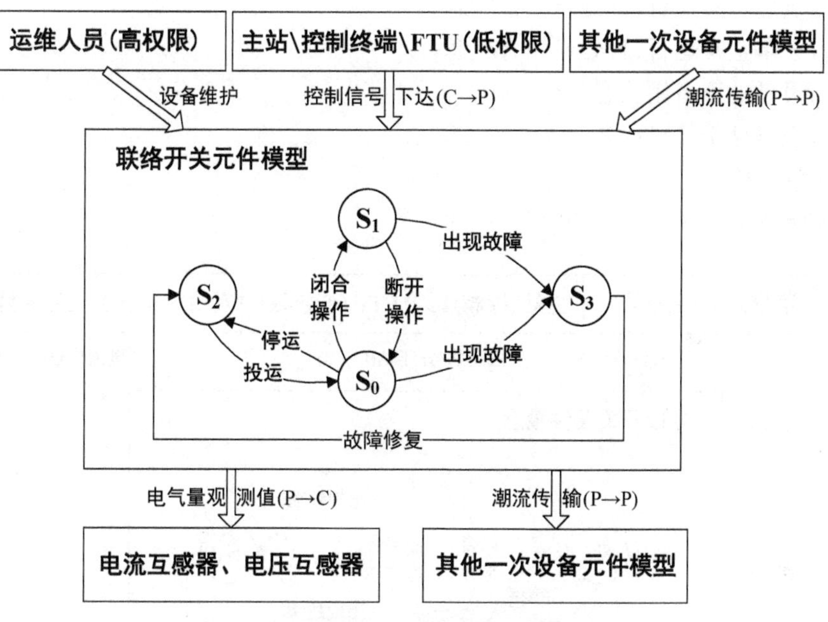

图3-3　联络开关元件模型的状态转移图

表3-3　联络开关状态转换规则

事件		初始状态			
		S_0	S_1	S_2	S_3
迁移状态	S_0	无	正常运行(联络开关两侧电压一致),执行断开指令	投入运行	无
	S_1	正常运行(联络开关两侧电压一致),执行闭合指令;或联络开关两侧电压不一致,执行就地控制的自动合闸整定策略	无	无	无
	S_2	执行检修计划,转入备用状态	执行检修计划,转入备用状态	无	故障修复
	S_3	出现故障	出现故障	无	无

4. 工作函数

1) S_0 状态下的联络开关元件模型工作函数为 $I_1=I_2=0$。

2) S_1 状态下的联络开关元件模型工作函数为 $U_1-U_2=0$，$I_1=I_2$。

3) S_2 状态下的联络开关元件模型工作函数为 $I_1=I_2=0$。

4) S_3 状态下的联络开关元件模型工作函数为 $I_1=I_2=0$。

3.2.1.3　分段开关

1. 元件状态

设定分段开关元件模型具备2种功能——“断开”与“闭合”。分段开关元件模型接收控制终端、保护装置、FTU等设备的指令控制，当出现故障或执行检修计划时，接受运维人员的物理操作，且暂停接收指令控制。分段开关元件模型的潮流数据可由电流互感器、电压互感器进行量测，分段开关元件模型与其他一次设备元件模型共同实现潮流传输。

1) S_0，设备正常运行，且处于断开状态；
2) S_1，设备正常运行，且处于闭合状态；
3) S_2，设备处于备用状态；
4) S_3，设备处于故障状态。

2. 状态转移

状态转移如图 3-4 所示。

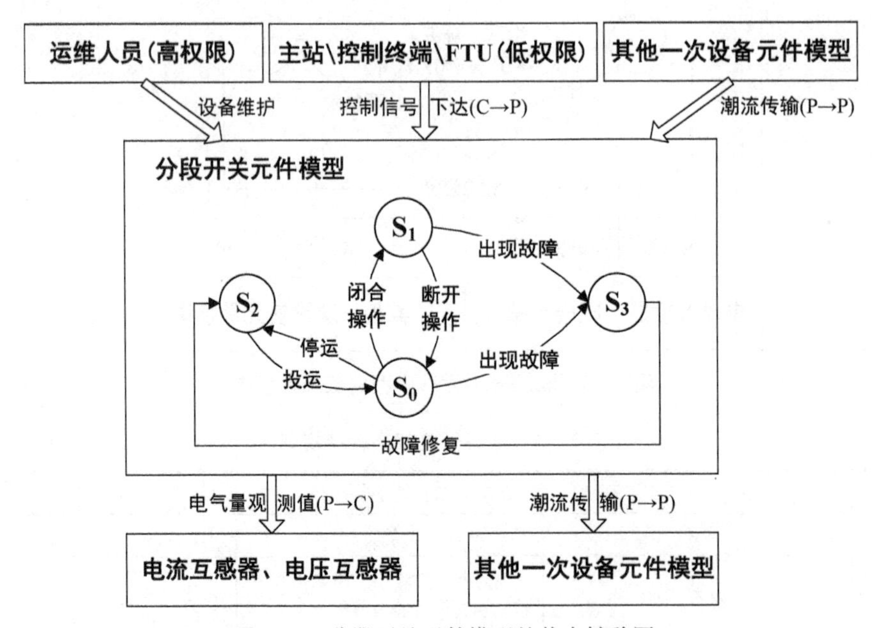

图 3-4 分段开关元件模型的状态转移图

分段开关元件模型的状态迁移过程如表 3-4 所示。

表 3-4 分段开关状态转换规则

事件		初始状态			
		S_0	S_1	S_2	S_3
迁移状态	S_0	无	正常运行，执行断开指令	投入运行	无
	S_1	正常运行，执行闭合指令	无	无	无
	S_2	执行检修计划，转入备用状态	执行检修计划，转入备用状态	无	故障修复
	S_3	出现故障	出现故障	无	无

3. 元件属性

分段开关元件属性包含左右两端电流 I_1、I_2，左右两端电压 U_1、U_2。输入包含控制信号，输出为两端电压与电流 U_1、U_2、I_1、I_2。

4. 工作函数

1) S_0 状态下的分段开关元件模型工作函数为 $I_1=I_2=0$。
2) S_1 状态下的分段开关元件模型工作函数为 $U_1-U_2=0$，$I_1=I_2$。
3) S_2 状态下的分段开关元件模型工作函数为 $I_1=I_2=0$。

4) S_3 状态下的分段开关元件模型工作函数为 $I_1 = I_2 = 0$。

3.2.1.4　可控制冷负载(空调)

1. 元件状态

可控制冷负荷(空调)包含四种工作状态：

1) S_{on}，空调设备启动并制冷；

2) S_{onlock}，空调设备启动中并处于闭锁状态，闭锁时间为 t_{onlock}；

3) S_{off}，空调设备关闭；

4) $S_{offlock}$，空调设备关闭中并处于闭锁状态，闭锁时间为 $t_{offlock}$。

2. 状态转移

状态转移如图 3-5 所示。

从 S_{on} 切换到 $S_{offlock}$ 是通过事件关闭空调开关完成的，从 S_{off} 切换到 S_{onlock} 是通过开启空调开关完成的。经过时间 $t_{offlock}$ 后 $S_{offlock}$ 状态会切换到 S_{off} 状态，经过时间 t_{onlock} 后 S_{onlock} 状态会切换到 S_{on} 状态。

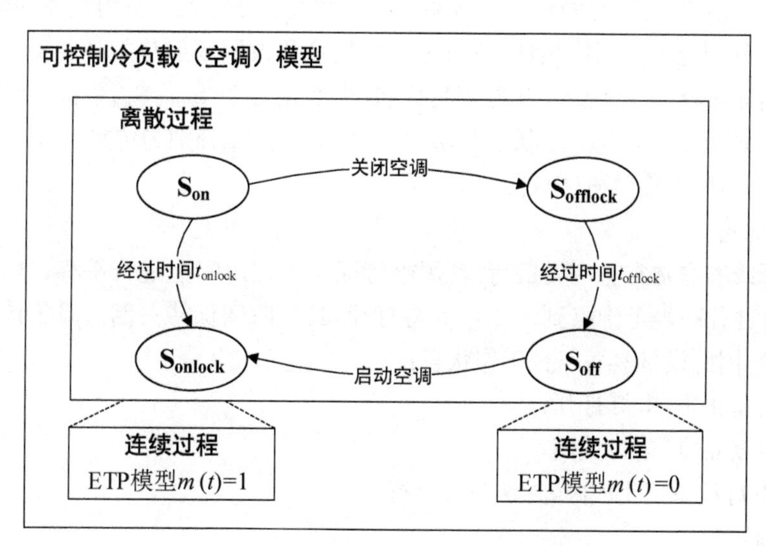

图 3-5　可控制冷负荷的有限状态机模型

可控制冷负荷元件模型的状态迁移过程如表 3-5 所示。

表 3-5　可控制冷负荷转换规则

			初始状态			
			S_{on}	S_{onlock}	S_{off}	$S_{offlock}$
迁移状态	S_{on}	事件驱动	无	经过时间 t_{onlock}	无	无
	S_{onlock}	事件驱动	无	无	启动空调	无
	S_{off}	事件驱动	无	无	无	经过时间 $t_{offlock}$
	$S_{offlock}$	事件驱动	关闭空调	无	无	无

3. 元件属性

可控制冷负荷的属性包含室内空气温度 T_a、室内固体温度 T_m、室外温度 T_0、电功率

S_{ac} 和电压 U,输入为电功率 S_{ac},输出为传热量 Q_{ac}。

4. 工作函数

空调在四个状态下的工作函数均可表示为包含室内温度变化的连续物理过程,因此其各状态下的工作函数可以用等效热参数(equivalent thermal parameters, ETP)模型表示,其二阶表达式为

$$\begin{cases} C_a \dfrac{dT_a(t)}{dt} = T_m(t)H_m - (U_a + H_m)T_a(t) + Q_a + T_0 U_a \\ C_m \dfrac{dT_m(t)}{dt} = H_m[T_a(t) - T_m(t)] + Q_m \\ Q_a = m(t)Q_{ac} + f_1 Q_i + f_2 Q_s \\ Q_m = (1-f_1)Q_i + (1-f_2)Q_s \end{cases} \tag{3-1}$$

式中,T_a、T_m 和 T_0 分别表示室内空气温度、室内固体温度和室外温度;U_a 表示室内外的等效阻抗;H_m 表示室内空气与固体的等效阻抗;Q_a 和 Q_m 分别表示室内气体和固体传热量;Q_{ac}、Q_i 和 Q_s 分别表示空调传热量、室内热源传热量和太阳辐射热量;C_a 表示室内空气热容;C_m 表示固体热容;$m(t)$表示空调开关状态;当空调处于 S_{on}、S_{onlock} 状态时,空调开启,$m(t)=1$,当空调处于 S_{off}、$S_{offlock}$ 状态时,$m(t)=0$;f_1 与 f_2 分别为传热系数。

3.2.1.5 不可平移负荷(电灯)

1. 元件状态

办公场所或家庭常常有一类负荷,其用电特征无法在时间上进行平移,具有时间特征,例如家用台灯往往在晚上十点到十二点保持打开,其余时间保持关闭。对于该负荷我们关注家庭用电量,因此设备具备三种工作状态:

1) S_{on},设备正常,电灯打开;

2) S_{off},设备正常,电灯关闭;

3) S_{fail},电灯设备发生故障,无法正常运行。

2. 状态转移

状态转移如图 3-6 所示。

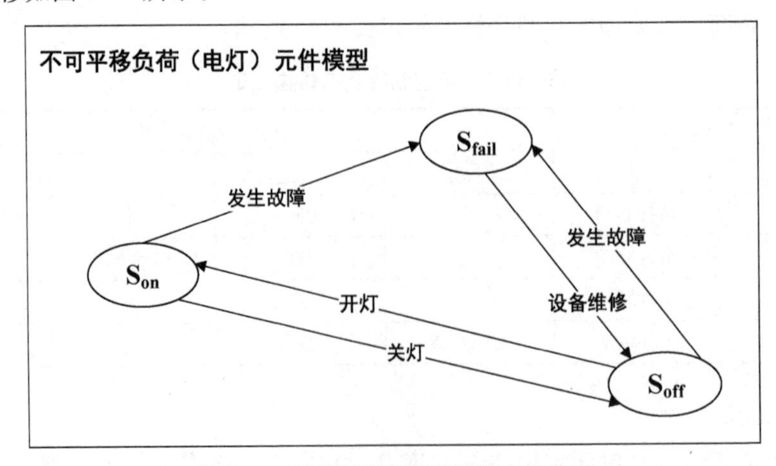

图 3-6 不可平移负荷有限状态转移图

从 S_{on} 切换到 S_{off} 通过事件关闭电灯开关完成，而从 S_{off} 切换到 S_{on} 通过事件打开电灯开关完成。从 S_{on} 切换到 S_{fail} 是指电灯打开时，发生故障，此时电灯无法正常工作。从 S_{off} 切换到 S_{fail} 是指电灯关闭状态时发生故障，即使打开开关电灯也无法正常工作。从 S_{fail} 切换到 S_{off} 是指修缮后电灯恢复正常并保持关闭。

不可平移负荷(电灯)的状态转换规则如表 3-6 所示。

表 3-6　不可平移负荷转换规则

			初始状态		
			S_{on}	S_{off}	S_{fail}
迁移状态	S_{on}	事件驱动	无	开灯	无
	S_{off}	事件驱动	关灯	无	设备修复
	S_{fail}	事件驱动	发生故障	发生故障	无

3. 元件属性

不可平移负荷元件的属性包含功率 P 和电压 U。

4. 工作状态

不可平移负荷元件各状态工作函数如下：

1) 正常运行且启动状态 S_{on} 的工作函数为 $P=P_{light}$；

2) 正常运行且关闭状态 S_{off} 的工作函数为 $P=0$；

3) 故障状态 S_{fail} 的工作函数为 $P=0$。

3.2.1.6　可平移负荷(洗衣机)

1. 元件状态

一些负荷，如洗衣机等，其工作时间并不具备很稳定的时间特征，这类负荷具有时间不确定性。往往是需求侧响应管理重点关注的负荷类型，通过实时电价、激励惩罚措施等可以诱导用户或者强制性地决定这类负荷运行状态。从有限状态机的角度考虑。这类负荷往往具备三种工作状态：

1) S_{on}，设备正常，洗衣机打开；

2) S_{off}，设备正常，洗衣机关闭；

3) S_{fail}，设备发生故障，无法正常运行。

2. 状态转移

状态转移如图 3-7 所示。

从 S_{on} 切换到 S_{off} 通过事件关闭洗衣机完成，而从 S_{off} 切换到 S_{on} 通过事件启动洗衣机完成。从 S_{on} 切换到 S_{fail} 是指洗衣机工作时发生故障，此时洗衣机无法正常工作。从 S_{off} 切换到 S_{fail} 是指洗衣机休眠时发生故障，即使启动洗衣机开关也无法正常工作。从 S_{fail} 切换到 S_{off} 是指修缮后洗衣机恢复正常并保持关闭状态。

可平移负荷(洗衣机)的状态转换规则如表 3-7 所示。

3. 元件属性

可平移负荷元件的属性包含功率 S 和电压 U。

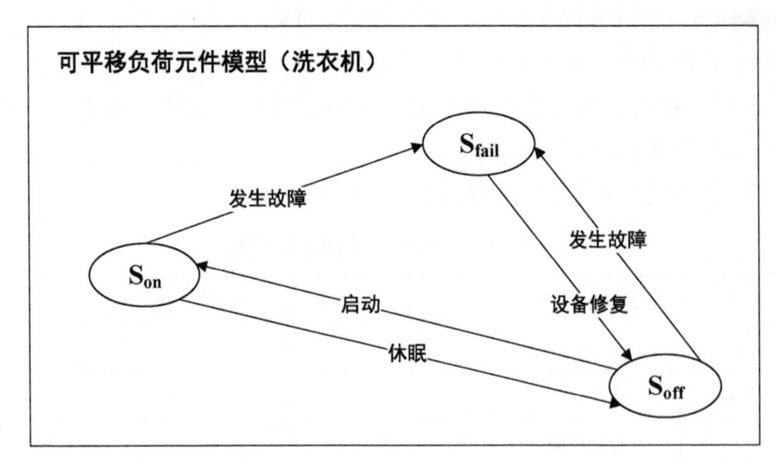

图 3-7 可平移负荷有限状态转移图

表 3-7 可平移负荷状态转换规则

			初始状态		
			S_{on}	S_{off}	S_{fail}
迁移状态	S_{on}	事件驱动	无	启动	无
	S_{off}	事件驱动	休眠	无	设备修复
	S_{fail}	事件驱动	发生故障	发生故障	无

4. 工作函数

可平移负荷各状态工作函数如下：

1）正常运行且启动状态 S_{on} 的工作函数为 $S=S_{wash}$；

2）正常运行且关闭状态 S_{off} 的工作函数为 $S=0$；

3）故障状态 S_{fail} 的工作函数为 $S=0$。

3.2.1.7 恒功率负荷

1. 元件状态

当负载功率恒定，与转速无关，或负载功率为某一定值时，负载转矩与转速 n 呈反比的负载特性称为恒功率负载。恒功率负载的特点是，如机床主轴和轧机、造纸机、塑料薄膜生产线中的卷取机、开卷机等要求的转矩，大体与转速呈反比，这就是所谓的恒功率负载。从有限状态机的角度考虑。这类负荷往往具备三种工作状态（以轧机为例）：

1）S_{on}，设备正常，轧机打开；

2）S_{off}，设备正常，轧机关闭；

3）S_{fail}，设备发生故障，无法正常运行。

2. 状态转移

状态转移如图 3-8 所示。

从 S_{on} 切换到 S_{off} 通过事件关闭轧机完成，而从 S_{off} 切换到 S_{on} 通过事件启动轧机完成。从 S_{on} 切换到 S_{fail} 指轧机工作时发生故障，此时轧机无法正常工作。从 S_{off} 切换到 S_{fail} 指轧机休眠时发生故障，即使启动轧机开关也无法正常工作。从 S_{fail} 切换到 S_{off} 指维修后轧机恢

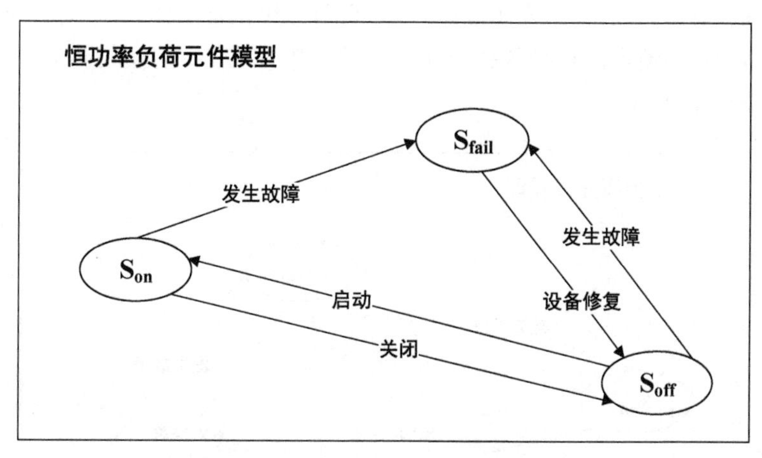

图 3-8　恒功率元件有限状态转换图

复正常并保持关闭状态。

恒功率负荷(轧机)的状态转换规则如表 3-8 所示。

表 3-8　恒功率元件状态转换规则

			初始状态		
			S_{on}	S_{off}	S_{fail}
迁移状态	S_{on}	事件驱动	无	启动	无
	S_{off}	事件驱动	关闭	无	设备修复
	S_{fail}	事件驱动	发生故障	发生故障	无

3. 元件属性

恒功率负荷元件的属性包含功率 S 和电压 U。

4. 工作函数

轧机各状态工作函数如下：

1) 正常运行且启动状态 S_{on} 的工作函数为 $S=S_{hp}$；

2) 正常运行且关闭状态 S_{off} 的工作函数为 $S=0$；

3) 故障状态 S_{fail} 的工作函数为 $S=0$。

3.2.1.8　恒阻抗负荷

1. 元件状态

故障计算和稳态分析往往采用恒阻抗负荷模型。恒阻抗模型的等值阻抗恒定不变。从有限状态机的角度考虑。这类负荷往往具备三种工作状态：

1) S_{on}，设备正常，负荷启动；

2) S_{off}，设备正常，负荷关闭；

3) S_{fail}，设备发生故障，无法正常运行。

2. 状态转移

状态转移如图 3-9 所示。

从 S_{on} 切换到 S_{off} 通过事件关闭负荷完成，而从 S_{off} 切换到 S_{on} 通过事件启动负荷完成。

从 S_{on} 切换到 S_{fail} 指负荷工作时，发生故障，此时负荷无法正常工作。从 S_{off} 切换到 S_{fail} 指负荷休眠时发生故障，即使启动负荷开关也无法正常工作。从 S_{fail} 切换到 S_{off} 指修缮后负荷恢复正常并保持未启动状态。

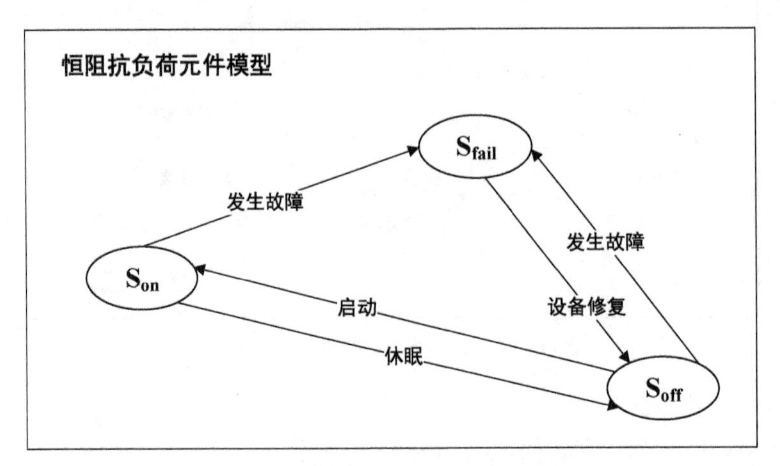

图 3-9　恒阻抗负荷元件有限状态转换图

恒阻抗负荷的状态转换规则如表 3-9 所示。

表 3-9　恒阻抗负荷元件状态转换规则

			初始状态		
			S_{on}	S_{off}	S_{fail}
迁移状态	S_{on}	事件驱动	无	启动	无
	S_{off}	事件驱动	休眠	无	设备修复
	S_{fail}	事件驱动	发生故障	发生故障	无

3. 元件属性

恒功率负荷元件的属性包含功率 S 和电压 U。

4. 工作函数

恒阻抗负荷各状态工作函数如下：

1）正常运行且启动状态 S_{on} 下，由于恒阻抗负荷的阻抗是固定值，工作函数为

$$S=\frac{U\bar{U}}{Z} \tag{3-2}$$

其中，Z 为负荷的阻抗；

2）正常运行且关闭状态 S_{off} 的工作函数为 $S=0$；

3）故障状态 S_{fail} 的工作函数为 $S=0$。

3.2.1.9　恒电流负荷

1. 元件状态

恒电流负荷模型的负荷电流恒定不变。从有限状态机的角度考虑，这类负荷往往具备三种工作状态：

1) S_{on},设备正常,负荷启动;

2) S_{off},设备正常,负荷关闭;

3) S_{fail},设备发生故障,无法正常运行。

2. 状态转移

状态转移如图3-10所示。

从S_{on}切换到S_{off}通过事件关闭负荷完成,而从S_{off}切换到S_{on}通过事件启动负荷完成。从S_{on}切换到S_{fail}是指负荷工作时发生故障,此时负荷无法正常工作。从S_{off}切换到S_{fail}指负荷休眠时发生故障,即使启动负荷开关也无法正常工作。从S_{fail}切换到S_{off}是指修缮后负荷恢复正常并保持休眠状态。

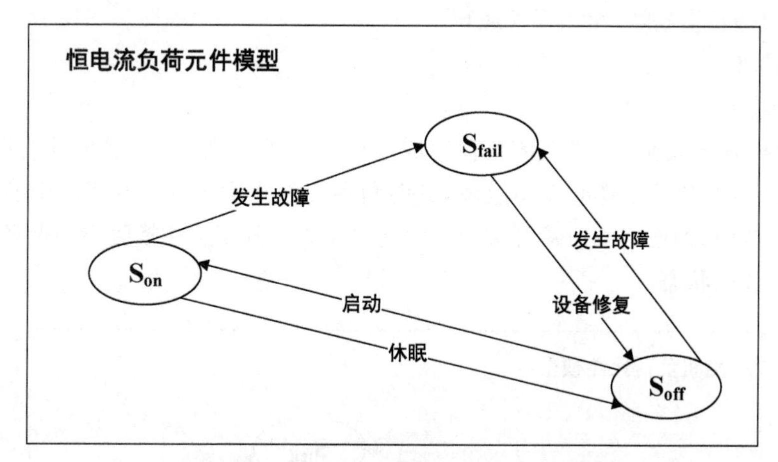

图3-10　恒电流负荷元件有限状态转换图

恒电流负荷的状态转换规则如表3-10所示。

表3-10　恒电流负荷元件状态转换规则

			初始状态		
			S_{on}	S_{off}	S_{fail}
迁移状态	S_{on}	事件驱动	无	启动	无
	S_{off}	事件驱动	休眠	无	设备修复
	S_{fail}	事件驱动	发生故障	发生故障	无

3. 元件属性

恒电流负荷元件的属性包含功率S、电压U和电流I。

4. 工作函数

1) 正常运行且启动状态S_{on}时,其功率为S。由于恒电流负荷的电流是固定值,因此需满足:

$$S = U\bar{I} \tag{3-3}$$

2) 正常运行且关闭状态S_{off}的工作函数为$S=0$。

3) 故障状态S_{fail}的工作函数为$S=0$。

3.2.1.10 随机负荷

1. 元件状态

负荷预测是根据系统的运行特性、增容决策、自然条件与社会影响等诸多因数,在满足一定精度要求的条件下,确定未来某特定时刻的负荷数据,其中负荷是指电力需求量(功率)或用电量;负荷预测是电力系统经济调度中的一项重要内容,是能量管理系统(EMS)的一个重要模块。随机负荷是电网负荷预测中重点关注的负荷类型。这类负荷往往具备三种工作状态:

1) S_{on},设备正常,负荷启动;

2) S_{off},设备正常,负荷关闭;

3) S_{fail},设备发生故障,无法正常运行。

2. 状态转移

状态转移如图 3-11 所示。

从 S_{on} 切换到 S_{off} 通过事件关闭负荷完成,而从 S_{off} 切换到 S_{on} 通过事件启动负荷完成。从 S_{on} 切换到 S_{fail} 指负荷工作时发生故障,此时负荷无法正常工作。从 S_{off} 切换到 S_{fail} 指负荷休眠时发生故障,即使启动负荷开关也无法正常工作。从 S_{fail} 切换到 S_{off} 指修缮后负荷恢复正常并保持休眠状态。

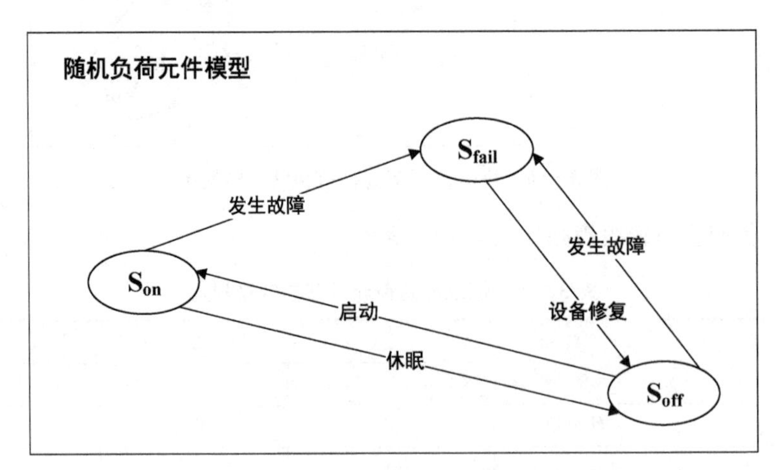

图 3-11 随机负荷元件有限状态转换图

随机负荷的状态转换规则如表 3-11 所示。

表 3-11 随机负荷状态转换规则

			初始状态		
			S_{on}	S_{off}	S_{fail}
迁移状态	S_{on}	事件驱动	无	启动	无
	S_{off}	事件驱动	休眠	无	设备修复
	S_{fail}	事件驱动	发生故障	发生故障	无

3. 元件属性

随机负荷元件的属性包含功率 S、电压 U。

4. 工作函数

随机负荷各状态工作函数如下：

1）正常运行且启动状态，S_{on} 工作函数为 $S(t)=Y(t)$，$Y(t)$ 为随机过程。

2）正常运行且关闭状态，S_{off} 工作函数为 $S=0$。

3）故障状态，S_{fail} 工作函数为 $S=0$。

3.2.1.11 动态负荷

1. 元件状态

动态负荷的动态特征反映电压和频率急剧变化时负载功率变化特征。当电压以较快的速度大范围变化时，采用静态负荷模型将来带较大的计算误差，尤其对那些复合膜性敏感的节点，必须采用动态模型。因此，负荷的动态特征主要由负荷中感应电动机的暂态过程决定。这类负荷往往具备三种工作状态：

1）S_{on}，设备正常运行，负荷打开，消耗电量；

2）S_{off}，设备正常运行，负荷关闭，不消耗电量；

3）S_{fail}，设备发生故障，无论开关是打开还是闭合状态，负荷都无法打开。

2. 状态转移

状态转移如图3-12所示。

从 S_{on} 切换到 S_{off} 通过事件关闭负荷完成，而从 S_{off} 切换到 S_{on} 通过事件启动负荷完成。从 S_{on} 切换到 S_{fail} 指负荷工作时发生故障，此时负荷无法正常工作。从 S_{off} 切换到 S_{fail} 指负荷休眠时发生故障，即使启动负荷开关也无法正常工作。从 S_{fail} 切换到 S_{off} 指修缮后负荷恢复正常并保持休眠状态。

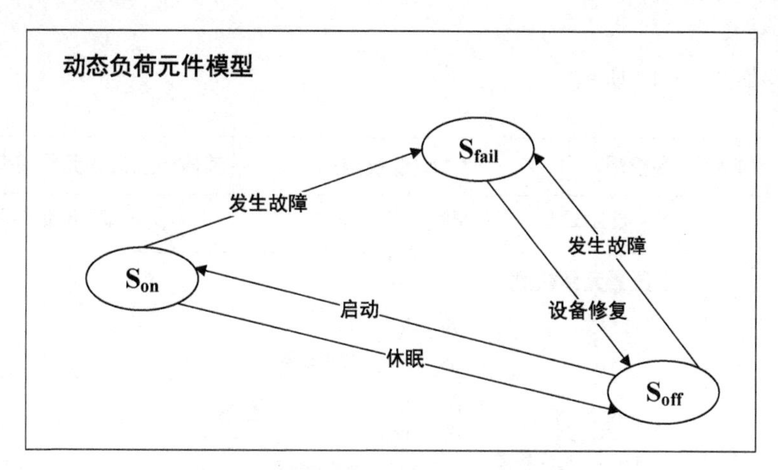

图3-12　动态负荷元件有限状态转换图

动态负荷的状态转换规则如表3-12所示。

3. 元件属性

动态负荷元件的属性包含功率 S、电压 U。

4. 工作函数

1）设备正常运行且处于 S_{on} 时，其用电量特征与自身阻抗 Z 相关，且阻抗会发生较大变化，Z 与供电电压 U 和频率 f 相关。因此功率 P 是一个函数 $P(Z, U)$。

表 3-12　动态负荷状态转换规则

			初始状态		
			S_{on}	S_{off}	S_{fail}
迁移状态	S_{on}	事件驱动	无	启动	无
	S_{off}	事件驱动	休眠	无	设备修复
	S_{fail}	事件驱动	发生故障	发生故障	无

$$S=P(Z,U) \tag{3-4}$$

2）设备正常运行且关闭状态 S_{off}，工作函数为 $S=0$。

3）故障状态 S_{fail}，工作函数为 $S=0$。

3.2.1.12　变压器

1. 元件状态

设定变压器元件模型具备两种功能——"抽头断开"与"抽头闭合"。变压器元件模型接收 TTU 的指令控制；当出现故障或执行检修计划时，接受运维人员的物理操作，且暂停接收指令控制。

1）S_0，设备正常运行且抽头处于断开状态；

2）S_1，设备正常运行且抽头处于闭合状态；

3）S_2，设备处于备用状态；

4）S_3，设备处于故障状态。

2. 状态转移

状态转移如图 3-13 所示。

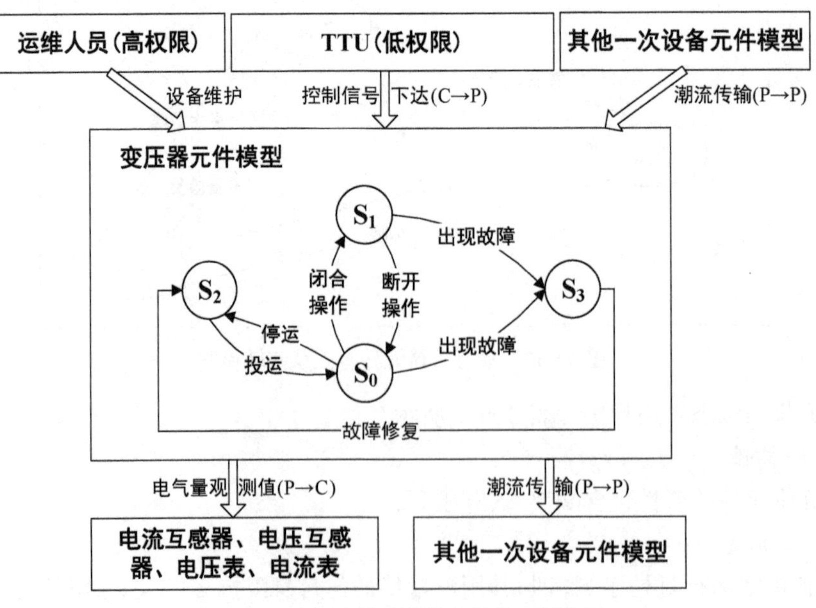

图 3-13　变压器元件模型的状态转移图

变压器的状态转换规则如表 3-13 所示。

表 3-13　变压器状态转换规则

事件		初始状态			
		S_0	S_1	S_2	S_3
迁移状态	S_0	无	正常运行,执行抽头断开指令	投入运行	无
	S_1	正常运行,执行抽头闭合指令	无	无	无
	S_2	执行检修计划,转入备用状态	无	无	故障修复
	S_3	出现故障	出现故障	无	无

3. 元件属性

变压器的扩展属性是其开关决定网络的联通属性。例如在潮流网络里,变压器的状态决定连接矩阵的元素是 0 还是 1。

4. 工作函数

1) S_0 状态下的变压器元件模型工作函数:

$$\begin{cases} F_{t+1}^{(\text{in})}(U^{(\text{in})}, I^{(\text{in})}, \cos\varphi^{(\text{in})}, P^{(\text{in})}, Q^{(\text{in})}) = S_t \&\& F_t^{(\text{in})}(U^{(\text{in})}, I^{(\text{in})}, \cos\varphi^{(\text{in})}, P^{(\text{in})}, Q^{(\text{in})}) \\ F_{t+1}^{(\text{out})}(U^{(\text{out})}, I^{(\text{out})}, \cos\varphi^{(\text{out})}, P^{(\text{out})}, Q^{(\text{out})}) = S_t \&\& F_t^{(\text{out})}(U^{(\text{out})}, I^{(\text{out})}, \\ \quad \cos\varphi^{(\text{out})}, P^{(\text{out})}, Q^{(\text{out})}) \\ \dfrac{U^{(\text{out})}}{U^{(\text{in})}} = \dfrac{N^{(\text{out})}}{N^{(\text{in})}} = K \end{cases}$$

$$\text{s. t.} \begin{cases} S_t = 1, & \text{抽头闭合} \\ S_t = 0, & \text{抽头断开} \end{cases} \tag{3-5}$$

式中,$F_t^{(\text{in})}(U^{(\text{in})}, I^{(\text{in})}, \cos\varphi^{(\text{in})}, P^{(\text{in})}, Q^{(\text{in})})$ 为 t 时刻可从变压器元件模型获知的输入潮流观测量,包括电压、电流、功角、有功、无功等;S_t 为 t 时刻变压器正常工作的状态标示量;$F_t^{(\text{out})}(U^{(\text{out})}, I^{(\text{out})}, \cos\varphi^{(\text{out})}, P^{(\text{out})}, Q^{(\text{out})})$ 为 t 时刻可从变压器元件模型获知的输出潮流观测量;$F_{t+1}^{(\text{in})}(U^{(\text{in})}, I^{(\text{in})}, \cos\varphi^{(\text{in})}, P^{(\text{in})}, Q^{(\text{in})})$ 与 $F_{t+1}^{(\text{out})}(U^{(\text{out})}, I^{(\text{out})}, \cos\varphi^{(\text{out})}, P^{(\text{out})}, Q^{(\text{out})})$ 为 $t+1$ 时刻的输入与输出潮流观测量。$N^{(\text{in})}$ 为输入侧的主绕组,$N^{(\text{out})}$ 为输出侧的副绕组,K 为变压比。

2) S_1 状态下的变压器元件模型工作函数同式(3-5)。

3) S_2 状态下变压器处于备用状态,无工作函数。

4) S_3 状态下变压器处于故障态,无工作函数。

3.2.1.13　配电线路设备

1. 元件状态

配电线路设备包含三相交流电源线路、设备地线、中线、连接确认线路以及控制引导线路。三相交流电源线路、设备地线和中线的物理属性较为稳定,在非人为破坏的情况下很少出现断线的情况。因此,在配电线路设备元件模型仅考虑电力线路中连接确认线路(connect)与控制引导线路(protect)的工作状态。配电线路设备的有限状态集合:

1) S_0,线路正常工作;

2) S_1,设备连接确认线路功能异常,线路不能正常使用;

3) S_2,设备控制引导线路功能异常,线路不能正常使用。

2. 状态转移

状态转移如图 3-14 所示。

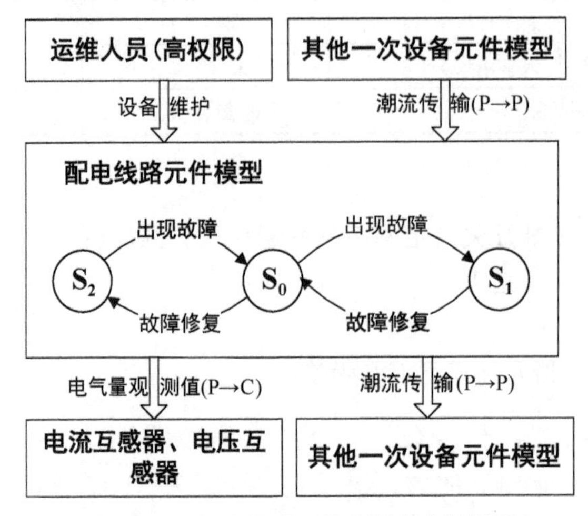

图 3-14 电力线路元件有限状态转换图

配电线路设备模型的状态迁移过程如表 3-14 所示。

表 3-14 配电线路设备元件模型的状态迁移规则

		初始状态		
		S_0	S_1	S_2
迁移状态	S_0	无	连接确认故障	保护引导故障
	S_1	故障修复	连接确认功能失效	无
	S_2	故障修复	无	保护引导持续失效

3. 元件属性

配电线路的对外属性影响网络的连接情况,如配电线路影响连接矩阵的一个元素是 0 还是 1。在 S_0 状态下,线路功能正常,表示线路连通的变量取值为 1。在其他状态下,线路功能异常,表示线路联通的变量取值为 0。

3.2.1.14 虚拟同步发电机

1. 元件状态

虚拟同步发电机技术指利用电力电子变流器模拟同步发电机的特性,使变流器具有同步发电机一次调频、一次调压、阻尼及惯性等特性,增强变流器对电网电压及频率的支撑作用。虚拟同步发电机有限状态集合:

1) S_{run},设备正常且参与调节;

2) S_{on},设备正常但未参与调节;

3) S_{off},设备故障。

2. 状态转移

状态转移如图3-15所示。

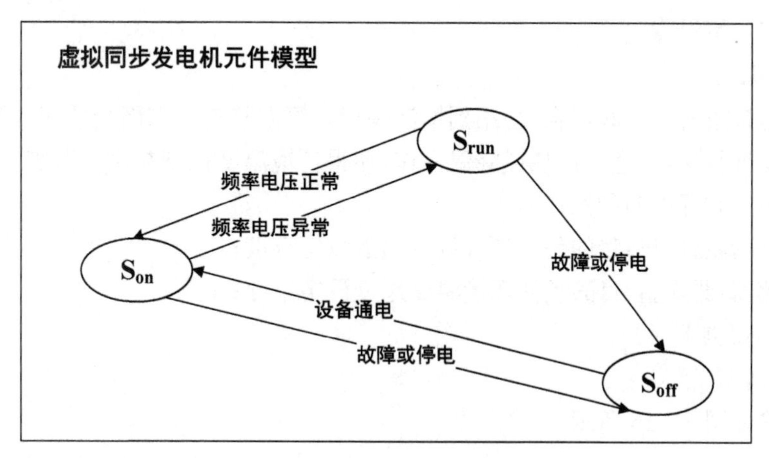

图3-15　虚拟同步发电机有限状态转移图

虚拟同步发电机的状态转换规则如表3-15所示。

表3-15　虚拟同步发电机状态转换规则

			初始状态		
			S_{run}	S_{on}	S_{off}
迁移状态	S_{run}	事件驱动	无	频率电压异常	无
	S_{on}	事件驱动	频率电压正常	无	设备通电
	S_{off}	事件驱动	故障或停电	故障或停电	无

3. 元件属性

虚拟同步发电机的属性有频率有功下垂系数 D_P、无功电压下垂系数 D_q、电角速度 ω、电网额定电压 u_g、电网额定电角速度 ω_g，输入为有功设定值 P_{set}、无功设定值 Q_{set}、输出电压参考值 u_{ref}，输出为实际有功输出 P_0、实际无功输出 Q_0。

4. 工作函数

1) S_{run} 状态下的工作函数：

$$\begin{cases} P_{set} + D_P(\omega_g - \omega) - P_0 = J\omega \mathrm{d}\omega/\mathrm{d}t \\ u_{ref} = u_g + D_q(Q_{set} - Q_0) \end{cases} \tag{3-6}$$

2) S_{on}状态下的工作函数：

$$\begin{cases} P_{set} + D_P(\omega_g - \omega) - P_0 = J\omega \mathrm{d}\omega/\mathrm{d}t \\ u_{ref} = u_g + D_q(Q_{set} - Q_0) \end{cases}$$

$$\begin{cases} \omega = \omega_g \\ Q_0 = Q_{set} \end{cases} \tag{3-7}$$

3) S_{off} 状态下的工作函数：

$$\begin{cases} \omega = 0 \\ Q_0 = 0 \end{cases} \tag{3-8}$$

3.2.1.15 恒温器

1. 元件状态

在工程场合或者是家庭场合，会用到恒温装置。恒温装置一方面会感知量测温度，并与设置阈值温度进行比较，进行加热或降温操作，使得环境温度控制在设定范围。恒温器的工作状态包含加热和降温两种操作：

1) S_{heat}，恒温器加热，目的是使环境温度逼近设定温度；

2) S_{cool}，恒温器降温，目的是使环境温度逼近设定温度；

3) S_{off}，恒温器关闭。

2. 状态转移

状态转移如图 3-16 所示。

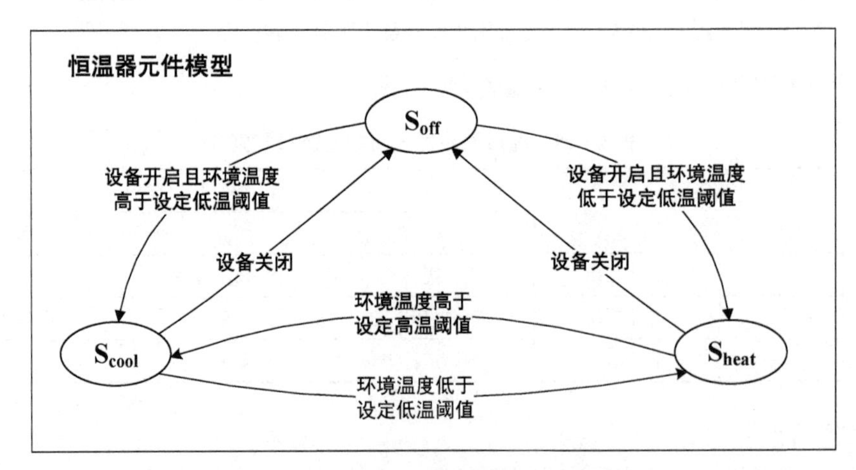

图 3-16　恒温器元件有限状态转换图

当恒温器处于加热状态，且环境温度并未到设置高温阈值，则继续处于加热状态。但是如果环境温度高于设置的高温阈值，则需要改变状态，变为降温操作。当恒温器处于降温操作，且环境温度并未到设置低温阈值，则继续处于降温状态。但是如果环境温度如果低于设置的低温阈值，则需要改变状态，变为加热状态。

恒温器的状态转换规则如表 3-16 所示。

表 3-16　恒温器状态转换规则

			初始状态		
			S_{heat}	S_{cool}	S_{off}
迁移状态	S_{heat}	事件驱动	无	环境温度低于设定低温阈值	设备开启且环境温度低于设定低温阈值
	S_{cool}	事件驱动	环境温度高于设定高温阈值	无	设备开启且环境温度高于设定高温阈值
	S_{off}	事件驱动	设备关闭	设备关闭	无

3. 元件属性

恒温器元件的属性包含电功率 S、电压 U 和电流 I、设置低温阈值 T_{low}、设置高温阈值 T_{high}，输入为功率 S，输出为传热量 Q。

4. 工作函数

1) S_{heat} 状态时恒温器的工作函数为 $S=S_h$，$Q=Q_h$；

2) S_{cool} 状态时恒温器的工作函数为 $S=S_c$，$Q=Q_c$；

3) S_{off} 状态时恒温器的工作函数为 $S=0$。

3.2.1.16　电池储能设备(电化学电池)

1. 元件状态

电池储能设备是通过化学方式实现电能储存和释放的装置。我国大力发展清洁能源，风电、光伏实现跨越式大发展，新能源装机容量占比日益提高。电池储能电站可与分布/集中式新能源发电联合应用，是解决新能源发电并网问题的有效途径之一。电池储能设备(电化学电池)有限状态集合：

1) S_{cha}，设备充电；

2) S_{dis}，设备放电；

3) S_{off}，设备并不正常投运，离线运行，但设备并未发生故障；

4) S_{fail}，设备发生故障，无法正常运行。

2. 状态转移

状态转移如图 3-17 所示。

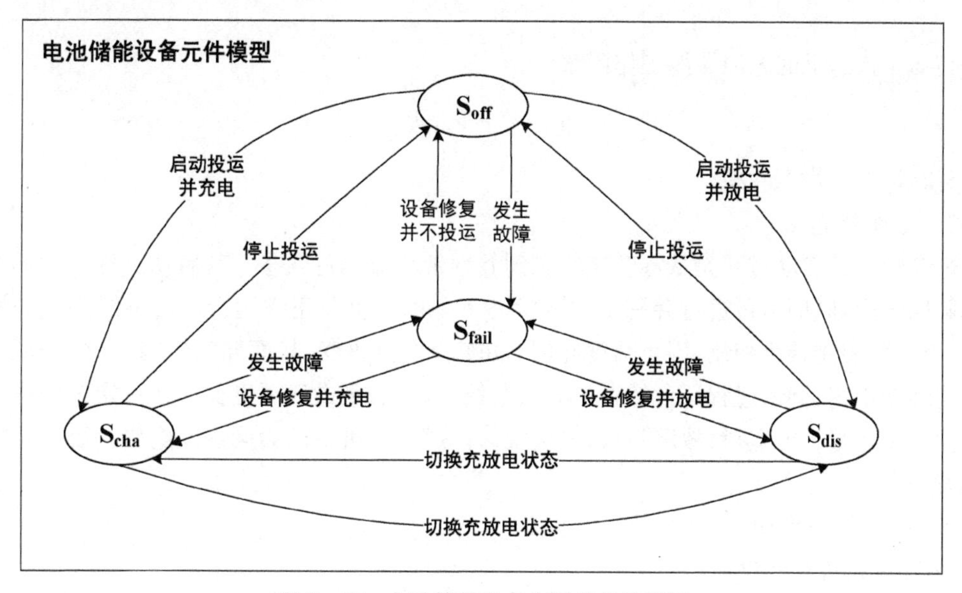

图 3-17　电池储能设备有限状态转移图

电池储能设备的状态转换规则如表 3-17 所示。

3. 元件属性

电池储能对外的工作特征是电池的电量状态 S_{oc} 以及充放电功率 P^{BESS}。电池储能的工作函数包括 P^{BESS} 和 S_{oc}。

表 3-17　电池储能状态转换规则

			初始状态			
			S_{cha}	S_{dis}	S_{off}	S_{fail}
迁移状态	S_{cha}	事件驱动	无	切换充放电状态	启动投运并充电	设备修复并充电
	S_{dis}	事件驱动	切换充放电状态	无	启动投运并放电	设备修复并放电
	S_{off}	事件驱动	停止投运	停止投运	无	设备修复并不投运
	S_{fail}	事件驱动	发生故障	发生故障	发生故障	无

4. 工作函数

1) S_{cha} 状态下的电池储能工作函数：

$$\dot{S}_{oc}=(-\sigma)S_{oc}+\frac{\eta_{char}}{q_{max}}P_e^{BESS},\ P^{BESS}\geqslant 0 \tag{3-9}$$

式中，$\dot{S}_{oc}$ 为充电速率；σ 为电池衰减因素；η_{char} 为充电因子；q_{max} 为充放电能力。

2) S_{dis} 状态下的电池储能工作函数：

$$\dot{S}_{oc}=(-\sigma)S_{oc}+\frac{1}{q_{max}\eta_{dischar}}P_e^{BESS},\ P^{BESS}<0 \tag{3-10}$$

式中，$\eta_{dischar}$ 代表放电因子。

3) S_{off} 状态下的电池储能工作函数：

$$\dot{S}_{oc}=(-\sigma)S_{oc} \tag{3-11}$$

4) S_{fail} 状态下的电池储能工作函数

$$\dot{S}_{oc}=(-\sigma)S_{oc} \tag{3-12}$$

3.2.1.17　燃气轮机

1. 元件状态

燃气轮机的启动过程是从零转速状态到并网带负荷运行状态。其启动过程包括调试阶段和同期阶段，同期后可进行并网。并网状态下并网带负荷正常运行。当机组完成同期并网后，由同期控制转为控制，当负荷变化时，功率会发生改变，从而导致转速变化，调试过程使转速维持稳定；调试过程还包括燃料喷入量调节，使透平进气温度保持在一定范围内。当参数异常超过限定值，进行故障警报，停机维修。燃气轮机一般为同步发电机。燃气轮机有限状态集合：

1) S_{ready}，设备启动未同步；

2) S_{run}，设备并网投运；

3) S_{limit}，设备调试不并网；

4) S_{fault}，设备发生故障，无法正常运行。

2. 状态转移

状态转移如图 3-18 所示。

燃气轮机的状态转换规则如表 3-18 所示。

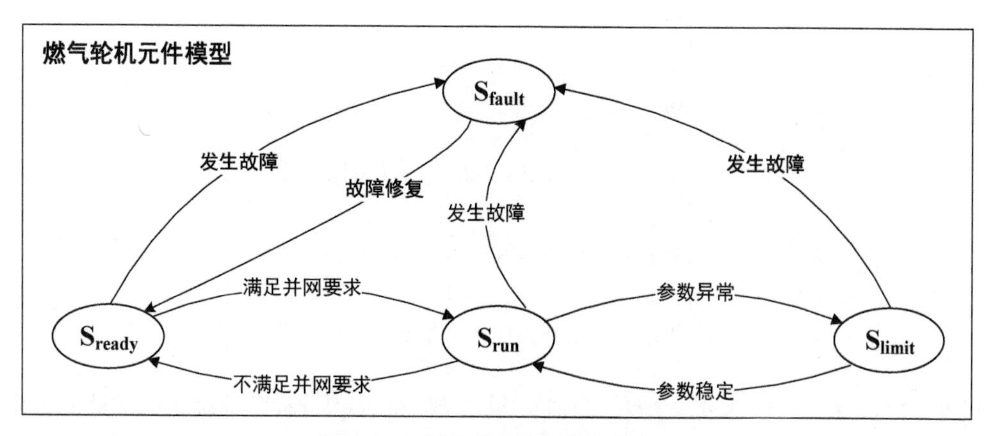

图 3-18　燃气轮机有限状态转移图

表 3-18　燃气轮机状态转换规则

			初始状态			
			S_{ready}	S_{run}	S_{limit}	S_{fault}
迁移状态	S_{ready}	事件驱动	无	不满足并网要求	无	故障修复
	S_{run}	事件驱动	满足并网要求	无	参数稳定	无
	S_{limit}	事件驱动	无	参数异常	无	无
	S_{fault}	事件驱动	发生故障	发生故障	发生故障	无

3. 元件属性

燃气轮机的属性包括功角 δ、电气角速度 ω、发电机电磁转矩 T_E、电流 i、电压 v、磁链 Ψ，输入为原动机机械转矩 T_T，输出为电功率 P。

4. 工作函数

燃气轮机在所有状态下均满足转子运动方程、电压方程和磁链方程。燃气轮机中同步发电机的转子运动方程如下：

$$\begin{cases}\dfrac{d\delta}{dt}=\omega_N(\omega-1)\\ T_J\dfrac{d\omega}{dt}=T_T-T_E-D(\omega-1)\end{cases}\tag{3-13}$$

其中，δ 为功角；ω_N 为同步电气角速度；ω 为电气角速度；T_J 为发电机组的惯性时间常数；T_T 为原动机机械转矩；T_E 为发电机电磁转矩；D 为阻尼系数。电压方程为

$$\begin{cases}v_d=\dot{\Psi}_d-\omega\Psi_q-Ri_d\\ v_q=\dot{\Psi}_q+\omega\Psi_d-Ri_q\\ v_0=\dot{\Psi}_0-Ri_0\end{cases}\tag{3-14}$$

其中，R 为电阻；v_d 和 i_d 分别为电压、电流的 d 轴分量；v_q 和 i_q 分别为电压、电流的 q 轴分量；v_0 和 i_0 分别为电压、电流的 0 轴分量。

磁链方程为

$$\begin{cases}\Psi_{d}=-L_{d}i_{d}+m_{af}i_{f}+m_{aD}i_{D}\\ \Psi_{q}=-L_{q}i_{q}+m_{aQ}i_{Q}\\ \Psi_{0}=-L_{0}i_{0}\\ \Psi_{f}=-\dfrac{3}{2}m_{fa}i_{d}+L_{f}i_{f}+L_{fD}i_{D}\\ \Psi_{D}=-\dfrac{3}{2}m_{Da}i_{d}+L_{Df}i_{f}+L_{D}i_{D}\\ \Psi_{Q}=-\dfrac{3}{2}m_{Qa}i_{q}+L_{Q}i_{Q}\end{cases} \tag{3-15}$$

式中，Ψ_{d}、Ψ_{q}、Ψ_{0}、Ψ_{f}、Ψ_{D}、Ψ_{Q} 为 d 轴、q 轴、0 轴、励磁、纵轴、横轴绕组的磁链的分量；L 为各轴绕组的互感系数；m 为各轴绕组的互感系数的幅值。

此外：

S_{ready} 状态时，$P=0$；

S_{run} 状态时，$P=T_{E}\omega$；

S_{limit} 状态时，$P=0$；

S_{fault} 状态时，$P=0$。

3.2.1.18　水轮机

1. 元件状态

水轮机是把水流的能量转换为旋转机械能的动力机械，它属于流体机械中的透平机械。现代水轮机大多数安装在水电站内，用来驱动发电机发电。在水电站中，上游水库中的水经引水管引向水轮机，推动水轮机转轮旋转，带动发电机发电。作完功的水则通过尾水管道排向下游。水头越高、流量越大，水轮机的输出功率也就越大。水轮机一般为同步发电机。水轮机有限状态集合：

1) S_{on}，设备正常投运；

2) S_{off}，设备并不正常投运，但设备并未发生故障；

3) S_{fail}，设备发生故障，无法正常运行。

2. 状态转移

状态转移如图 3-19 所示。

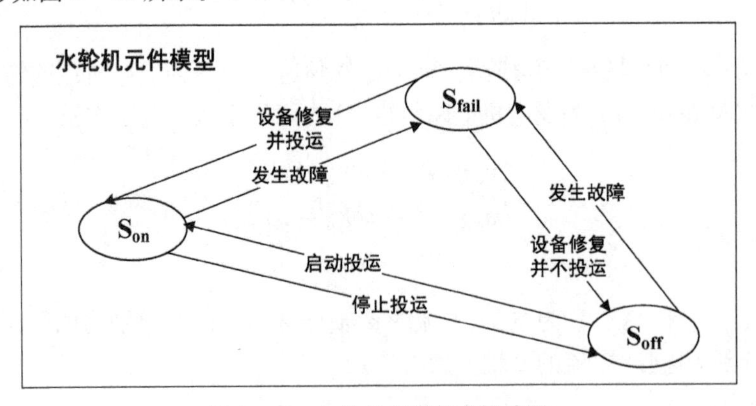

图 3-19　水轮机有限状态转移图

水轮机的状态转换规则如表3-19所示。

表3-19　水轮机状态转换规则

			初始状态		
			S_{on}	S_{off}	S_{fail}
迁移状态	S_{on}	事件驱动	无	启动投运	设备修复并投运
	S_{off}	事件驱动	停止投运	无	设备修复并不投运
	S_{fail}	事件驱动	发生故障	发生故障	无

3. 元件属性

水轮机的属性包括功角δ、电气角速度ω、发电机电磁转矩T_E、电流i、电压v、磁链Ψ，输入为原动机机械转矩T_T，输出为电功率P。

4. 工作函数

水轮机在所有状态下均满足转子运动方程、电压方程和磁链方程。水轮机的同步发电机的转子运动方程如下：

$$\begin{cases}\dfrac{\mathrm{d}\delta}{\mathrm{d}t}=\omega_N(\omega-1)\\ T_J\dfrac{\mathrm{d}\omega}{\mathrm{d}t}=T_T-T_E-D(\omega-1)\end{cases}\tag{3-16}$$

其中，δ为功角；ω_N为同步电气角速度；ω为电气角速度；T_J为发电机组的惯性时间常数；T_T为原动机机械转矩；T_E为发电机电磁转矩；D为阻尼系数。电压方程为

$$\begin{cases}v_d=\dot{\Psi}_d-\omega\Psi_q-Ri_d\\ v_q=\dot{\Psi}_q+\omega\Psi_d-Ri_q\\ v_0=\dot{\Psi}_0-Ri_0\end{cases}\tag{3-17}$$

其中，R为电阻；v_d和i_d分别为电压、电流的d轴分量；v_q和i_q分别为电压、电流的q轴分量；v_0和i_0分别为电压、电流的0轴分量。

磁链方程为

$$\begin{cases}\Psi_d=-L_di_d+m_{af}i_f+m_{aD}i_D\\ \Psi_q=-L_qi_q+m_{aQ}i_Q\\ \Psi_0=-L_0i_0\\ \Psi_f=-\dfrac{3}{2}m_{fa}i_d+L_fi_f+L_{fD}i_D\\ \Psi_D=-\dfrac{3}{2}m_{Da}i_d+L_{Df}i_f+L_Di_D\\ \Psi_Q=-\dfrac{3}{2}m_{Qa}i_q+L_Qi_Q\end{cases}\tag{3-18}$$

式中，Ψ_d、Ψ_q、Ψ_0、Ψ_f、Ψ_D、Ψ_Q为d轴、q轴、0轴、励磁、纵轴、横轴绕组的磁链的分量；L为各轴绕组的互感系数；m为各轴绕组的互感系数的幅值。

此外：

S_{on} 状态时，$P=T_E\omega$；

S_{off} 状态时，$P=0$；

S_{fail} 状态时，$P=0$；

3.2.1.19　电动汽车

1. 元件状态

以特斯拉、比亚迪等为代表的电动汽车已经进入寻常用户家庭。电动汽车的负荷已经成为电网增速极快的负荷类型，并且在可预见的未来仍会高速增长。从一个商场或办公场所的电动汽车充电网络运行者(简称为聚合商)而言，一辆电动汽车往往有以下状态：

1) S_{offp}，电动车并未停放在充电区域；

2) S_{onp}，电动车停放在充电区域，但并未连接充电桩，聚合商无法对其进行充电；

3) S_{offc}，电动车停放在充电区域，并连接充电桩，但并未处于充电状态或售电状态；

4) S_{g2v}，电动车停放在充电区域，并连接充电桩，并处于充电状态。

5) S_{v2g}，电动车停放在充电区域，并连接充电桩，并处于售电状态。

2. 状态转移

状态转移如图 3-20 所示。

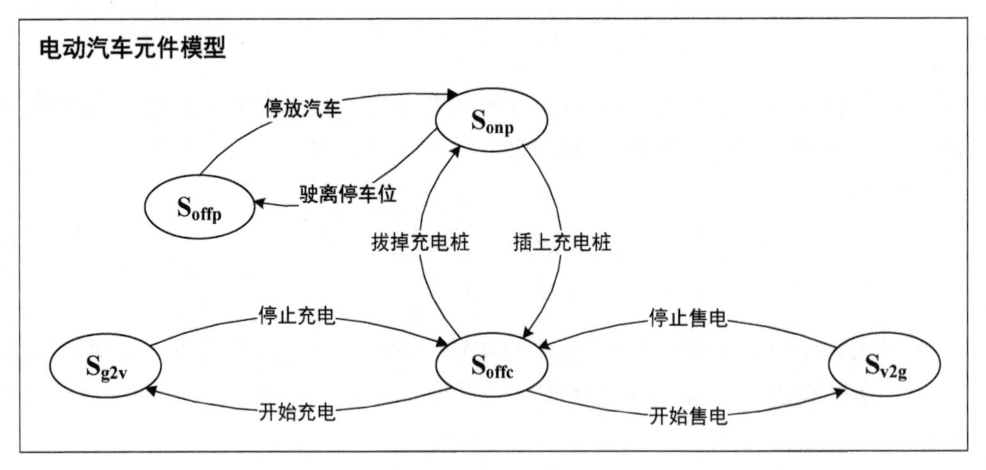

图 3-20　电动车有限状态转移图

电动车的状态转换规则如表 3-20 所示。

表 3-20　电动车状态转换规则

			初始状态				
			S_{offp}	S_{onp}	S_{offc}	S_{g2v}	S_{v2g}
迁移状态	S_{offp}	事件驱动	无	驶离停车位	无	无	无
	S_{onp}	事件驱动	停放汽车	无	拔掉充电桩	无	无
	S_{offc}	事件驱动	无	插上充电桩	无	停止充电	停止售电
	S_{g2v}	事件驱动	无	无	开启充电	无	无
	S_{v2g}	事件驱动	无	无	开始售电	无	无

3. 元件属性

电动汽车元件的属性包含功率 P、电压 U 和电流 I。

4. 工作函数

1) S_{g2v} 状态时工作函数为 $P=UI$，$I=\min\{I_{charger}, I_{vehicle}\}$，其中 $I_{charger}$ 为充电桩的额定充电功率，$I_{vehicle}$ 为电动汽车的额定充电功率。

2) S_{v2g} 状态时工作函数为 $P=UI$；

3) S_{offc} 状态时，其功率为 0；

4) S_{onp} 状态时，其功率为 0；

5) S_{offp} 状态时，其功率为 0。

3.2.1.20　风力发电机

1. 元件状态

风机的运行状态在最高层次，紧急停机状态在最低层次，提高工作状态层次只能一层一层向上升，降低工作状态可以一层或多层，当系统在转变状态过程中监测到故障，则自动进入停机状态。当监测到故障且致命，则直接从运行状态到紧急。风力发电机元件有限状态集合：

1) S_{run}，运行状态；

2) S_{pause}，暂停状态；

3) S_{stop}，停机状态；

4) $S_{emergency}$，紧急停机状态。

2. 状态转移

状态转移如图 3-21 所示。

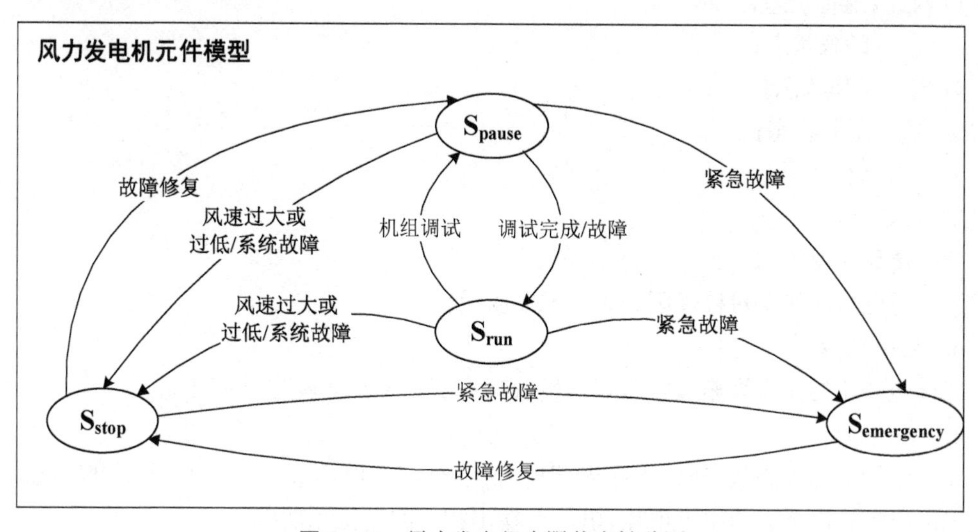

图 3-21　风力发电机有限状态转移图

风力发电机的状态转换规则如表 3-21 所示。

3. 元件属性

风力发电机元件输入为风速 v，输出为电压 U、功率 P。

表 3-21 风力发电机状态转换规则

			初始状态			
			S_{run}	S_{pause}	S_{stop}	$S_{emergency}$
迁移状态	S_{run}	事件驱动	无	调试完成/故障修复	无	无
	S_{pause}	事件驱动	机组调试	无	故障修复	无
	S_{stop}	事件驱动	风速过大或过低/系统故障	风速过大或过低/系统故障	无	故障修复
	$S_{emergency}$	事件驱动	紧急故障	紧急故障	紧急故障	无

4. 工作函数

1) S_{run} 状态时：

$$P=f(v) \tag{3-19}$$

其中，$f(v)$ 为风力发电机输出功率曲线。

2) S_{pause} 状态时，$P=0$。

3) S_{stop} 状态时，$P=0$。

4) $S_{emergency}$ 状态时，$P=0$。

3.2.1.21 光伏逆变器

1. 元件状态

光伏逆变器(PV inverter 或 solar inverter)是可以将光伏(PV)太阳能板产生的可变直流电压转换为市电频率交流电(AC)的逆变器，可以反馈回商用输电系统，或是供离网的电网使用。

单相两级逆变器运行流程可分为 5 个状态：

1) S_{ready}，准备状态；

2) S_{sleep}，睡眠状态；

3) S_{run}，工作状态；

4) S_{limit}，限制状态；

5) S_{fault}，故障状态。

2. 状态转移

状态转移如图 3-22 所示。

光伏逆变器的状态转移规则如表 3-22 所示。

3. 元件属性

光伏逆变器的输入为输入电压 U_{in}、输入功率 P_{in}，输出为输出功率 P_{out}。

4. 工作函数

在工作状态和限制状态时，当有光照射光伏电池时，电池会产生一个电压，根据伏安特性曲线可以计算出最大功率点电压，电池会输出相应的电流和功率。

1) S_{ready} 状态下的工作函数为 $P_{out}=0$；

2) S_{sleep} 状态下的工作函数为 $P_{out}=0$；

3) S_{run} 状态下的工作函数 $P_{out}=\max\{P(U)\}$，即当前温度条件下的光伏板 $P(U)$ 曲线的最高点；

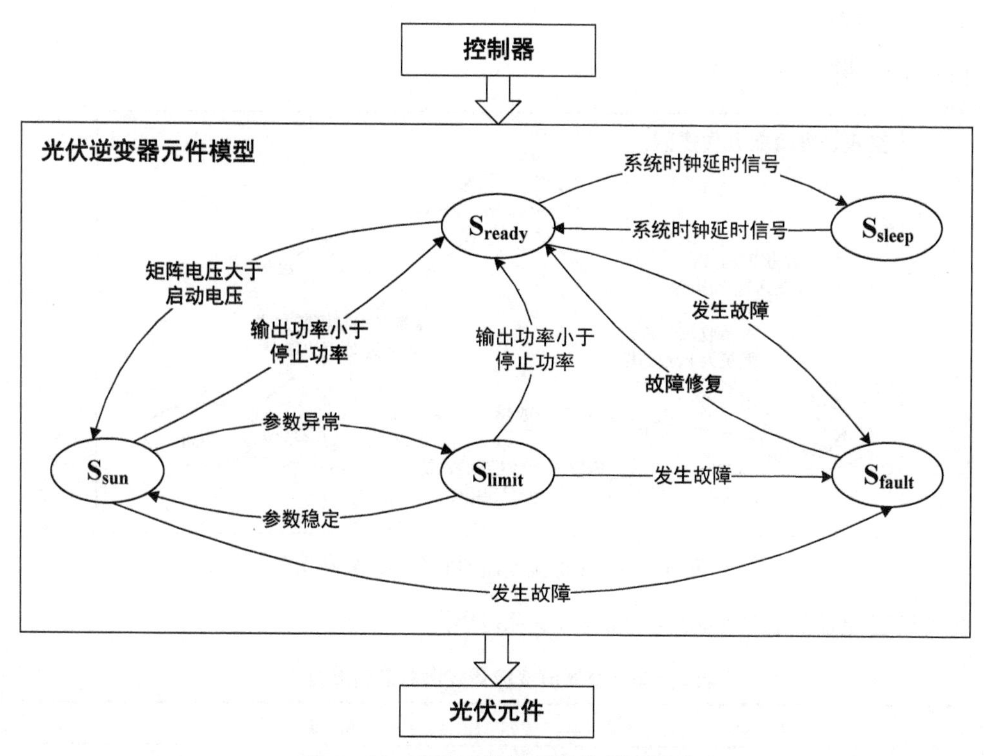

图 3-22　光伏逆变器有限状态转换图

表 3-22　光伏逆变器元件状态转换规则

			初始状态				
			S_{ready}	S_{sleep}	S_{run}	S_{limit}	S_{fault}
迁移状态	S_{ready}	事件驱动	无	系统时钟延时信号	输出功率小于停止功率	输出功率小于停止功率	故障修复
	S_{sleep}	事件驱动	系统时钟延时信号	无	无	无	无
	S_{run}	事件驱动	矩阵电压大于启动电压	无	无	参数稳定	无
	S_{limit}	事件驱动	无	无	参数异常	无	无
	S_{fault}	事件驱动	发生故障	无	发生故障	发生故障	无

4) S_{limit} 状态下的工作函数为 $P_{out}=P_{thresh}$，其中 P_{thresh} 为输出功率阈值；

5) S_{fault} 状态下的工作函数为 $P_{out}=0$。

3.2.1.22　交直流变流器

1. 元件状态

交直流变流器状态与其控制目标相关，控制方式包括 PQ 和 $V_{dc}Q$ 控制两种。

1) S_{on_pq}，设备处于 PQ 控制方式。

2) S_{on_vq}，设备处于 $V_{dc}Q$ 控制方式。

3) S_{fail}，设备故障或停机。

2. 状态转移

状态转移如图 3-23 所示。

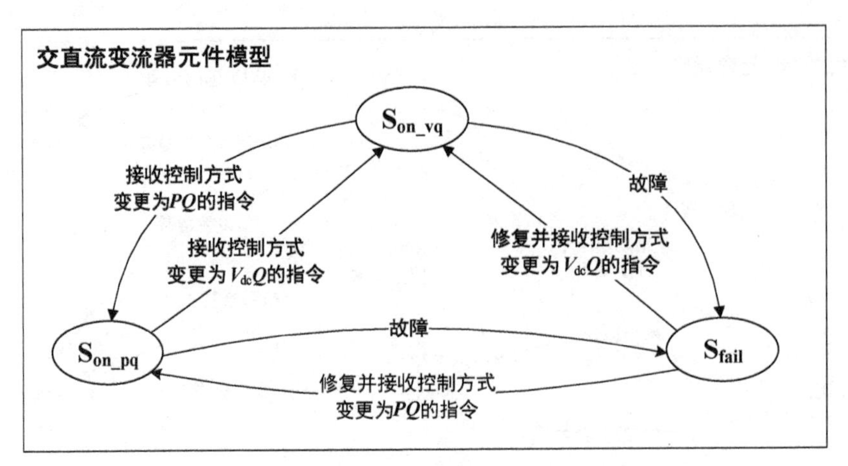

图 3-23 交直流变流器有限状态转换图

交直流变流器的状态转换规则如表 3-23 所示。

表 3-23 交直流变流器控制状态转换规则

			初始状态		
			S_{on_pq}	S_{on_vq}	S_{fail}
迁移状态	S_{on_pq}	事件驱动	无	接收控制方式变更为 *PQ* 的指令	修复并接收控制方式变更为 *PQ* 的指令
	S_{on_vq}	事件驱动	接收控制方式变更为 $V_{dc}Q$ 的指令	无	修复并接收控制方式变更为 $V_{dc}Q$ 的指令
	S_{fail}	事件驱动	故障	故障	无

3. 元件属性

交直流变流器的属性包括交流侧电压 V_{ac}，输入为有功功率 P、无功功率 Q，输出为直流侧电压 V_{dc}、直流侧电流 I。

4. 工作函数

交直流变流器各状态下的工作函数如下。

1) S_{on_pq} 状态下的工作函数：

$$\begin{cases} P = P_{set} \\ Q = Q_{set} \end{cases} \tag{3-20}$$

其中，P_{set} 和 Q_{set} 分别为有功、无功功率的参考值。

2) S_{on_vq} 状态下的工作函数：

$$\begin{cases} P = V_{dc\_set} I_{dc} \\ Q = Q_{set} \end{cases} \tag{3-21}$$

其中，V_{dc_set} 为直流电压的参考值；I_{dc} 为直流侧电流。

3）S_{fail} 状态下的工作函数：

$$\begin{cases}P=0\\Q=0\end{cases} \tag{3-22}$$

3.2.1.23　无功补偿设备

1. 元件状态

无功补偿设备包括调相机、并联电容器、并联电抗器及静止无功补偿器 SVG 等。以 SVG 为例介绍无功补偿设备的运行特性，SVG 静止无功发生器采用可关断电力电子器件(IGBT)组成自换相桥式电路，经过电抗器并联在电网上，适当地调节桥式电路交流侧输出电压的幅值和相位，或者直接控制其交流侧电流。迅速吸收或者发出所需的无功功率，实现快速动态调节无功的目的。无功补偿设备有限状态集合：

1）S_{emp}，设备空载运行；

2）S_{act}，设备容性运行；

3）S_{rea}，设备感性运行。

2. 状态转移

状态转移如图 3-24 所示。

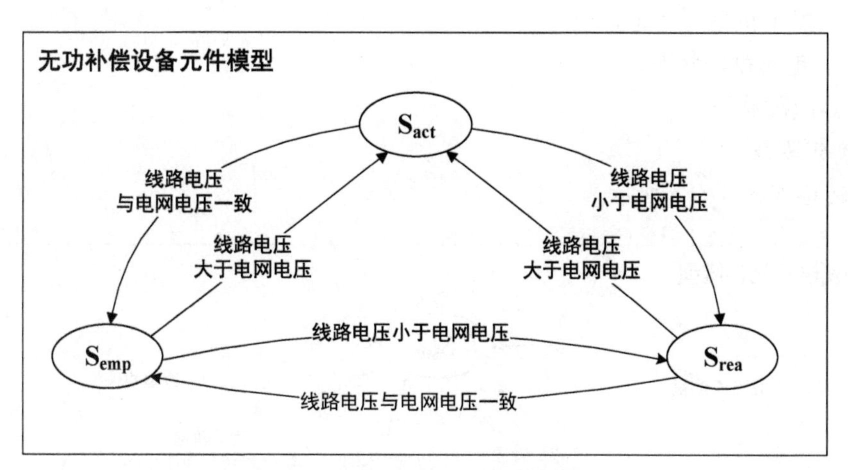

图 3-24　无功补偿设备有限状态转移图

无功补偿设备的状态转换规则如表 3-24 所示。

表 3-24　无功补偿设备状态转换规则

			初始状态		
			S_{emp}	S_{act}	S_{rea}
迁移状态	S_{emp}	事件驱动	无	线路电压与电网电压一致	线路电压与电网电压一致
	S_{act}	事件驱动	线路电压大于电网电压	无	线路电压大于电网电压
	S_{rea}	事件驱动	线路电压小于电网电压	线路电压小于电网电压	无

3. 元件属性

无功补偿装置的属性包括电网电压的幅值 U_s、线路电压 U_l，输入为电流无功参考值为

I_Q，输出为吸收的无功功率 Q。

4. 工作函数

1) S_{emp} 状态下的工作函数：

$$Q = 0 \tag{3-23}$$

2) S_{act} 状态下的工作函数：

$$Q = U_s I_Q \tag{3-24}$$

3) S_{rea} 状态下的工作函数：

$$Q = U_s I_Q \tag{3-25}$$

3.2.1.24　异步发电机

1. 元件状态

异步发电机是利用定子与转子间气隙旋转磁场与转子绕组中感应电流相互作用的一种交流发电机。依工作原理又称"感应发电机"。转速略高于同步转速。输出功率随转差率大小而增减。可由电网激磁或用电力电容器自行激磁。异步发电机有限状态集合：

1) S_{run}，电动机运行状态；

2) S_{gen}，发电机运行状态；

3) S_{mag}，电磁制动状态；

4) S_{fail}，故障状态。

2. 状态转移

状态转移如图 3-25 所示。

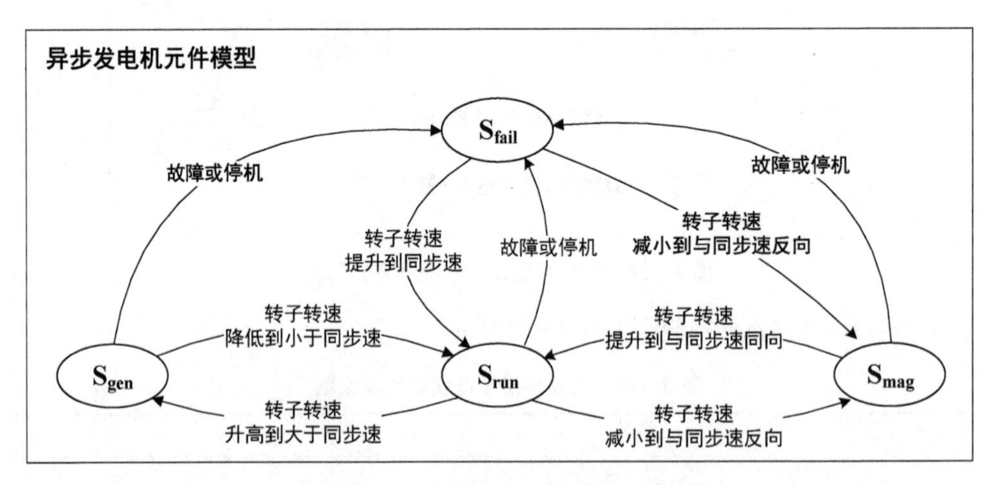

图 3-25　异步发电机元件有限状态转换图

异步发电机的状态转换规则如表 3-25 所示。

3. 元件属性

异步发电机的属性包括转子位移角 θ_m、参考电角速度 ω、电角速度 ω_r、定子电压 V_s、电流 i_s、转子电压 V_r'、转子电流 i_r'、定子磁链 φ_s 和转子磁链 φ_r'，输入为转子角速度 ω_m、电磁转矩 T_e、机械转矩 T_m，输出为电功率 P_e。

表 3-25　异步发电机状态转换规则

			初始状态			
			S_{run}	S_{gen}	S_{mag}	S_{fail}
迁移状态	S_{run}	事件驱动	无	转子转速降低到小于同步速	转子转速提升到与同步速同向	转子转速提升到同步速
	S_{gen}	事件驱动	转子转速升高到大于同步速	无	无	无
	S_{mag}	事件驱动	转子转速减小到与同步速反向	无	无	转子转速减小到与同步速反向
	S_{fail}	事件驱动	故障或停机	故障或停机	故障或停机	无

4. 工作函数

异步发电机包括机械子系统和电气子系统两部分，通过输入特定的机械转矩，发电机可以向电网输出特定的功率。对于机械子系统，其模拟了传动链特性，具体如下：

$$\begin{cases}\dfrac{\mathrm{d}}{\mathrm{d}t}\omega_{\mathrm{m}}=\dfrac{1}{2H}(T_{\mathrm{e}}-F\omega_{\mathrm{m}}-T_{\mathrm{m}})\\[2mm]\dfrac{\mathrm{d}}{\mathrm{d}t}\theta_{\mathrm{m}}=\omega_{\mathrm{m}}\end{cases}\tag{3-26}$$

其中，H 为惯性时间常数；F 为黏性摩擦系数。电气子系统的方程为

$$\begin{cases}V_{\mathrm{qs}}=R_{\mathrm{s}}i_{\mathrm{qs}}+\mathrm{d}\varphi_{\mathrm{qs}}/\mathrm{d}t+\omega\varphi_{\mathrm{ds}}\\V_{\mathrm{ds}}=R_{\mathrm{s}}i_{\mathrm{ds}}+\mathrm{d}\varphi_{\mathrm{ds}}/\mathrm{d}t-\omega\varphi_{\mathrm{qs}}\\V'_{\mathrm{qr}}=R'_{\mathrm{r}}i'_{\mathrm{qr}}+\mathrm{d}\varphi'_{\mathrm{qr}}/\mathrm{d}t+(\omega-\omega_{r})\varphi'_{\mathrm{dr}}\\V'_{\mathrm{dr}}=R'_{\mathrm{r}}i'_{\mathrm{dr}}+\mathrm{d}\varphi'_{\mathrm{dr}}/\mathrm{d}t-(\omega-\omega_{r})\varphi'_{\mathrm{qr}}\\T_{\mathrm{e}}=1.5p(\varphi_{\mathrm{ds}}i_{\mathrm{qs}}-\varphi_{\mathrm{qs}}i_{\mathrm{ds}})\end{cases}\tag{3-27}$$

其中，V_{qs} 和 i_{qs} 分别为定子电压、电流的 q 轴分量；V_{ds} 和 i_{ds} 分别为定子电压、电流的 d 轴分量；R_{s} 为定子电阻；V'_{qr} 和 i'_{qr} 为转子电压、电流的 q 轴分量；V'_{dr} 和 i'_{dr} 为转子电压、电流的 d 轴分量；p 为极对数。φ_{qs}、φ_{ds}、φ'_{qr}、φ'_{dr} 为定子和转子磁链的 d、q 分量，其表达式为

$$\begin{cases}\varphi_{\mathrm{qs}}=L_{\mathrm{s}}i_{\mathrm{qs}}+L_{\mathrm{m}}i'_{\mathrm{qr}}\\\varphi_{\mathrm{ds}}=L_{\mathrm{s}}i_{\mathrm{ds}}+L_{\mathrm{m}}i'_{\mathrm{dr}}\\\varphi'_{\mathrm{qr}}=L'_{\mathrm{r}}i'_{\mathrm{qr}}+L_{\mathrm{m}}i_{\mathrm{qs}}\\\varphi'_{\mathrm{dr}}=L'_{\mathrm{r}}i'_{\mathrm{dr}}+L_{\mathrm{m}}i_{\mathrm{ds}}\\L_{\mathrm{s}}=L_{\mathrm{ls}}+L_{\mathrm{m}}\\L'_{\mathrm{r}}=L'_{\mathrm{lr}}+L_{\mathrm{m}}\end{cases}\tag{3-28}$$

其中，L_{ls} 和 L'_{lr} 分别为定子、转子的漏电抗；L_{m} 为互电抗。

此外：

S_{run} 状态下，$P_{\mathrm{e}}=T_{\mathrm{e}}\omega_{\mathrm{m}}$；

S_{gen} 状态下，$P_{\mathrm{e}}=T_{\mathrm{e}}\omega_{\mathrm{m}}$；

S_{mag} 状态下，$P_e = T_e\omega_m$；

S_{fail} 状态下，$P_e = 0$。

3.2.1.25　飞轮储能

1. 元件状态

飞轮储能为定轴旋转体，其能量以动能的形式进行存储。根据飞轮物体的质量、质量对轴的分布情况以及转轴的位置，其存储的动能也有所不同。

飞轮储能有限状态集合：

1) S_{cha}，设备正常投运并充电；

2) S_{dis}，设备正常投运并放电；

3) S_{off}，设备不正常投运，但设备并未发生故障；

4) S_{fail}，设备发生故障，无法正常运行。

2. 状态转移

状态转移如图 3-26 所示。

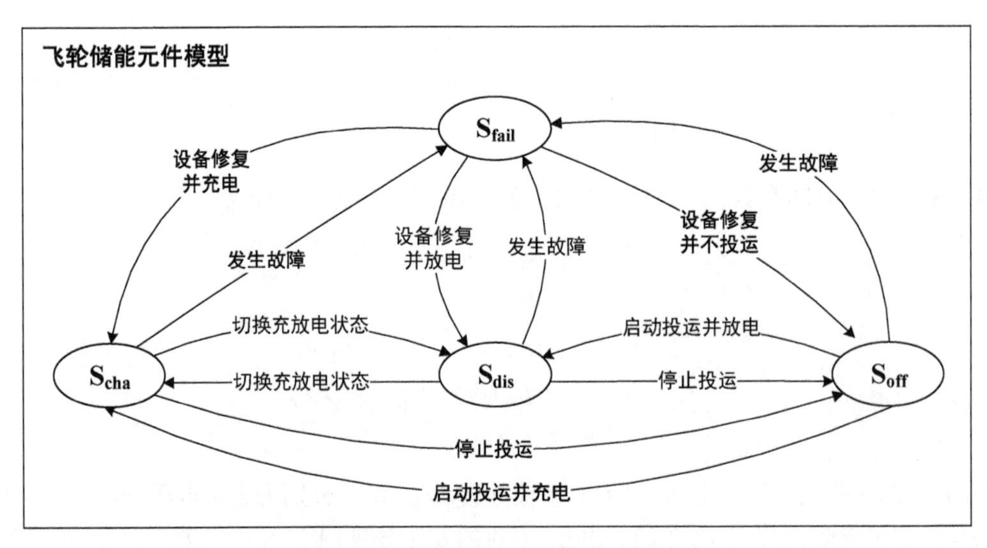

图 3-26　飞轮储能元件有限状态转移图

飞轮储能元件的状态转换规则满足表 3-26。

表 3-26　飞轮储能元件状态转换规则

			初始状态			
			S_{cha}	S_{dis}	S_{off}	S_{fail}
迁移状态	S_{cha}	事件驱动	无	切换充放电状态	启动投运并充电	设备修复并充电
	S_{dis}	事件驱动	切换充放电状态	无	启动投运并放电	设备修复并放电
	S_{off}	事件驱动	停止投运	停止投运	无	设备修复并不投运
	S_{fail}	事件驱动	发生故障	发生故障	发生故障	无

3. 元件属性

飞轮储能对外的工作特征是其本身对电网的充放电功率 E，飞轮的转动惯量为 J_F、飞轮旋转角速度为ω_g、飞轮质量为m、飞轮半径为R。

4. 工作函数

飞轮储能元件四种状态的工作函数如下。

1) S_{cha}状态下的飞轮储能(圆盘形飞轮)工作函数：

$$Y=\begin{cases}E=\frac{1}{2}J_F\omega_g^2\\ J_F=\frac{1}{2}mR^2\end{cases}\tag{3-29}$$

2) S_{dis}状态下的飞轮储能工作函数与S_{cha}相同,注意转速是有方向的：

$$Y=\begin{cases}E=\frac{1}{2}J_F\omega_g^2\\ J_F=\frac{1}{2}mR^2\end{cases}$$

3) S_{off}状态下的飞轮储能工作函数：

$$E=0$$

4) S_{fail}状态下的飞轮储能工作函数：

$$E=0$$

3.2.1.26　燃料电池

1. 元件状态

燃料电池是利用水的电解的逆反应的"发电机"。我国大力发展清洁能源,风电、光伏实现了跨越式大发展,新能源装机容量占比日益提高。然而,在清洁能源高速发展的同时,波动性、间歇式新能源的并网给电网调控运行、安全控制等方面带来了不利影响,极大地限制了清洁能源的有效利用。燃料电池储能电站可与分布/集中式新能源发电联合应用,是解决新能源发电并网问题的有效途径之一。燃料电池有限状态集合：

1) S_{cha},设备正常投运并充电；

2) S_{dis},设备正常投运并放电；

3) S_{off},设备不正常投运,但设备并未发生故障；

4) S_{fail},设备发生故障,无法正常运行。

2. 状态转移

状态转移如图 3-27 所示。

燃料电池的状态转换规则满足表 3-27 所示。

3. 元件属性

单个燃料电池的输出电压可表示为$V_{FC}=E_{Nernst}-V_{act}-V_{ohmic}-V_{con}$。式中,$E_{Nernst}$为电池的热力学电势,代表电池的可逆电压；$V_{act}$为阳极和阴极激活产生的激活电压降,也称作激活超电势；V_{ohmic}为欧姆电压降,也称作欧姆超电势,由电解质中的电子和由外电路中传导产生的电阻引起的电压降部分；V_{con}为反应气体浓度降低产生的浓度差电压降,也称

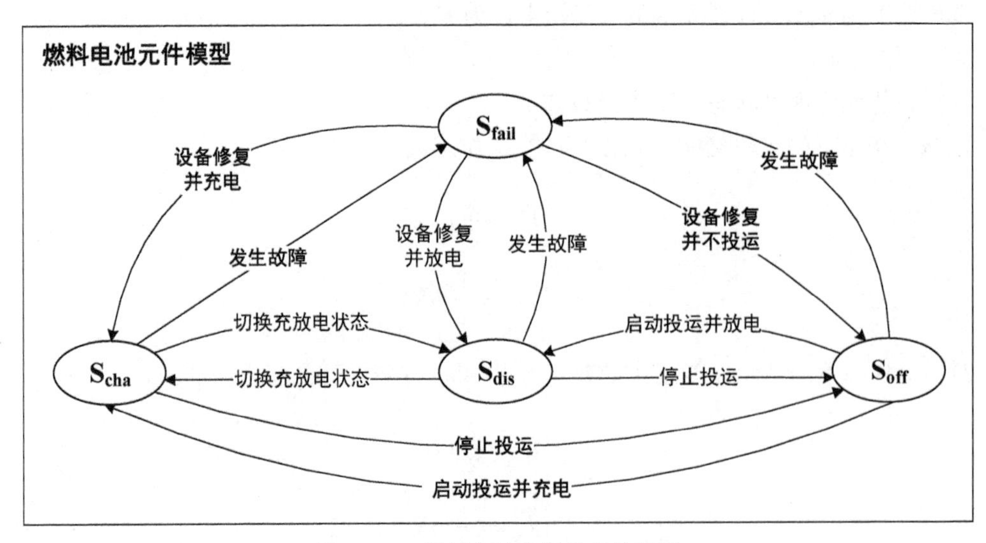

图 3-27　燃料电池有限状态转移图

表 3-27　燃料电池状态转换规则

			初始状态			
			S_{cha}	S_{dis}	S_{off}	S_{fail}
迁移状态	S_{cha}	事件驱动	无	切换充放电状态	启动投运并充电	设备修复并充电
	S_{dis}	事件驱动	切换充放电状态	无	启动投运并放电	设备修复并放电
	S_{off}	事件驱动	停止投运	停止投运	无	设备修复并不投运
	S_{fail}	事件驱动	发生故障	发生故障	发生故障	无

作浓差超电势。

4. 工作函数

1）S_{cha} 状态下燃料电池的工作函数可以表示为

$$Y=\begin{cases}P_{FC}=V_{FC}i_{FC}\\ i_{FC}=AJ\end{cases}\tag{3-30}$$

其中，A 为电池的活性区域；J 为电池的电流密度。

2）S_{dis} 状态下的燃料电池储能工作函数与 S_{cha} 状态下相同：

$$Y=\begin{cases}P_{FC}=V_{FC}i_{FC}\\ i_{FC}=AJ\end{cases}$$

3）S_{off} 状态下的燃料电池工作函数如下：

$$P_{FC}=0$$

4）S_{fail} 状态下的燃料电池工作函数如下：

$$P_{FC}=0$$

3.2.2 信息层元件模型

3.2.2.1 交换机

1. 元件状态

设定交换机具备两种功能——功能 1“生成 IP 地址表”与功能 2“分发报文”，交换机先生成功能 1 的 Cache 地址表，再完成功能 2 的报文转发，交换机根据生成的 IP 地址表匹配目的 IP，将报文正常发送至 DTU 等目标设备。同时交换机可能受到过热、导电等硬件攻击，也可能受到篡改 Cache 表、DDOS、限定 Cache 容量等网络攻击。交换机有限状态集合：

1) S_0，正常运行；

2) S_1，出现故障。

2. 状态转移

状态转移如图 3 - 28 所示。

交换机元件模型的状态迁移过程如表 3 - 28 所示。

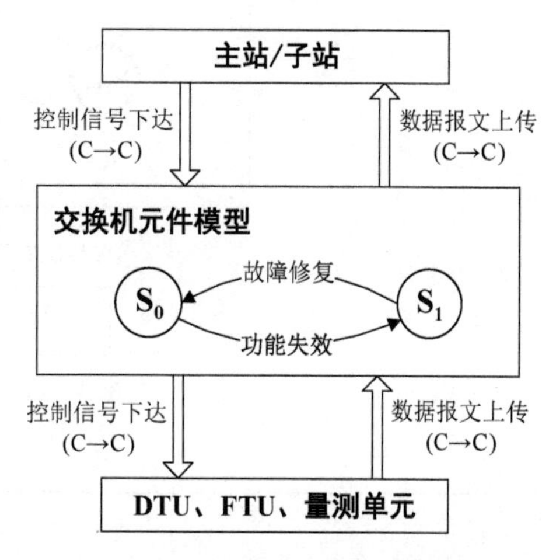

图 3 - 28　交换机有限状态转移图

表 3 - 28　交换机状态转换规则

		初始状态	
		S_0	S_1
迁移状态	S_0	无	设备重启
	S_1	功能失效	无

主站或者子站向交换机发送报文，交换机按照报文里的目的地 IP 地址分发报文。此过程中的交换机工作动作包含两步：第一步是主动向全网段发送监听报文，在有限时间内生成 IP 地址表，随后转为被动监听，一旦网段里有新设备添加，则被动更新 IP 地址表；第二步是在完整的 IP 地址表的匹配下，交换机将主站或者子站的报文分发至目标设备。

3.2.2.2 路由器

1. 元件状态

设定路由器具备两种功能，即生成路由表与分发报文，两个功能相互独立运行，由主站发送报文，路由器根据生成的路由表匹配目的 IP，将报文正常发送至交换机或者 DTU 等目标设备。同交换机类似，路由器可能受到诸如过热、导电等硬件攻击，也可能受到篡改 Cache 表、DDOS、限定 Cache 容量等软攻击。路由器有限状态集合：

1) S_{run}，设备正常运行；

2) S_{stp}，设备出现故障。

2. 状态转移

状态转移如图 3 - 29 所示。

路由器的状态转换规则基于事件驱动，如表 3 - 29 所示。

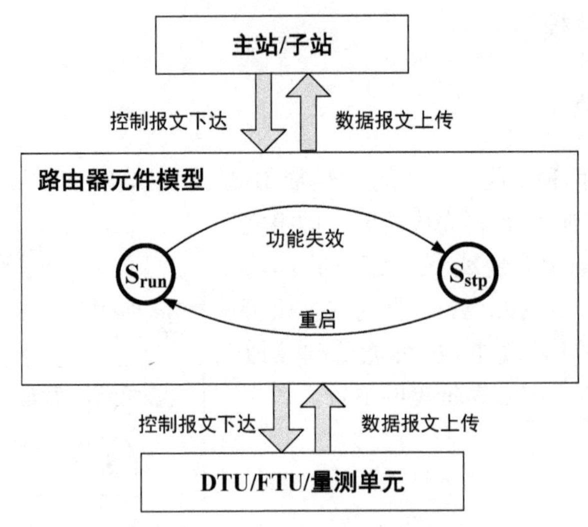

图 3-29　路由器有限状态转移图

表 3-29　路由器状态转换规则

			初始状态	
			S_{run}	S_{stp}
迁移状态	S_{run}	事件驱动	无	重启
	S_{stp}	事件驱动	功能失效	无

3.2.2.3　控制终端

1. 元件状态

设定控制终端只具备控制功能，当功能失效时由上级设备决策是否立即重启控制终端。控制终端元件模型接收来自主站、子站的控制信号，并将控制信号发送到断路器、联络开关、分段开关等一次设备元件模型。

1) S_0，设备正常运行，遥控与遥信功能正常；

2) S_1，出现故障，遥控功能失效，遥信功能正常；

3) S_2，出现故障，遥信功能失效，遥控功能正常；

4) S_3，设备备用状态；

5) S_4，出现故障，遥控与遥信功能均失效。

2. 状态转移

状态转移如图 3-30 所示。

控制终端元件模型的状态迁移过程如表 3-30 所示。

以控制终端操控断路器为例。主站/子站向控制终端发送信号 $X(t)$，其值为 0 的含义是“执行开关分闸动作”，其值为 1 的含义是“执行开关合闸动作”。控制终端中存储的断路器当前状态 $S(t)$ 即上一时刻的断路器状态，0 为断路器断开，1 为断路器闭合。控制终端根据 $X(t)$ 与 $S(t)$ 的组合逻辑进行指令合法性检测，再向断路器发送控制信号 $Y(t)$：当 $X(t)$ 与 $S(t)$ 值不同时断路器动作，$Y(t)$ 值为 0 则开关分闸，$Y(t)$ 值为 1 则开关合闸，并

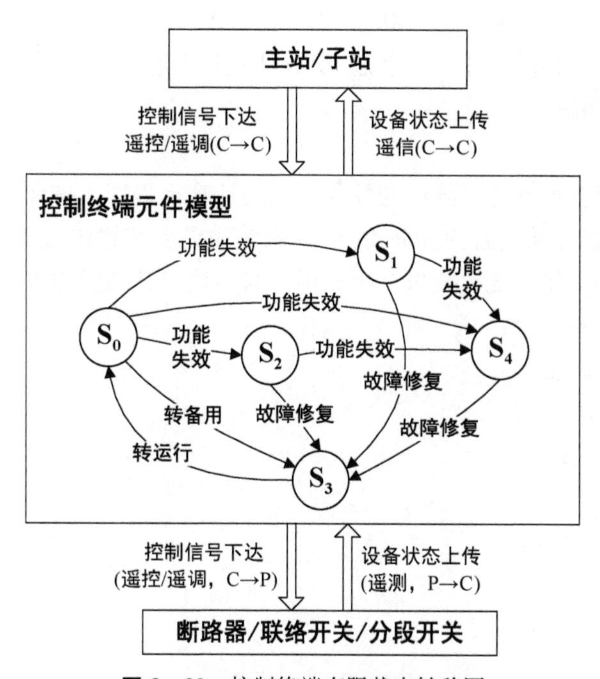

图3-30　控制终端有限状态转移图

表3-30　控制终端状态转换规则

		初始状态				
		S_0	S_1	S_2	S_3	S_4
迁移状态	S_0	正常运行	无	无	转运行	无
	S_1	遥控功能失效	无	无	无	无
	S_2	遥信功能失效	无	无	无	无
	S_3	转备用	故障修复	故障修复	无	故障修复
	S_4	遥控与遥信功能均失效	遥信功能失效	遥控功能失效	无	无

将 $S(t)$ 上传至主站/子站；当 $X(t)$ 与 $S(t)$ 值相同时断路器不动作，即 $Y(t)$ 为空，控制命令的逻辑错误，并将 $S(t)$ 上传至主站/子站。

1) S_0 状态下控制终端的工作函数，如式(2-31)与式(2-32)。式(2-31)为遥控功能的工作函数，式(2-32)为遥信功能的工作函数。

$$Y(t)=\begin{cases}X(t), & X(t)\oplus S(t)=1\\ \text{null}, & X(t)\oplus S(t)=0\end{cases} \tag{2-31}$$

$$S(t+1)=\begin{cases}\bar{S}(t), & Y(t)\neq \text{null}\\ S(t), & Y(t)=\text{null}\end{cases} \quad \text{s.t. } S(t_0)=\{0,1\} \tag{2-32}$$

2) S_1 状态下，控制终端的遥控功能失效，仅有遥信功能的工作函数，如式(2-32)。

3) S_2 状态下，控制终端的遥信功能失效，仅有遥控功能的工作函数，如式(2-31)。

4) S_3 状态下，控制终端处于备用状态，无工作函数。

5) S_4 状态下，控制终端处于故障状态，所有功能均失效，无工作函数。

3.2.2.4　操作系统

1. 元件状态

操作系统是实现管理计算机硬件与软件资源的计算机程序。操作系统需要处理如管理与配置内存、决定系统资源供需的优先次序、控制输入设备与输出设备、操作网络与管理文件系统等基本事务。操作系统也提供一个让用户与系统交互的操作界面。

操作系统有限状态集合：

1) S_0，正常运行状态；

2) S_1，漏洞暴露；

3) S_2，被远程侵入；

4) S_3，被控制；

5) S_4，被加入僵尸网络。

2. 状态转移

状态转移如图 3-31 所示。

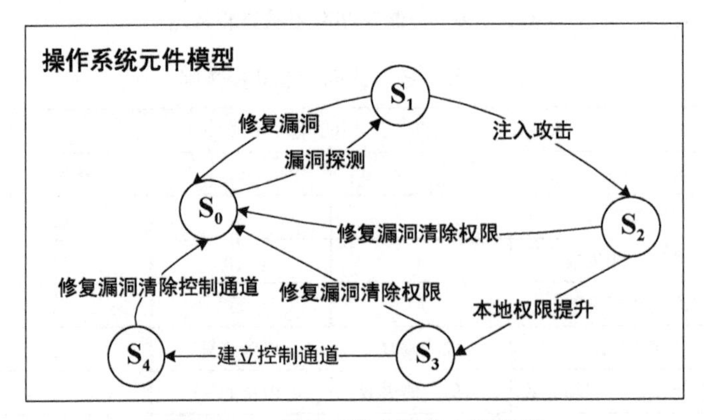

图 3-31　操作系统有限状态转移图

操作系统的状态转换规则如表 3-31 所示。

表 3-31　操作系统状态转换规则

			初始状态				
			S_0	S_1	S_2	S_3	S_4
迁移状态	S_0	事件驱动	正常运行操作	修复漏洞	修复漏洞清除权限	修复漏洞清除权限	修复漏洞清除控制通道
	S_1	事件驱动	漏洞探测	无	无	无	无
	S_2	事件驱动	无	注入攻击	无	无	无
	S_3	事件驱动	无	无	本地权限提升	无	无
	S_4	事件驱动	无	无	无	建立控制通道	无

操作系统的对外属性主要在于是否能够正常工作、是否执行恶意命令等，可以用标志位

表示。操作系统接收到的信号是一些通过计算机网络收回来的数据信息，向外输出的除了数据信息外还有控制信息等。

在 S_0 状态下，操作系统的工作函数可以表示为正常工作，并且不执行恶意命令。在 S_1 状态下，漏洞暴露，操作系统存在一定的概率不能正常工作，也存在一定的概率执行恶意命令。在 S_2 状态下，由于被远程侵入，操作系统存在一定的概率不能正常工作，也存在较大的概率执行恶意命令。在 S_3 状态下，处于被控制状态，不能正常工作，不能执行恶意命令。在 S_4 状态下，由于加入僵尸网络，操作系统不能正常工作，不能执行恶意命令。由于这些都是功能性描述，并没有具体的物理过程，因此没有具体的函数描述，更是一种功能性的阐释。

3.2.2.5　充电监控主站服务

1. 元件状态

充电监控主站服务主要用于实现电力系统的实时监控、电网监视等。设定监控主站服务主要有三个功能：电网数据采集、分析和综合查询。电网数据采集对电网系统涉及的基础数据，如用户卡信息、用电用户实时数据、用电设备信息等进行分布式采集和集中式管理，这些信息存在着存储、更新、验证等需求。数据分析主要对用户用电行为数据进行量化分析，建立特定用户用电行为的模型及用户用电行为画像，进行异常用电行为分析等。综合查询指对管理和运营的数据进行综合分析查询，涉及相应数据的存储、提取、分析与应用。综合查询功能通过对管理和运行数据的分析，可以快速发现电网异常事件，提供解决措施，优化电网调度。在此，我们只关注监控主站服务与用电监控设备的交互情况。监控主站服务有限状态集合：

1) S_{run}，设备正常运行，功能正常；

2) S_{stp}，设备出现故障，通信、校验、数据存储提取等功能失效；

3) S_{rst}，设备重启。

2. 状态转移

状态转移如图 3－32 所示。

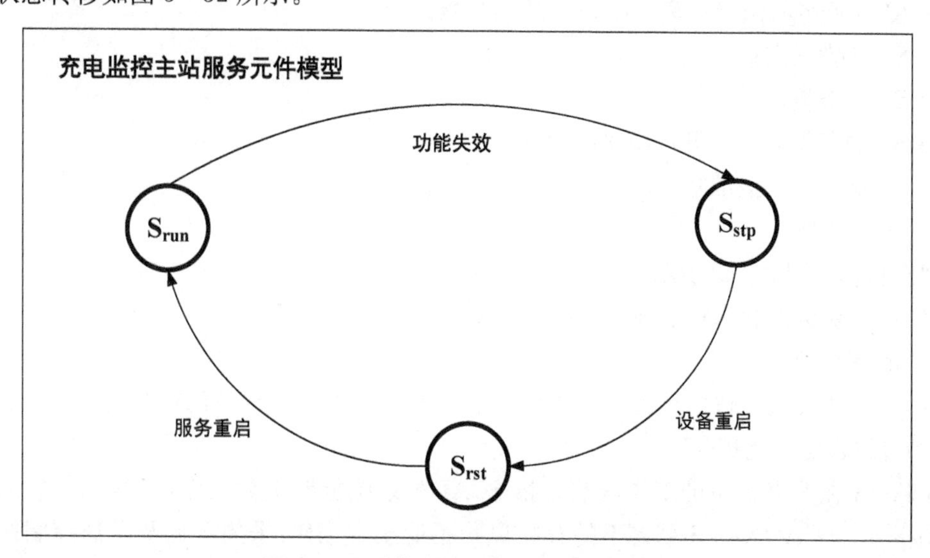

图 3－32　监控主站服务有限状态转移图

监控主站服务的状态转换规则如表 3-32 所示。

表 3-32　监控主站服务状态转换规则

			初始状态		
			S_{run}	S_{stp}	S_{rst}
迁移状态	S_{run}	事件驱动	无	无	服务重启
	S_{stp}	事件驱动	功能失效	无	无
	S_{rst}	事件驱动	无	设备重启	无

3. 元件属性

监控主站的对外属性主要在于是否能够正常工作。监控主站服务接收来自用电采集设备发送的上行数据信息，包括设备本身的运行状态(待机、充电、故障等)、用电时充电账号的信息、不同时段充电量与计费等。

$$X_i(t)=\{\text{State}_i(t),\ \text{Client}_i(t),\ \text{Type}_i(t),\ \text{Power}_i(t),\ \text{Cost}_i(t)\} \tag{3-33}$$

监控主站服务综合不同充电桩的各类上行数据，参与用电过程，例如根据充电账号信息匹配情况，下发充电是否开启指令，根据不同时间段充电量与计费以及充电类型，计量充电费用以及判断充电停止，下发停止指令以及结算费用等信息。

S_{run} 状态下的监控主站服务工作模式能够正确处理上传到监控主站的相关数据，下发正确的控制指令。S_{stp}、S_{rst} 状态下的监控主站服务不能正确处理上传的相关数据，也不能下发控制指令。

3.2.2.6　SCADA 服务

1. 元件状态

SCADA(supervisory control and data acquisition)系统，即数据采集与监视控制系统。SCADA 系统是以计算机为基础的 DCS(分散控制系统)与电力自动化监控系统。

SCADA 服务有限状态集合(DDoS 攻击场景)：

1) S_0，正常状态；

2) S_1，服务接口暴露；

3) S_2，服务能力部分阻塞，降级服务；

4) S_3，服务能力全部阻塞。

2. 状态转移

状态转移如图 3-33 所示。

SCADA 服务的状态转换规则如表 3-33 所示。

3. 元件属性

SCADA 扩展属性包括是否正常工作标志位和控制指令。SCADA 的系统输入是采集数据，系统输出是控制指令。

SCADA 在 S_0 状态下的工作函数是指 SCADA 系统能够正常工作，正常采集数据和发送控制指令。SCADA 在 S_1 状态下的存在风险不能正常工作，采集数据及发送控制指令功能可能失常。SCADA 在 S_2 状态下存在风险不能正常工作，采集数据及发送控制指令功能

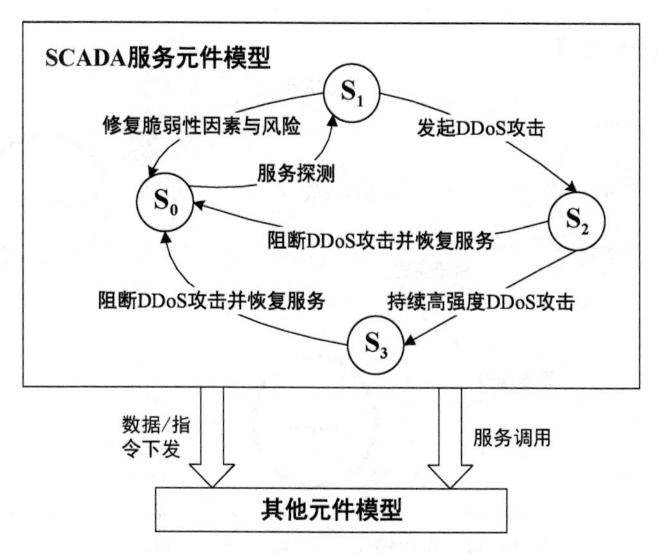

图 3-33　SCADA 服务有限状态转移图

表 3-33　SCADA 服务状态转换规则

			初始状态			
			S_0	S_1	S_2	S_3
迁移状态	S_0	事件驱动	无	修复脆弱性因素与风险	阻断 DDoS 攻击并恢复服务	阻断 DDoS 攻击并恢复服务
	S_1	事件驱动	服务探测	无	无	无
	S_2	事件驱动	无	发起 DDoS 攻击	无	无
	S_3	事件驱动	无	无	持续高强度 DDoS 攻击	无

可能失常。SCADA 在 S_3状态下基本不能正常工作，采集数据及发送控制指令功能失常。这些工作特征无法用一个具体函数表示，更像是一种功能描述。

3.2.2.7　光传输设备

1. 元件状态

以 SDH 光传输设备为例，其是一种将复接、线路传输及交换功能融为一体，并由统一网管系统操作的综合信息传送网络。光传输设备可实现网络有效管理、实时业务监控、动态网络维护、不同厂商设备间的互通等多项功能，由于兼容性好，传输方式先进，是当今世界信息领域在传输技术方面发展和应用的热点，在通信光传输网络中占据主要地位。光传输设备有限状态集合：

1) S_{run}，设备正常运行；

2) $S_{connect\_fail}$，设备通信功能异常，不能正常使用；

3) S_{reset}，设备重启。

2. 状态转移

状态转移如图 3-34 所示。

光传输设备的状态转换规则如表 3-34 所示。

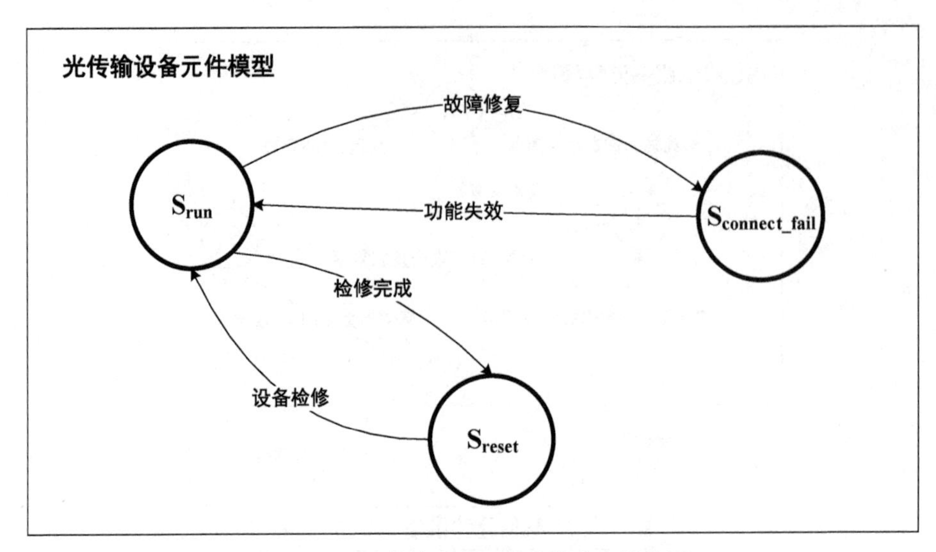

图 3 - 34 光传输设备元件有限状态转换图

表 3 - 34 光传输设备控制状态转换规则

			初始状态		
			S_{run}	$S_{connect\_fail}$	S_{reset}
迁移状态	S_{run}	事件驱动	无	功能失效	设备检修
	$S_{connect\_fail}$	事件驱动	故障修复	无	无
	S_{reset}	事件驱动	检修完成	无	无

3.2.2.8 通信节点

1. 元件状态

通信节点建模以通信节点的功能可靠性为建模对象，设计其有限状态机模型。分析在硬件老化、过热、异常操作等场景下通信节点可靠性的状态迁移过程。

通信节点有限状态集合：

1) S_{on}，正常工作状态；

2) S_{hot}，硬件过热状态

3) S_{age}，硬件老化状态；

4) S_{off}，宕机；

5) S_{fail}，硬件损坏状态。

2. 状态转移

状态转移如图 3 - 35 所示。

通信节点的状态转换规则如表 3 - 35 所示。

3.2.2.9 需求侧响应服务

1. 元件状态

设定需求侧响应服务具有以下三种状态：

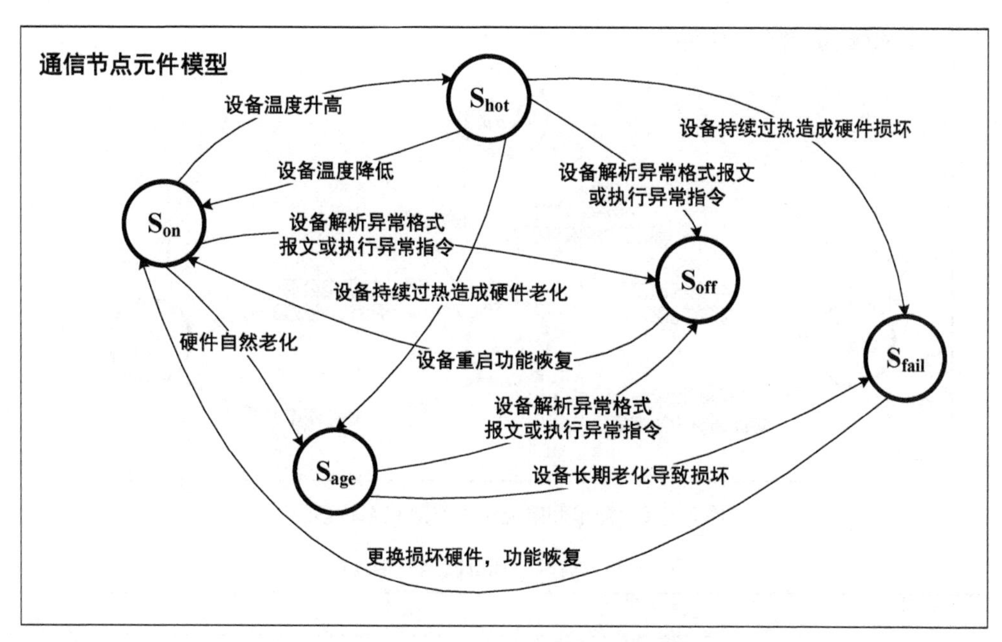

图3-35　通信节点有限状态转移图

表3-35　通信节点状态转换规则

			初始状态				
			S_{on}	S_{hot}	S_{age}	S_{off}	S_{fail}
迁移状态	S_{on}	事件驱动	无	设备温度降低	无	设备重启功能恢复	更换损坏硬件，功能恢复
	S_{hot}	事件驱动	设备温度升高	无	无	无	无
	S_{age}	事件驱动	硬件自然老化	设备持续过热造成硬件老化	无	无	无
	S_{off}	事件驱动	设备解析异常格式报文或执行异常指令	设备解析异常格式报文或执行异常指令	设备解析异常格式报文或执行异常指令	无	无
	S_{fail}	事件驱动	无	设备持续过热造成硬件损坏	设备长期老化导致损坏	无	无

1）S_{on}，需求侧响应服务正常运行；

2）S_{off}，需求侧响应服务发生故障；

3）S_{errc}，需求侧响应服务无法接受价格信息，按照估计价格进行计算；

4）S_{errp}，需求侧响应服务无法接受电气设备用电偏好值等信息，按照估计参数进行计算。

2. 状态转移

状态转移如图3-36所示。

需求侧响应服务的状态转换规则如表3-36所示。

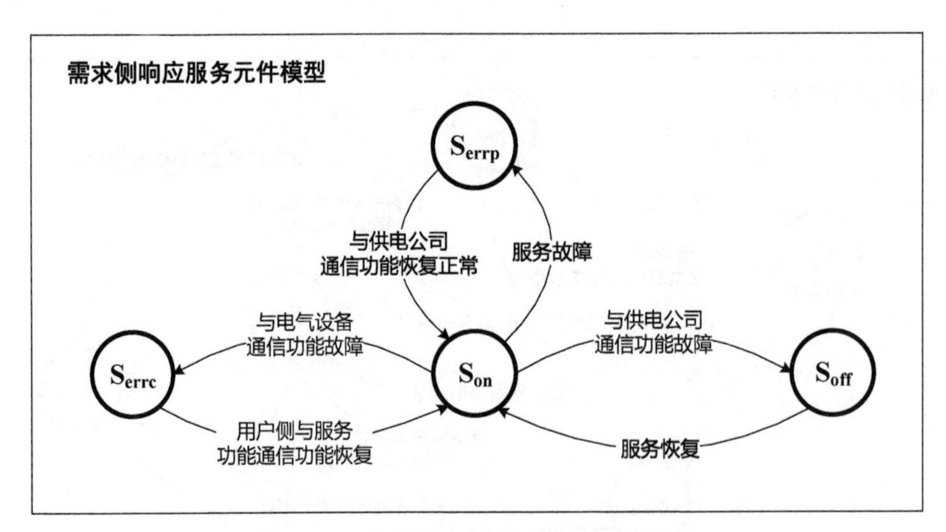

图 3-36 需求侧响应服务有限状态转移图

表 3-36 需求侧响应状态转换规则

			初始状态			
			S_{on}	S_{off}	S_{errp}	S_{errc}
迁移状态	S_{on}	事件驱动	无	服务恢复	与供电公司通信功能恢复正常	用户侧与服务功能通信功能恢复
	S_{off}	事件驱动	与供电公司通信功能故障	无	无	无
	S_{errp}	事件驱动	服务故障	无	无	无
	S_{errc}	事件驱动	与电气设备通信功能故障	无	无	无

3. 元件属性

需求侧响应服务是指在家庭用户端，家庭网关收集电力公司实时电价 p_t，其中 $t \in T$。而每个用电用户家里有 n 个用电设备，每个用电设备的用电效益函数计为 $u_{i,h}(x_{i,h})=v_{i,h}x_{i,h}-\frac{\alpha_{i,h}}{2}(x_{i,h})^2$，其中 $x_{i,h}$ 代表电气设备 i 在第 h 小时的用电量，$v_{i,h}$ 和 $\alpha_{i,h}$ 代表电气设备 i 在第 h 小时的用电偏好值。考虑到每个电器的用电量在一天是恒定值，即 $\sum_{h=1}^{24}x_{i,h}=X_i$，$\forall i \in N$，且每个小时的家庭用户用电量不能超过一定的阈值 $\sum_{i \in N}x_{i,h}=M$，$\forall h \in \{1, 2, \cdots, 24\}$，这个阈值代表家庭用户的用电负载上限，即 M。

4. 工作函数

对于一个需求侧响应服务而言，它本身并不具备扩展属性。它对外的输入信号是来自供电公司的电价信号以及来自家庭电气设备的用电偏好信号。对外输出的是给各个电气设备的控制信号，决定电气设备的用电功率等。

(1) S_{on} 状态下的需求侧响应服务工作函数

对于一个需求侧响应控制服务来说，它的目标在于接收到价格信号和获取用户用电偏好参数后，进行整体的优化计算，即求解一个二次规划问题：

$$\max\sum_{h=1}^{24}\sum_{i\in N}(v_{i,h}x_{i,h}-\frac{\alpha_{i,h}}{2}(x_{i,h})^2-p_hx_{i,h}),\ \forall i\in N,\ \forall h\in\{1,2,\cdots,24\}$$
$$\text{s.t.}\ \sum_{h=1}^{24}x_{i,h}=X_i,\ \forall i\in N$$
$$\sum_{i\in N}x_{i,h}=M,\ \forall h\in\{1,2,\cdots,24\} \tag{3-34}$$

该函数的物理含义在于满足电气用电量约束和家庭负载约束后，考虑实时电价，获取家庭用电设备的用电安排，使家庭用电效益最大化。

(2) S_{off} 状态下的需求侧响应服务工作函数

整个需求侧响应服务失灵，及失去控制功能，那么每个家庭用户则将随意安排家庭电气设备的用电情况，而不需要考虑电价、用电负载约束等情况。由于在 S_{off} 状态下服务暂停，因此没有工作函数可以表征。

(3) S_{errp} 状态下的需求侧响应服务工作函数

假设需求侧响应服务并不能接收到电价信息，即接受电价信息功能失灵。那么它将按照估计的电价值 $\bar{p}_h$ 进行计算，即改变公式里的 p_h 计算效益函数。

$$\max\sum_{h=1}^{24}\sum_{i\in N}\left(v_{i,h}x_{i,h}-\frac{\alpha_{i,h}}{2}(x_{i,h})^2-\bar{p}_hx_{i,h}\right),\ \forall i\in N,\ \forall h\in\{1,2,\cdots,24\}$$
$$\text{s.t.}\ \sum_{h=1}^{24}x_{i,h}=X_i,\ \forall i\in N$$
$$\sum_{i\in N}x_{i,h}=M,\ \forall h\in\{1,2,\cdots,24\} \tag{3-35}$$

(4) $S_{err\,c}$ 状态下的需求侧响应服务工作函数

假设需求侧响应服务并不能接收到电气设备偏好值信息，即需求侧响应服务与电气设备通信功能发生故障。那么它将按照估计的偏好值进行计算，即改变公式里的 $v_{i,h}$ 和 $\alpha_{i,h}$ 计算工作函数。

$$\max\sum_{h=1}^{24}\sum_{i\in N}(\bar{v}_{i,h}x_{i,h}-\frac{\bar{\alpha}_{i,h}}{2}(x_{i,h})^2-p_hx_{i,h}),\ \forall i\in N,\ \forall h\in\{1,2,\cdots,24\}$$
$$\text{s.t.}\ \sum_{h=1}^{24}x_{i,h}=X_i,\ \forall i\in N$$
$$\sum_{i\in N}x_{i,h}=M,\ \forall h\in\{1,2,\cdots,24\} \tag{3-36}$$

3.2.2.10　充电策略控制服务

1. 元件状态

电动车驶入一个小区或者商场后，会有一个智能充电聚合商统一协调电动车的充

放电情况。每个电动车的充放电策略主要由两部分组成：一部分是这个车主本身的充电意愿，这和电池状态（即 SoC）有关，大部分情况下 SoC 越低，电动车的充电意愿越强；另外充放电策略与实时电价有关，电价越高，放电意愿越强，电价越低，充电意愿越强。而智能充电聚合商接收到电动车接入充电桩的信息后，需要将其考虑到整体充电策略。

那么对于一个充电策略控制服务来说，它具有以下三种状态：

1）S_{on}，充电策略服务正常运行；

2）S_{off}，充电策略服务发生故障；

3）S_{err}，充电策略服务无法接受部分车辆注册信息，无法对其进行充放电服务。

2. 状态转移

状态转移如图 3-37 所示。

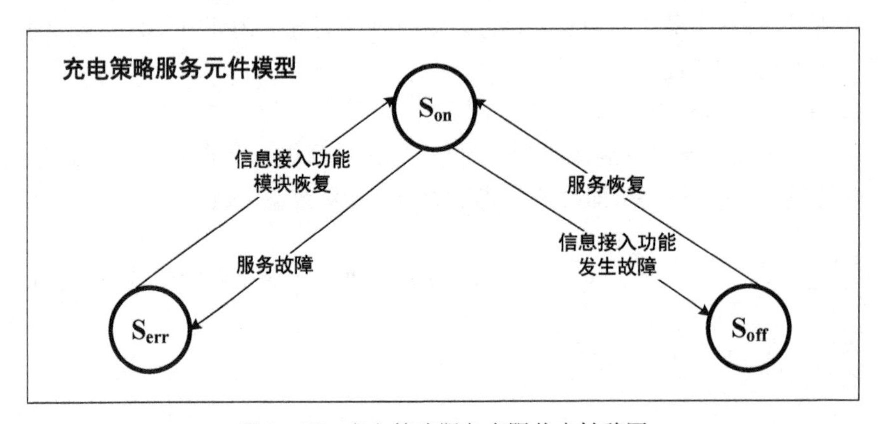

图 3-37　充电策略服务有限状态转移图

充电策略服务的状态转换规则如表 3-37 所示。

表 3-37　充电策略服务转换规则

			初始状态		
			S_{on}	S_{off}	S_{err}
迁移状态	S_{on}	事件驱动	无	服务恢复	信息接入功能模块恢复
	S_{off}	事件驱动	信息接入功能发生故障	无	无
	S_{err}	事件驱动	服务故障	无	无

3. 元件属性

对于一个充电策略服务而言，它本身并不具备扩展属性。它对外的输入信号是来自供电公司的电价信号以及来自接入电动车的用电偏好信号（即电动车的电池状态）。对外输出的是给各个电动车的充放电控制信号，决定电动车的充放电功率等。其原则在于：① 在当前电价情况下，尽可能让用户满意度最高；② 不能超过每个充电桩的充电负荷 p_{max}，也不能超过每个充电桩的放电负荷 p_{-max}（注意 p_{max} 是正值，p_{-max} 是负值）；③ 而所有车辆的充放电值不能超过聚合商的承载上下限（即 P_{max} 和 P_{-max}，其中 P_{max} 是正值，P_{-max} 是负值）。

4. 工作函数

(1) S_{on} 状态下的充电策略服务工作函数

对于一个充电策略服务来说，它的目的就在于接收到价格信号和获取用户用电充电意愿后，进行整体的优化问题计算，即求解一个优化问题。首先考虑用户充电量和其效益的关系 $u_i(x_i)=(1-\mathrm{SoC}_i)v_ix_i-\frac{\alpha_i}{2}x_i^2-px_i$，对于所有用户其效益累加表述为 $\sum_{i\in N}\left((1-\mathrm{SoC}_i)v_ix_i-\frac{\alpha_i}{2}x_i^2-px_i\right)$，其中 N 为接入电动车集合。那么其工作函数可以表述为

$$
\begin{aligned}
&\max\sum_{i\in N}\left((1-\mathrm{SoC}_i)v_ix_i-\frac{\alpha_i}{2}x_i^2-px_i\right)\\
&\text{s. t. } p_{-\max}\leqslant x_i\leqslant p_{\max},\ \forall i\in N\\
&P_{-\max}\leqslant\sum_{i\in N}x_i\leqslant P_{\max}
\end{aligned}
\tag{3-37}
$$

(2) S_{err} 状态下的充电策略服务工作函数

该状态下，只有部分电动车参与到充放电，设定接入服务的汽车集合为 N_{err}，注意 $N_{err}\subset N$。那么充电策略服务工作函数表述为

$$
\begin{aligned}
&\max\sum_{i\in N_{err}}\left((1-\mathrm{SoC}_i)v_ix_i-\frac{\alpha_i}{2}x_i^2-px_i\right)\\
&\text{s. t. } p_{-\max}\leqslant x_i\leqslant p_{\max},\ \forall i\in N_{err}\\
&P_{-\max}\leqslant\sum_{i\in N}x_i\leqslant P_{\max}
\end{aligned}
\tag{3-38}
$$

(3) S_{off} 状态下的充电策略服务工作函数

整个充电策略服务失灵，即失去控制功能，每个电动车服务无法充放电。因此没有工作函数可以表征其工作状态。

3.2.2.11 安控主站

1. 元件状态

设定安控主站只具备控制功能，当功能失效时可立即重启。安控主站有限状态集合：

1) S_{run}，设备正常运行，功能正常；

2) S_{stp}，设备出现故障，功能失效；

3) S_{rst}，设备重启。

2. 状态转移

状态转移如图 3-38 所示。

安控主站的状态转换规则基于事件驱动，如表 3-38 所示。

3. 元件属性

安控主站接收来自各类子站、FTU、DTU、TTU、FA 发送的上行数据信息，包括其控制的各种断路器、联络开关、分段开关、变压器的设备状态信息与潮流数据 $X_i(t)=\{S_i(t),$

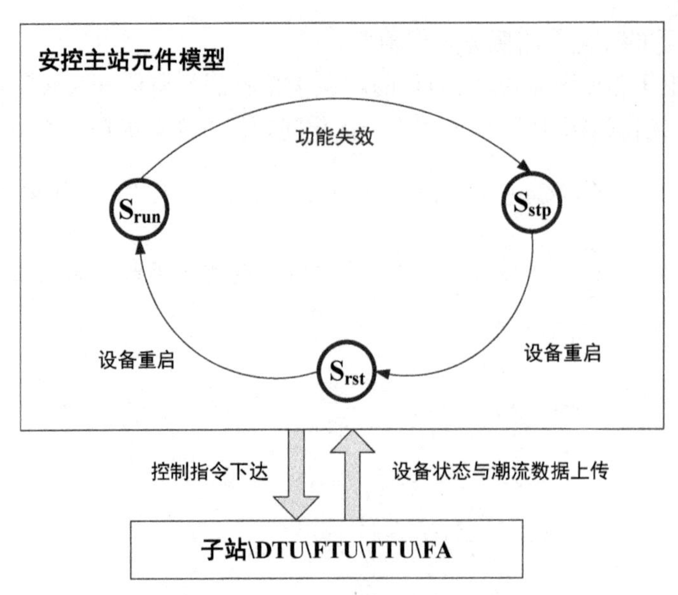

图 3-38　安控主站有限状态转移图

表 3-38　安控主站状态转换规则

			初始状态		
			S_{run}	S_{stp}	S_{rst}
迁移状态	S_{run}	事件驱动	无	无	设备重启
	S_{stp}	事件驱动	功能失效	无	无
	S_{rst}	事件驱动	无	设备重启	无

$U_i(t)$，$I_i(t)$，$P_i(t)$，$Q_i(t)$，$f_i(t)\}$。安控主站综合各类上行数据，判断是否有部分线路重载、越限、过负荷、过电流等故障，并依据安控策略对相应的控制单元（子站、FTU、DTU、TTU、FA）发送控制指令 $Y_i(t)=\{0, 1, \text{null}\}$，0 为执行动作使开关断开，1 为执行动作使开关闭合，null 指令可不向下发送。

4. 工作函数

1) S_{run} 状态下的工作函数：

$$Y_i(t)=\begin{cases}\sum_{i=1}^{m}\overline{S_i(t)}, & X_i(t)>\text{安控策略阈值}\\ \text{null}, & X_i(t)\leqslant\text{安控策略阈值}\end{cases} \tag{3-39}$$

注：当节点 i 的量测值超出安控策略阈值时，安控主站对节点 i 相关的 m 个节点采取安控措施。

2) S_{stp} 状态与 S_{rst} 状态下：

$$Y(t)=\text{null} \tag{3-40}$$

3.2.3　融合层元件模型

3.2.3.1　充电桩

1. 元件状态

充电桩的输入端与交流电网直接连接，输出端都装有充电插头，可以根据不同的电压等级为各种型号的电动汽车充电。充电桩状态包括：

1) S_{g2v}，设备正常运行且电动汽车在充电；

2) S_{v2g}，设备正常运行且电动汽车在售电；

3) S_{emp}，设备正常运行但不在充电或售电；

4) S_{off}，设备停止运行。

2. 状态转移

状态转移如图表 3-39 所示。

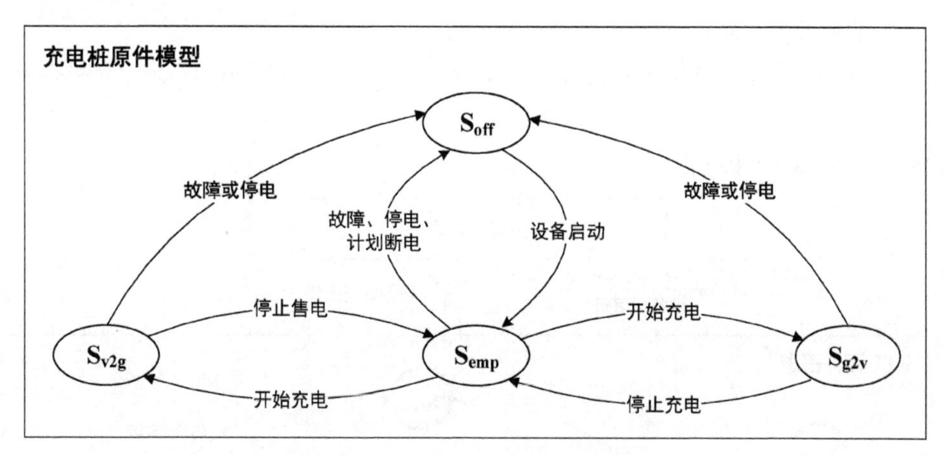

图 3-39　充电桩有限状态转移图

充电桩的状态转换规则如表 3-39 所示。

表 3-39　充电桩状态转换规则

			初始状态			
			S_{g2v}	S_{v2g}	S_{emp}	S_{off}
迁移状态	S_{g2v}	事件驱动	无	无	开始充电	无
	S_{v2g}	事件驱动	无	无	开始售电	无
	S_{emp}	事件驱动	停止充电	停止售电	无	设备启动
	S_{off}	事件驱动	故障或停电	故障或停电	故障、停电、计划断电	无

3. 元件属性

充电桩元件的属性为输入电压 U_{in}、输出电压 U_{out}、输入功率 P_{in}、输出功率 P_{out}、电动汽车端充放电电流 I、充放电控制信号 C、售电功率追踪值 P_{ref}。

4. 工作函数

1) S_{g2v} 状态时的工作函数为 $P_{out}=U_{out}I$；

2) S_{v2g} 状态时的工作函数为 $P_{out}=U_{out}I$，$P_{out}=P_{ref}$；

3) S_{emp} 状态时的工作函数为 $I=0$；

4) S_{off} 状态时的工作函数为 $I=0$。

3.2.3.2　FTU

1. 元件状态

设定 FTU 具备两种功能，即控制(a)与量测(b)，两个功能相互独立运行，当某个功能失效时由主站/子站决策是否立即重启/检修 FTU。

FTU 有限状态集合：

1) S_{run}，设备正常运行，功能 a 与 b 均正常；

2) S_{err-a}，设备出现故障，功能 a 失效，功能 b 正常；

3) S_{err-b}，设备出现故障，功能 a 正常，功能 b 失效；

4) S_{stp}，设备出现故障，功能 a 与 b 均失效；

5) S_{rst}，设备重启/检修；

6) S_{FDI}，设备遭受虚假数据注入攻击，设备正常运行，功能 a 与 b 均正常，但上传数据被篡改。

2. 状态转移

状态转移如图 3-40 所示。

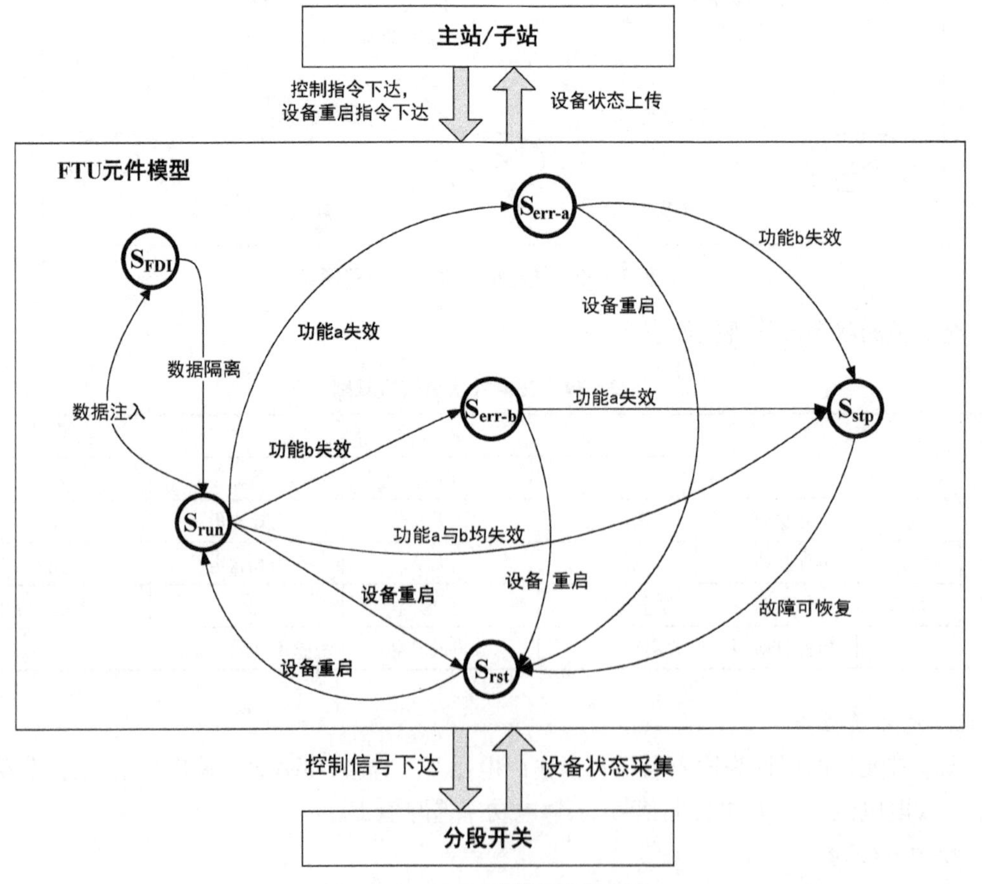

图 3-40　FTU 有限状态转移图

FTU 的状态转换规则基于事件驱动，如表 3－40 所示。

表 3－40　FTU 状态转换规则

			初始状态					
			S_{run}	S_{err-a}	S_{err-b}	S_{stp}	S_{rst}	S_{FDI}
迁移状态	S_{run}	事件驱动	无	无	无	无	设备重启	虚假数据注入
	S_{err-a}	事件驱动	功能 a 失效	保留功能 b，不重启	无	无	无	无
	S_{err-b}	事件驱动	功能 b 失效	无	保留功能 a，不重启	无	无	无
	S_{stp}	事件驱动	a 与 b 同时失效	功能 b 后继失效	功能 a 后继失效	设备不可逆故障	无	无
	S_{rst}	事件驱动	设备重启	设备重启	设备重启	设备重启	无	无
	S_{FDI}	事件驱动	数据隔离	无	无	无	无	虚假数据注入未被检测

3.2.3.3　DTU

1. 元件状态

设定 DTU 具备两种功能，即控制(a)与量测(b)，两个功能相互独立运行，当某个功能失效时由主站/子站决策是否立即重启/检修 DTU。

DTU 有限状态集合：

1) S_{run}，设备正常运行，功能 a 与 b 均正常；

2) S_{err-a}，设备出现故障，功能 a 失效，功能 b 正常；

3) S_{err-b}，设备出现故障，功能 a 正常，功能 b 失效；

4) S_{stp}，设备出现故障，功能 a 与 b 均失效；

5) S_{rst}，设备重启/检修；

6) S_{FDI}，设备遭受虚假数据注入攻击，设备正常运行，功能 a 与 b 均正常，但上传数据被篡改。

2. 状态转移

状态转移如图 3－41 所示。

DTU 的状态转换规则基于事件驱动，如表 3－41 所示。

3.2.3.4　TTU

1. 元件状态

设定 TTU 具备两种功能，即控制(a)与量测(b)，两个功能相互独立运行，当某个功能失效时由主站/子站决策是否立即重启/检修 TTU。TTU 有限状态集合：

1) S_{run}，设备正常运行，功能 a 与 b 均正常；

2) S_{err-a}，设备出现故障，功能 a 失效，功能 b 正常；

3) S_{err-b}，设备出现故障，功能 a 正常，功能 b 失效；

4) S_{stp}，设备出现故障，功能 a 与 b 均失效；

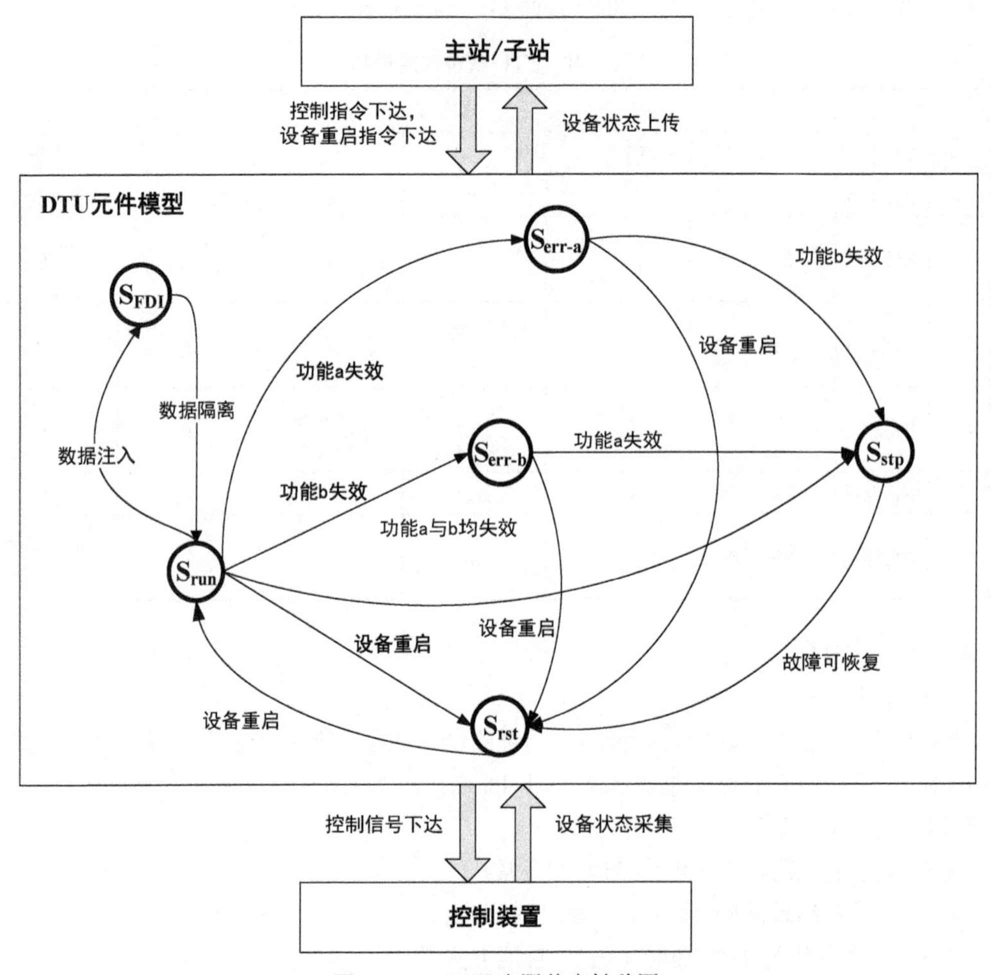

图 3－41　DTU 有限状态转移图

表 3－41　DTU 状态转换规则

			初始状态					
			S_{run}	S_{err-a}	S_{err-b}	S_{stp}	S_{rst}	S_{FDI}
迁移状态	S_{run}	事件驱动	无	无	无	无	设备重启	虚假数据注入
	S_{err-a}	事件驱动	功能 a 失效	无	无	无	无	无
	S_{err-b}	事件驱动	功能 b 失效	无	无	无	无	无
	S_{stp}	事件驱动	a 与 b 同时失效	功能 b 后继失效	功能 a 后继失效	无	无	无
	S_{rst}	事件驱动	设备重启	设备重启	设备重启	设备重启	无	无
	S_{FDI}	事件驱动	数据隔离	无	无	无	无	无

5）S_{rst}，设备重启/检修；

6）S_{FDI}，设备遭受虚假数据注入攻击，设备正常运行，功能 a 与 b 均正常，但上传数据被篡改。

2. 状态转移

状态转移如图 3-42 所示。

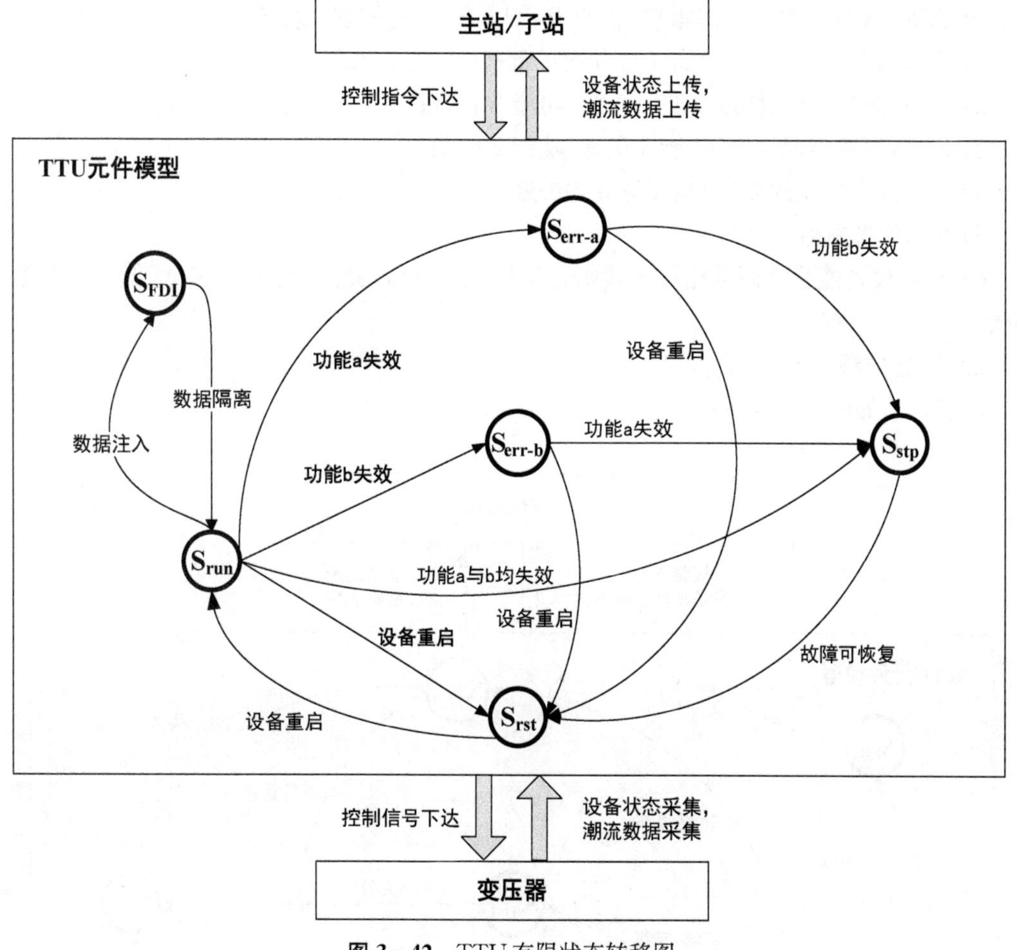

图 3-42　TTU 有限状态转移图

TTU 的状态转换规则基于事件驱动，如表 3-42 所示。

表 3-42　TTU 状态转换规则

			初始状态					
			S_{run}	S_{err-a}	S_{err-b}	S_{stp}	S_{rst}	S_{FDI}
迁移状态	S_{run}	事件驱动	无	无	无	无	设备重启	虚假数据注入
	S_{err-a}	事件驱动	功能 a 失效	无	无	无	无	无
	S_{err-b}	事件驱动	功能 b 失效	无	无	无	无	无
	S_{stp}	事件驱动	a 与 b 同时失效	功能 b 后继失效	功能 a 后继失效	无	无	无
	S_{rst}	事件驱动	设备重启	设备重启	设备重启	设备重启	无	无
	S_{FDI}	事件驱动	数据隔离	无	无	无	无	无

3.2.3.5 RTU

1. 元件状态

设定 RTU 具备两种功能，即控制(a)与量测(b)，两个功能相互独立运行，当某个功能失效时由 SCADA 决策是否立即重启/检修 RTU。RTU 有限状态集合：

1) S_{run}，设备正常运行，功能 a 与 b 均正常；

2) S_{err-a}，设备出现故障，功能 a 失效，功能 b 正常；

3) S_{err-b}，设备出现故障，功能 a 正常，功能 b 失效；

4) S_{stp}，设备出现故障，功能 a 与 b 均失效；

5) S_{rst}，设备重启/检修；

6) S_{FDI}，设备遭受虚假数据注入攻击，设备正常运行，功能 a 与 b 均正常，但上传数据被篡改。

2. 状态转移

状态转移如图 3-43 所示。

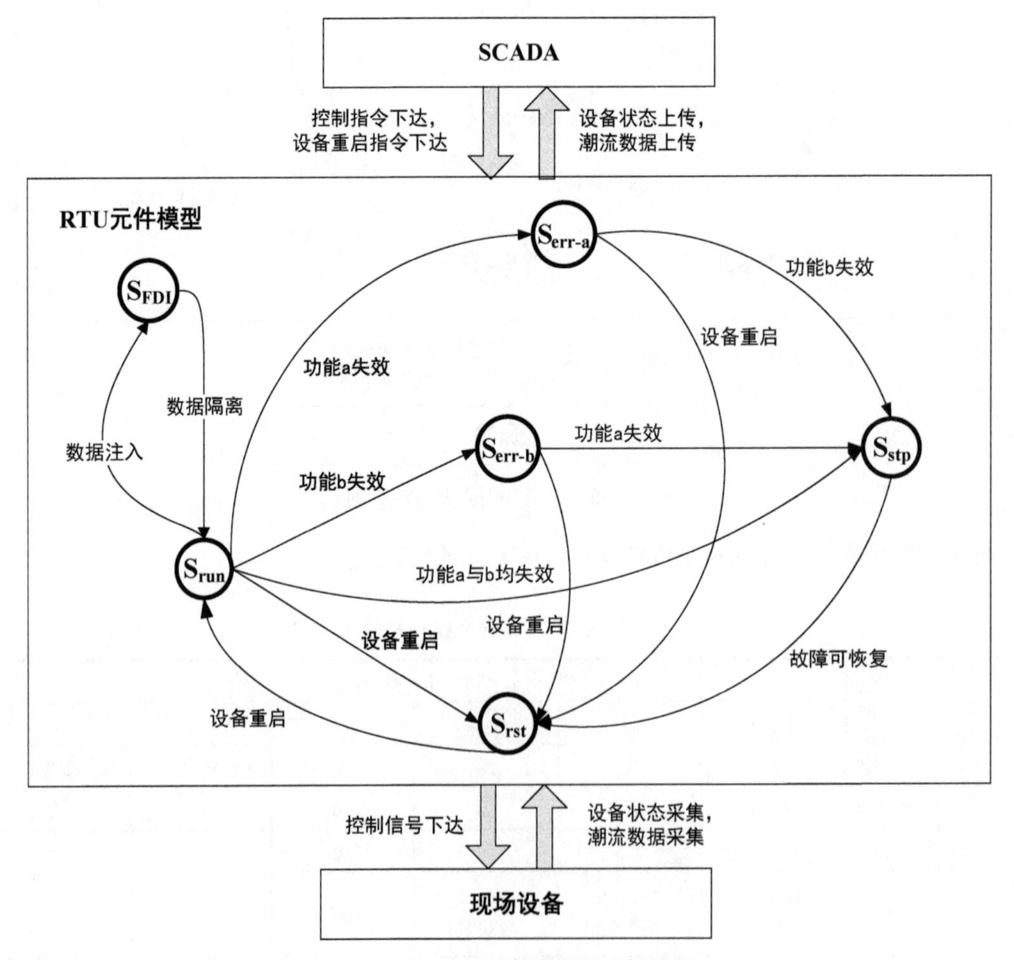

图 3-43 RTU 元件有限状态转换图

RTU 的状态转换规则基于事件驱动，如表 3-43 所示。

表 3-43　RTU 状态转换规则

			初始状态					
			S_{run}	S_{err-a}	S_{err-b}	S_{stp}	S_{rst}	S_{FDI}
迁移状态	S_{run}	事件驱动	无	无	无	无	设备重启	虚假数据注入
	S_{err-a}	事件驱动	功能 a 失效	无	无	无	无	无
	S_{err-b}	事件驱动	功能 b 失效	null	无	无	无	无
	S_{stp}	事件驱动	a 与 b 同时失效	功能 b 后继失效	功能 a 后继失效	无	无	无
	S_{rst}	事件驱动	设备重启	设备重启	设备重启	设备重启	无	无
	S_{FDI}	事件驱动	数据隔离	无	无	无	无	无

3.2.3.6　调压系统

1. 元件状态

调压系统(AVC)可以设置远方控制和就地控制两种模式,远方控制实时接收调度系统下发的母线电压命令值,AVC 根据命令值进行实时调节。就地控制是当远动通道故障时,可根据实际情况就地对母线电压进行设置。

1) S_{rem},设备远方控制状态;

2) S_{loc},设备就地控制状态;

3) S_{off},设备故障或停机。

2. 状态转移

状态转移如图 3-44 所示。

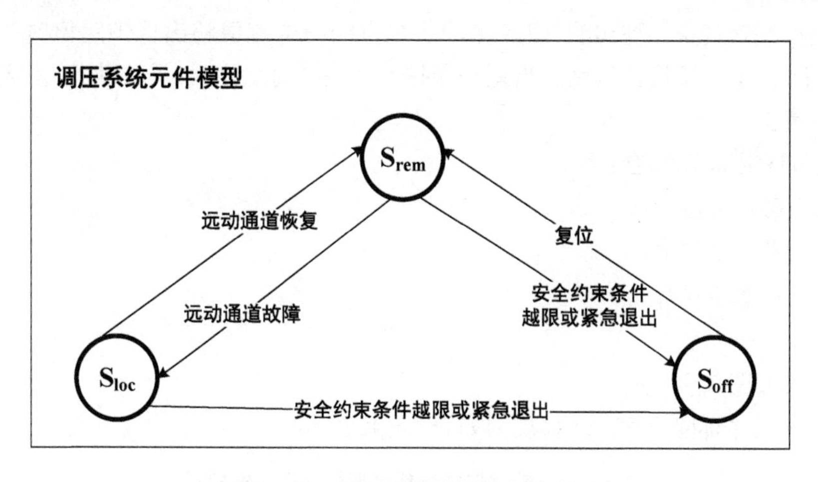

图 3-44　调压系统有限状态转移图

调压系统的状态转换规则如表 3-44 所示。

3. 元件属性

对于调压系统而言,其扩展的属性为工作模式以及其是否正常工作。调压系统的系统输入值为采集数据信息,其输出值为发出的控制指令。

表 3-44 调压系统状态转换规则

			初始状态		
			S_{rem}	S_{loc}	S_{off}
迁移状态	S_{rem}	事件驱动	无	远动通道恢复	复位
	S_{loc}	事件驱动	远动通道故障	无	无
	S_{off}	事件驱动	安全约束条件越限或紧急退出	安全约束条件越限或紧急退出	无

4. 工作函数

主站系统向调压系统发送电压控制指令信号 $U(t)$。$S(t)=\{f_{-remote}(u(t)),f_{-local}(u(t))\}$ 为 AVC 得出的无功控制方案，$f_{-remote}$ 为远动控制下的无功控制计算逻辑，f_{-local} 为就地控制下的无功控制计算逻辑。

1) S_{rem} 状态下的工作函数：

$$S(t)=f_{-remote}(u(t)) \tag{3-41}$$

2) S_{loc} 状态下的工作函数：

$$S(t)=f_{-local}(u(t)) \tag{3-42}$$

3) S_{off} 状态下的工作函数：

$$S(t)=\text{null} \tag{3-43}$$

3.2.3.7 差动保护元件

1. 元件状态

设定差动装置具备 1 种功能，即当保护装置量测的电流值超出保护定值时执行“断开”动作，其受主站/子站等设备控制。当差动保护元件失效时由主站/子站决策是否立即重启/检修量测装置。

差动保护有限状态集合：

1) S_0，设备正常运行；

2) S_1，设备出现故障；

3) S_2，设备重启/检修。

2. 状态转移

状态转移如图 3-45 所示。

差动保护元件模型的状态迁移规则如表 3-45 所示。

表 3-45 差动保护元件模型的状态迁移规则

		初始状态		
		S_0	S_1	S_2
迁移状态	S_0	无	无	故障已修复
	S_1	功能失效	无	无
	S_2	无	开始设备重启或修复	无

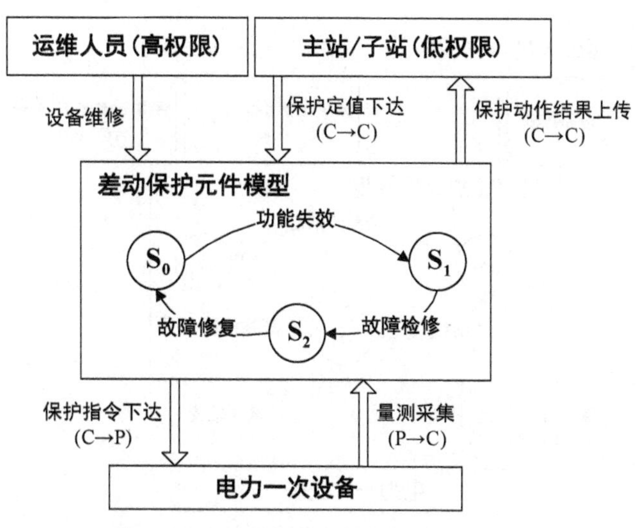

图 3-45　差动保护元件有限状态转换图

3. 元件属性

差动保护装置采集电力一次设备两端的电流差及设定的保护定值 $X(t)=(I_{\text{in}}(t), I_{\text{out}}(t))$，其中 $I_{\text{in}}(t)$ 与 $I_{\text{out}}(t)$ 分别为两侧的电流感知量。差动保护装置比较 $|I_1(t)-I_2(t)|$ 与已设定的保护定值 $I_{\text{thresh}}(t)$ 的差值，并下达保护指令 $Y(t)$，其值为 1，则执行动作使保护装置断开，否则差动保护装置不动作。

4. 工作函数

1) S_0 状态下的差动保护元件模型工作函数：

$$Y(t)=\begin{cases}1, & |I_{\text{in}}(t)-I_{\text{out}}(t)|\geqslant I_{\text{thresh}}(t)\\ \text{null}, & |I_{\text{in}}(t)-I_{\text{out}}(t)|<I_{\text{thresh}}(t)\end{cases} \tag{3-44}$$

2) S_1 状态与 S_2 状态，差动保护元件模型功能失效，无工作函数。

3.2.3.8　过流保护装置

1. 元件状态

过流保护装置具备 1 种功能，即当该装置量测的电流值超出保护定值时执行“断开”动作，其保护定值受主站/子站等设备控制。当过流保护元件失效时，由主站/子站决策是否立即重启/检修量测装置。

过流保护有限状态集合：

1) S_0，设备正常运行；

2) S_1，设备出现故障；

3) S_2，设备重启或设备维修检修。

2. 状态转移

状态转移如图 3-46 所示。

过流保护元件模型的状态迁移过程如表 3-46 所示。

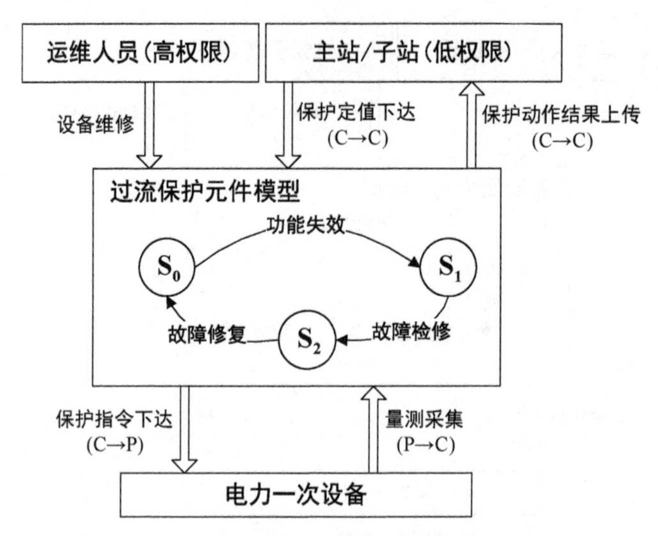

图 3-46 过流保护元件有限状态转换图

表 3-46 过流保护元件模型的状态转换规则

		初始状态		
		S_0	S_1	S_2
迁移状态	S_0	无	无	故障已修复
	S_1	功能失效	无	无
	S_2	无	开始设备重启或修复	无

3. 元件属性

过流保护装置采集电力一次设备负载电流 $I(t)$ 及其持续时长 Δt。过流保护装置比较 $I(t)$ 与设定保护定值 $I_{\text{thresh}}(t)$ 的大小，以及负载电流持续时长 Δt 与保护定值时间阈值，如式(3-45)。保护指令为 $Y(t)$，其值为 1，则执行动作使保护装置断开，其值为空则过流保护装置不动作。

4. 工作函数

1) S_0 状态下的过流保护装置元件模型工作函数：

$$Y(t)=\begin{cases}0, & |I(t)|>I_{\text{thresh}}(t) \text{ 且持续时间大于 } t_{\text{thresh}} \\ \text{null}, & |I(t)|\leqslant I_{\text{thresh}}(t) \\ \text{null}, & |I(t)|>I_{\text{thresh}}(t) \text{ 且持续时间小于 } t_{\text{thresh}}\end{cases} \tag{3-45}$$

2) S_1 状态下的差动保护工作函数：

$$Y(t)=\begin{cases}1, & (I(t)>I_{\text{thresh}}(t)) \wedge (\Delta t>t_{\text{thresh}}) \\ \text{null}, & (I(t)>I_{\text{thresh}}(t)) \wedge (\Delta t\leqslant t_{\text{thresh}}) \\ \text{null}, & (I(t)\leqslant I_{\text{thresh}}(t))\end{cases} \tag{3-46}$$

3) S_1 状态与 S_2 状态，过流保护元件模型功能失效，无工作函数。

3.2.3.9　量测单元

1. 元件状态

量测装置可以采集一次设备中的电流、电压等潮流量,并将结果反馈至主站/子站。当量测装置元件失效时由主站/子站决策是否立即重启/检修量测装置。

1) S_0,设备正常运行;

2) S_1,设备出现故障;

3) S_2,设备重启/检修。

2. 状态转移

状态转移如图 3-47 所示。

量测装置元件模型的状态转换规则如表 3-47 所示。

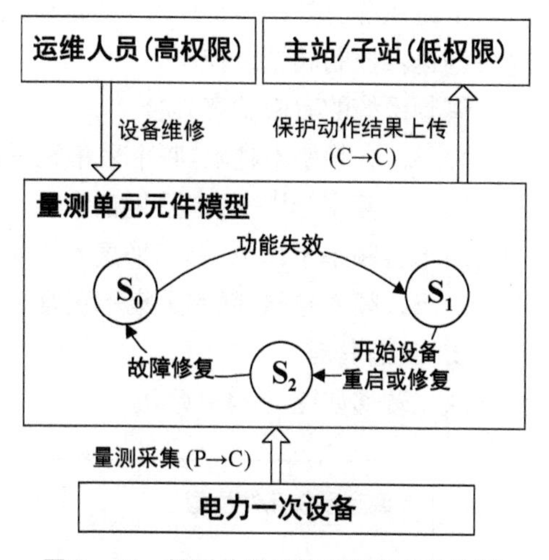

图 3-47　量测单元元件有限状态转换图

表 3-47　控制子站状态转换规则

		初始状态		
		S_0	S_1	S_2
迁移状态	S_0	无	无	故障已修复
	S_1	功能失效	无	无
	S_2	无	开始设备重启或修复	无

3. 元件属性

量测装置元件模型采集来自电力一次设备的电流、电压数据等运行参数 $F_t(U, I, \cos\varphi, P, Q)$,并将量测数据反馈至主站/子站。

4. 工作函数

1) S_0 状态下量测装置元件模型的工作函数为

$$F_t(U, I, \cos\varphi, P, Q) = S_t \wedge \text{flow}_t$$
$$\text{s.t.} \begin{cases} S_t = 1, & \text{量测元件正常工作} \\ S_t = 0, & \text{量测元件功能失效} \end{cases} \tag{3-47}$$

式中,$F_t(U, I, \cos\varphi, P, Q)$ 为 t 时刻量测装置元件模型可获知的潮流观测量,包括电压、电流、功角、有功、无功等;S_t 为 t 时刻量测元件模型的工作状态标示量;flow_t 为 t 时刻潮流。

2) S_1 与 S_2 状态量测装置元件模型功能失效,无工作函数。

3.2.3.10　调频系统

1. 元件状态

GCPS 调频系统根据频率采集值控制并调节发电机元件的有功出力。每一次频率采集数据可视作一个数据实体,它将以事件实体(entity)的形式被传送到频率控制服务器。服务器根据当前物理系统状态(当前系统频率是否越限)以及信息系统状态(频率采集是否超时)，推断系统所处的运行模态，根据对应运行模态下的控制策略进行控制指令计算，并对发电机调速器控制阀施以控制。

调频系统的有限状态集合：

1) S_{nornal}，频率不越限，频率采集正常；

2) S_{an}，频率越限，频率采集正常；

3) S_{na}，频率不越限，频率采集不正常；

4) S_{aa}，频率越限，频率采集不正常。

2. 状态转移

状态转移如图 3-48 所示。

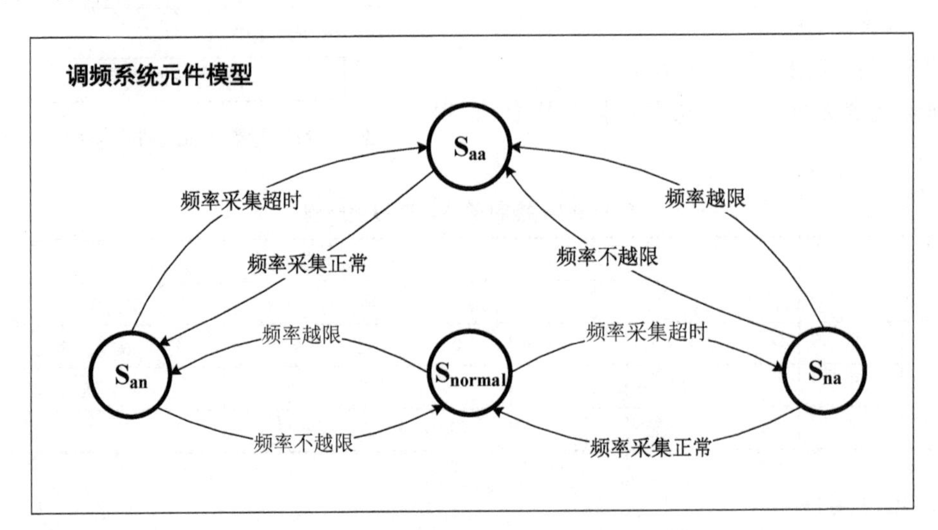

图 3-48　GCPS 调频系统的混合有限状态机模型

调频系统的状态转换规则如表 3-48 所示。

表 3-48　调频系统状态转换规则

			初始状态			
			S_{normal}	S_{an}	S_{na}	S_{aa}
迁移状态	S_{nornal}	事件驱动	无	频率不越限	频率采集正常	无
	S_{an}	事件驱动	频率越限	无	无	频率采集正常
	S_{na}	事件驱动	频率采集超时	无	无	频率不越限
	S_{aa}	事件驱动	无	频率采集超时	频率越限	无

3. 元件状态

调频系统的扩展属性在于其工作状态标志位，即是否越线、是否采集正常等。调频系统的输入值即频率采样数据，输出值即调频控制信号。

4. 工作函数

为确定完备的运行模态，首先需要对信息、物理空间中可能出现的所有运行状态加以分析。物理空间可能出现的运行状态如下。

(1) 频率不越限

当频率在合理范围内时，采用正常调频策略。控制值为

$$\Delta p_{\mathrm{ctrl}}=-\frac{1}{2\pi S}\Delta\omega \tag{3-48}$$

其中，S 为发电机的有功调差系数。

(2) 频率越限

当频率超过阈值时，采用紧急调频策略。在正常调频控制值的基础上添加频率偏差的积分项，使系统能够快速减小频率偏差，恢复频率至合理区间。

$$\Delta p_{\mathrm{ctrl}}=\left(-\frac{1}{2\pi S}-k_p-\frac{k_i}{s}\right)\Delta\omega \tag{3-49}$$

信息空间可能出现的运行状态如下。

1) 频率采集正常时，系统动态方程组由下式描述：

$$\begin{cases} J_{\mathrm{gen}}\dfrac{\mathrm{d}\Delta\omega^t}{\mathrm{d}t}=\Delta p_{\mathrm{tur}}-\Delta p_{\mathrm{grd}}-D_{\mathrm{gen}}\Delta\omega^t \\ T_{\mathrm{tur}}\dfrac{\mathrm{d}\Delta p_{\mathrm{tur}}}{\mathrm{d}t}=K_{\mathrm{tur}}\Delta a-r_{\mathrm{tur}}\Delta p_{\mathrm{tur}} \\ T_{\mathrm{vav}}\dfrac{\mathrm{d}\Delta a}{\mathrm{d}t}=K_{\mathrm{vav}}\Delta p_{\mathrm{ctrl}}-r_{\mathrm{vav}}\Delta a \end{cases} \tag{3-50}$$

上式中的三个式子分别描述转子动态、原动机涡轮动态以及调速器阀门动态。

2) 频率采集超时，这可能是由于设备故障，或者因为调频服务器不能及时处理频率采集值(如信息拥塞攻击，使服务器来不及服务实时频率采集值)。此时服务器将检测到频率采集超时，无法根据频率采集值计算合适的控制指令。针对这个问题，借助“冗余”的电磁功率采集值，对当前系统的状态进行估计，计算得到一个可信的频率估计值以替代频率采集值参与控制指令计算。

以频率采集超时前最近一次频率采集值作为初始值，并将对应的时刻 t_0 作为初始点。从初始点开始，估计当前时刻的系统频率。

首先，将上述方程化为标准状态方程。频率不越限时，式(3-49)是一个线性关系式，可直接代入式(3-50)第三式进行消元。并令状态向量：

$$x=[\Delta\omega^t \quad \Delta p_{\mathrm{tur}} \quad \Delta a]^{\mathrm{T}} \tag{3-51}$$

则标准状态方程为

$$\dot{x}=\begin{bmatrix} \dfrac{-D_{\mathrm{gen}}}{J_{\mathrm{gen}}} & \dfrac{1}{J_{\mathrm{gen}}} & 0 \\ 0 & \dfrac{-r_{\mathrm{tur}}}{T_{\mathrm{tur}}} & \dfrac{K_{\mathrm{tur}}}{T_{\mathrm{tur}}} \\ \dfrac{-K_{\mathrm{vav}}}{2\pi S T_{\mathrm{vav}}} & 0 & \dfrac{-r_{\mathrm{vav}}}{T_{\mathrm{vav}}} \end{bmatrix}x+\begin{bmatrix} \dfrac{-1}{J_{\mathrm{gen}}} \\ 0 \\ 0 \end{bmatrix}\Delta p_{\mathrm{grd}} \tag{3-52}$$

频率越限时，紧急频率控制下，控制值的一部分由频率偏差的积分项组成，因此控制值 Δp_{ctrl} 也成为一个状态变量，状态方程变为 4 阶。此时，状态向量为

$$x = [\Delta\omega^t \quad \Delta p_{\text{tur}} \quad \Delta a \quad \Delta p_{\text{ctrl}}]^{\text{T}} \tag{3-53}$$

经过化简计算，得到状态方程：

$$\dot{x} = \begin{bmatrix} \dfrac{-D_{\text{gen}}}{J_{\text{gen}}} & \dfrac{1}{J_{\text{gen}}} & 0 & 0 \\ 0 & \dfrac{-r_{\text{tur}}}{T_{\text{tur}}} & \dfrac{K_{\text{tur}}}{T_{\text{tur}}} & 0 \\ 0 & 0 & \dfrac{-r_{\text{vav}}}{T_{\text{vav}}} & \dfrac{K_{\text{vav}}}{T_{\text{vav}}} \\ K_g D_{\text{gen}} - K_i & -K_g & 0 & 0 \end{bmatrix} x + \begin{bmatrix} \dfrac{-1}{J_{\text{gen}}} \\ 0 \\ 0 \\ K_g \end{bmatrix} \Delta p_{\text{grd}} \tag{3-54}$$

$$K_g = \frac{1 + 2\pi S k_p}{2\pi S J_{\text{gen}}} \tag{3-55}$$

统一写作：

$$\dot{x} \triangleq \Phi x + c\Delta p_{\text{grd}} \tag{3-56}$$

接下来利用初始点与系统状态方程对当前时刻频率值进行估算。式(3-56)属于常微分方程组，为得到更可靠的动态估计结果，利用四阶 Runge-Kutta 公式对系统状态向量进行估计。

$$\begin{cases} h_t = p_{\text{grd}}^{t+\Delta} - p_{\text{grd}}^t \\ x^{t+\Delta} = x^t + \dfrac{ht}{6}(k_1 + 2k_2 + 2k_3 + k_4) \\ k_1 = \Phi x^t + c p_{\text{grd}}^t \\ k_2 = \Phi\left(x^t + \dfrac{h_t}{2}k_1\right) + c\left(p_{\text{grd}}^t + \dfrac{h_t}{2}\right) \\ k_3 = \Phi\left(x^t + \dfrac{h_t}{2}k_2\right) + c\left(p_{\text{grd}}^t + \dfrac{h_t}{2}\right) \\ k_4 = \Phi(x^t + h_t k_3) + c(p_{\text{grd}}^t + h_t) \end{cases} \tag{3-57}$$

取合适的时域步长 Δ，使控制周期(采样间隔时间)为时域步长的整数倍。按此方法，根据上式计算得到的系统状态可作为下一控制时刻系统状态的一个有效估计，从而在频率采集值丢失的情况下间接地实现频率控制。

调频系统在四个状态下的工作函数可以看作是以上四种情况下的排列组合，在 S_{nornal} 状态下，其工作函数是频率不越限和频率采集正常时工作函数的集合。在 S_{an} 状态下，其工作函数是频率越限和频率采集正常时工作函数的集合。在 S_{na} 状态下，其工作函数是频率不越限和频率采集不正常时工作函数的集合。在 S_{aa} 状态下，其工作函数是频率越限和频率采集不正常时工作函数的集合。

3.2.3.11　电流传感器

1. 元件状态

电流传感器用于传感电流状态，分为正常工作和功能失效，可通过连接的电流表等检测仪表进行状态检测。电流传感器的有限状态集合：

1) $S_{abnormal}$，失灵状态；

2) S_{normal}，正常状态。

2. 状态转移

状态转移如图3－49所示。

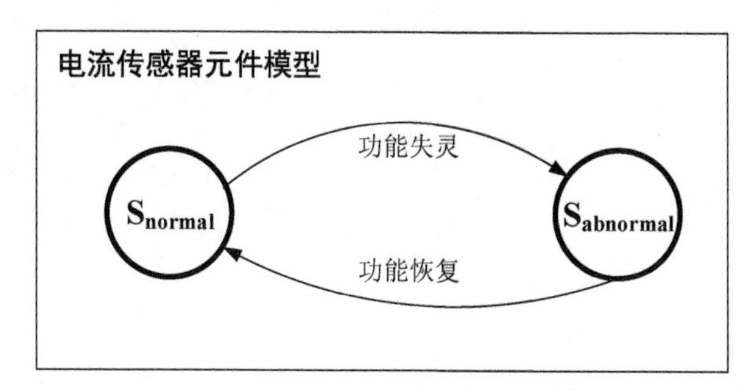

图3－49　电流传感器有限状态转换图

电流传感器的状态转换规则如表3－49所示。

表3－49　电流传感器状态转换规则

			初始状态	
			$S_{abnormal}$	S_{normal}
迁移状态	$S_{abnormal}$	事件驱动	无	功能失灵
	S_{normal}	事件驱动	功能恢复	无

电流传感器的工作扩展属性为是否正常工作，电流传感器对于系统而言，输入量是其采集对象的电流值(物理量)，输出量是采集的测量值。

对于电流传感器而言，在S_{normal}状态下，其工作特征是能够准确量测对象电流值。而在$S_{abnormal}$状态下，电流传感器不能正常工作，其工作特征是量测值始终为0，考虑到这是一种功能性描述，因此不用一个具体公式描述其工作特征。

3.3　小结

本章提出了一种基于有限状态自动机的GCPS元件建模方法，利用有限状态集合、工作函数对元件模型对各状态内部的特性进行描述，同时利用状态转移规则对GCPS元件模型状态间的动态转换方法进行描述。

本章利用有限状态机理论对GCPS元件建模展开研究，提出了面向不同元件类型的有限状态机模型，得到以下主要结论：

1）针对电网信息物理系统元件，采用扩展有限状态机的方法建立元件模型，模型能够充分表达元件的工作状态、耦合事件驱动、状态转换规则、运行特征与输入/输出量、工作状态的函数等静态动态特征。剖析了 GCPS 元件的有限工作状态集合、不同状态下的工作函数、状态迁移规则及其触发机制、元件模型之间的输入与输出量。

2）建立了基于有限状态机的 CPS 元件模型 48 种（基础有限状态机模型 13 种，扩展有限状态机模型 35 种），其中物理层元件 26 种，信息层元件 11 种，融合层元件 11 种。元件选取原则：覆盖 C、P 及 CP 融合三个层面；覆盖“源-网-荷-储”角度；所选元件满足系统级分析需求。

第4章

电网信息物理系统建模的混合系统方法

电网信息物理系统建模是电网信息物理系统的研究和应用基础，在分析电网信息物理系统特征和需求的基础上，提出基于混合系统的融合建模方法，实现电网信息物理系统物理过程和信息过程的融合，提出电网信息物理建模系统级融合理论框架以及针对3个典型应用场景的建模方法。

4.1 电网信息物理系统建模需求

传统的信息模型集中反映描述同一电网对象或业务场景的自由信息交互与理解，实现电网上下的信息互通，电网信息流与能量流共存形式日益复杂，需形成满足功能需要、兼顾电网未来发展的信息传递结构。

"分析控制模型"需要反映电网信息系统和物理系统融合机理，实现融合控制的核心模型基础，可分为三个部分：连续特性与离散特性融合、物理过程与信息过程融合、预测信息与预测模型。

"连续特性与离散特性融合"与电网一次系统设备在状态变化前后的工作规律有关，描述了一次设备控制运行中的连续物理特性与离散状态切换之间的关系。运行时，一次设备的状态与输出是关于时间的连续变化，而因外界控制或自身演变导致的运行状态切换将作为一种扰动形式，中断并且可能改变既有的连续变化规律。这样，设备将以状态切换前的变化规律终态值为初始状态，根据新的运行规律继续进行连续变化。此外，无论一次设备的状态切换如何引起，信息控制系统对受控对象的观测和控制是按照一定时间间隔离散进行的，这也表明电网一次设备运行控制是连续与离散的融合过程。因此，在生成控制量时，不光要考虑受控一次设备物理过程的连续特性，还要考虑对象因量测、受控或自身演变导致的离散状态变化。

"物理过程与信息过程融合"是在考虑了连续特性与离散特性融合的基础上，把电网运行控制信息的量测、计算、传递过程对一次系统的时延影响也融入控制量中。其中，信息过程指的是为了控制信息在生成过程中可能需要经历的计算节点和传递节点，反映控制网络的拓扑结构；同时，信息过程还包含了控制信息生成过程中，所经历的各个计算节点和传递节点之间的先后顺序和时间关系，反映控制网络的工作逻辑。拓扑结构是固有的静态属性，不受时间变化的影响；工作逻辑与顺序、时间相关，但并非以连续变化的形式呈现，而是随时间和场景切换的离散过程，可以视为随着时间递进和场景变化进行刷新。

图 4-1 描述了分析控制模型中的物理过程与信息过程融合，这一融合不仅反映了电网的信息系统和物理系统之间以信息为媒介的相互作用机制，还分别体现了两系统以及两系统之间在工作方式、运行特性上的以“连续特性与离散特性融合”为主要特征的统一。

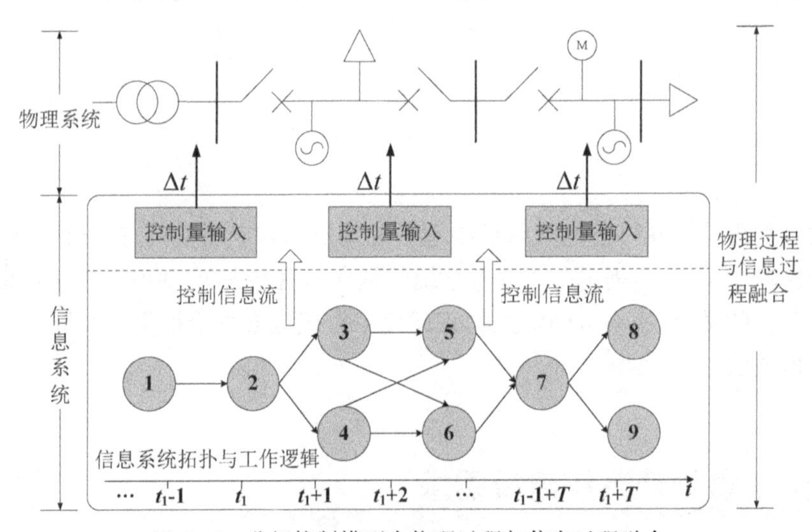

图 4-1 分析控制模型中物理过程与信息过程融合

从“分析控制模型”的两种融合中可以看出，连续和离散分别是物理系统、信息系统的主要属性。通过两种融合可构造信息物理系统的混合系统模型，即受控系统的预测模型，结合预测信息，采用滚动优化实施基于混合系统的优化控制。

4.2 基于混合系统的电网信息物理建模理论框架

系统级信息-融合建模理论框架考虑以微分代数方程、有限状态机、混合逻辑动态分别描述 GCPS 的连续动态演变、离散状态切换及状态切换逻辑规则，形成宏观融合建模的理论框架。考虑计算、通信、控制等 GCPS 特性的运行特性分析、预警分析与风险控制、自趋优控制等场景因素分析，实现从建模理论框架到应用场景建模的过渡，如图 4-2 所示。

作为典型的应用场景，结合混合系统理论实现多应用场景的融合建模，根据应用场景特化多精度映射，采用流模型、事件模型、混合逻辑动态模型等建模方法分别构建面向运行特性分析、安全预警、优化控制等不同应用场景的各信息物理融合模型。

首先，建立元件级 CPS 模型。元件级 CPS 模型用于描述各受控元件的物理运行特性（如多模态切换特性、状态演化规律），即 GCPS 的局部或“微观”动态过程。采用混合逻辑动态（代数方程形式）和有限状态机模型（模态迁移形式）两类方法加以刻画。

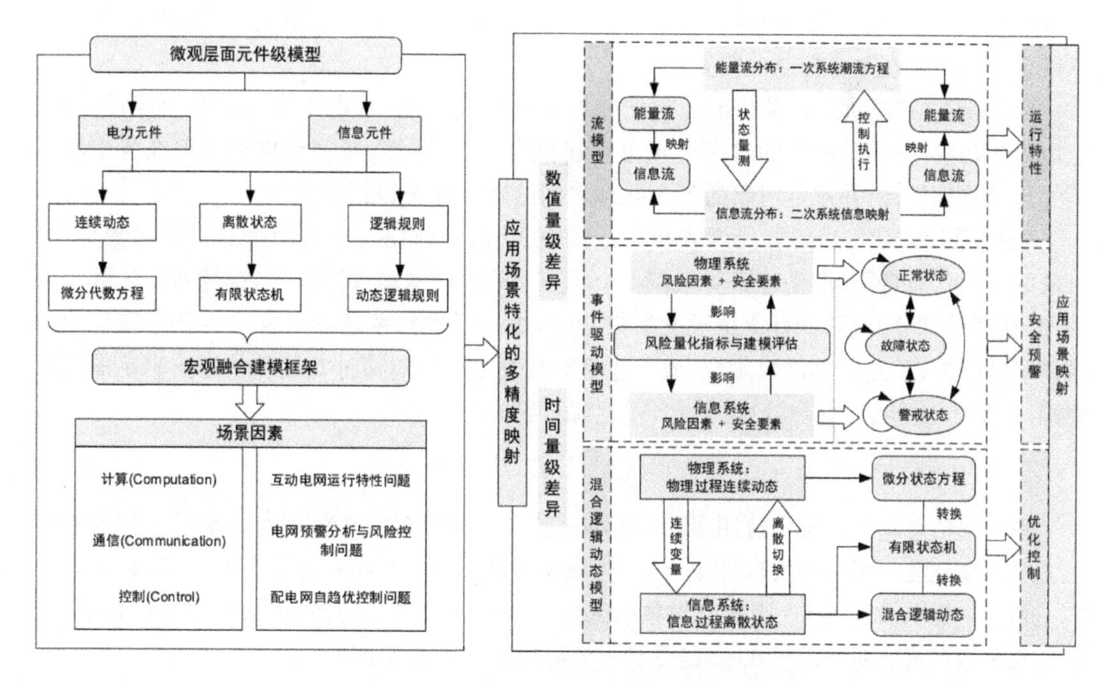

图 4-2　多场景信息-物理融合建模理论框架

接下来，在元件级 CPS 模型的基础上进一步构建系统级 CPS 模型。系统级 CPS 模型反映了系统“宏观”层面的动态演化规律，本研究采用了两类模型进行刻画：混合流模型和事件驱动模型。在混合流模型中，采用混合逻辑动态方法将元件级 CPS 模型转化为等价的离散差分代数方程与不等式组，并与描述信息交互过程的代数方程相整合，从而实现物理-信息过程的系统级融合。混合流模型中，表达式均基于代数方程/不等式，建立了系统动态推演的数学模型。在事件驱动模型中，定义 CPS 事件作为元件间的交互媒介，并充当外部输入驱动元件动态演化。基于符号化的事件模型，约定不同元件间的信息交互内容和事件触发判据，用于刻画多个 CPS 元件间的协同交互逻辑；同时，对有限状态机形式的元件级 CPS 模型的每个模态进一步添加描述物理动态的方程组与不等式组，形成混杂自动机模型用于定量推演元件自身的动态演化过程，其计算结果将用于 CPS 事件触发判据的定量校验。

最后，将上述两类融合建模理论框架运用于三大类应用场景：GCPS 的运行特性分析、系统级优化控制、安全预警。运行特性分析与优化控制两类应用场景依赖于精细化的系统/元件数学模型，以用于潮流计算、优化模型构建与求解，因此考虑以混合流模型为基本建模框架并加以延拓。在安全预警应用场景中，需对跨空间连锁故障预想事故集中的每一类故障推导其事件链并评估损失，因此考虑采用事件驱动模型作为推演事件链演化过程的基本模型。

4.3　电网信息物理混合逻辑动态模型

根据电网信息物理系统的特点和实际应用需求，有限状态机(finite state machine,

FSM)模型和混合逻辑动态(mixed logical dynamical, MLD)模型能够满足构建电网信息物理融合模型及实现融合控制的需要。

FSM通过有限状态以及状态之间的转换表示建模对象,常用于嵌入式系统建模、软件应用行为建模,数字电路中的时序逻辑电路建模等,能够详细、精确地描述对象在各个状态下的连续物理规律,并规定对象的各个状态之间的转移时序和逻辑规则。

FSM采用式(4-1)的五元组表示[1]。其中,Q表示建模对象有限数量的状态集合,是对象的离散状态特征;F是建模对象在各个状态下的物理运动规律集合,描述对象连续动态特性,通常用微分方程表示;G是触发事件集合,由一系列导致建模对象发生状态转移或停滞的事件组成;E是转移函数集合,表示建模对象发生状态转移时变量和状态需满足的映射规则;I表示初始状态集合,设定了FSM建模对象的初始状态。

$$A=\{Q,\ F,\ G,\ E,\ I\} \tag{4-1}$$

在电网信息物理系统中应用FSM,能够反映一次建模对象在受到各种离散事件触发情况下的连续特性。可将触发事件集合G划分为内部事件G_{in}和外部事件G_{out},即满足$G=G_{\text{in}}\cup G_{\text{out}}$。其中$G_{\text{in}}$表示了因建模对象内部变量因素导致状态切换,由对象本身属性确定,如对象的运行状态超过限值;G_{out}是受到外界触发导致的状态切换。

转移函数集合E包含状态转移映射E_{s}以及动态转移映射E_{d},即满足$E=E_{\text{s}}\cup E_{\text{d}}$。当电网信息物理系统中的一次系统或设备发生状态转移或保持不变时,都可通过FSM中的元素描述为式(4-2)的状态转移映射,表示一次系统或设备的运行状态从q_i依据映射E_{s}转移到了q_j,其中$q_i, q_j\in Q$。

$$E_{\text{s}}\colon Q\cap G=Q \tag{4-2}$$

建模对象状态转换后,状态下的物理运动规律也将随之改变,即从状态q_i的动态特性f_i变化至状态q_j的动态特性f_j,其中$f_i, f_j\in F$,且转移需满足式(4-3)的动态转移映射。

$$E_{\text{d}}\colon F\cap G=F \tag{4-3}$$

尽管FSM与MLD都用于混合系统建模,但FSM中的离散元素都与连续的物理规律是隔离的,不能以方程的形式统一描述。这主要是因为FSM中的转移函数集合E以及触发事件集合G的建模方式采用逻辑语言表达,且没有与Q和F融合。MLD通过设置逻辑变量,将逻辑表达转换为数学方程形式[2],使FSM中的离散与连续能够统一起来。

也就是说,以逻辑变量δ表达的逻辑命题,其中$\delta\in\{0,\ 1\}$,与G和E中以逻辑方式描述的触发事件和转移映射形成逻辑关系,同时结合FSM元素F与Q,将逻辑关系转换为包含δ的混合整数线性不等式,并以δ在F的元素f_i中增加或替代关于动态转移映射E_{d}的部分,形成如式(4-4)的混合逻辑动态模型[3]。

$$\begin{aligned}
&x(t+1)=A_i x(t)+B_{u}u(t)+B_{2t}\delta(t)+B_{3t}z(t)\\
&y(t)=C_i x(t)+D_{u}u(t)+D_{2t}\delta(t)+D_{3t}z(t)\\
&E_{2t}\delta(t)+E_{3t}z(t)\leqslant E_{4t}x(t)+E_{1t}u(t)+E_{5t}
\end{aligned} \tag{4-4}$$

其中,$x(t)$、$u(t)$、$y(t)$分别是建模对象状态变量、控制变量以及输出变量,共同构成了对象在一个状态下的动态特性 f，而 $u(t)$ 属于外部触发事件 G_{out}，通过控制方式改变 $x(t)$。$\delta(t)$ 决定了建模对象的所处状态 q，也就决定了 f。在部分情况下，以 $\delta(t)$ 表达的命题和内部事件 G_{in} 建立逻辑关系，而当 $u(t)$ 属于有限离散形式的控制量时，也将与 $\delta(t)$ 建立关系，并被 $\delta(t)$ 所取代。$z(t)$ 是辅助变量，没有实际物理意义，通常用于取代诸如多个逻辑变量相乘或函数与逻辑变量相乘一类的复杂情形，以简化表达。

式(4-4)中的不等式部分就是经过 δ 转换的混合整数线性不等式，这样 FSM 中全部的逻辑表达以及无法以方程形式描述的离散关系，均已与连续动态规律融合。

从上面的分析中可以发现，式(4-1)的各个元素以及元素之间的联系均与在式(4-4)的 MLD 模型中存在对应关系，两者是可以等价的，可以进行相互转化。这使得电网信息物理系统中广泛存在的逻辑命题也能够作为一次系统和设备的物理动态规律的组成部分，参与到混合系统整体的分析和应用中。

分别就电网信息物理系统"分析控制模型"中"连续特性与离散特性融合"和"物理过程与信息过程融合"两种融合进行建模和讨论。

4.3.1　连续特性与离散特性融合

信息物理融合建模对象关注的是多种可切换状态的融合，也就是动态特性 f 与对象自身状态 $x(t)$ 或是 f 与外部触发 $u(t)$ 的关系。

首先构造 FMS 五元组模型。对于一个电网信息物理系统一次系统或设备的物理模型，可描述为如式(4-5)的分段状态方程：

$$
\begin{aligned}
q_1 &\rightarrow f_1:\ \dot{x}(t)=A_1x(t)+B_1u(t) \quad \text{if} \quad L_1 \\
q_2 &\rightarrow f_2:\ \dot{x}(t)=A_2x(t)+B_2u(t) \quad \text{if} \quad L_2 \\
&\vdots \qquad\qquad \vdots \qquad\qquad\qquad\qquad \vdots \\
q_n &\rightarrow f_n:\ \dot{x}(t)=A_nx(t)+B_nu(t) \quad \text{if} \quad L_n
\end{aligned}
\tag{4-5}
$$

其中，五元组元素 F 包含了该对象的 n 个状态方程 $f_1, f_2, \cdots, f_n$，它们分别对应元素 Q 中的 n 个对象运行状态 $q_1, q_2, \cdots, q_n$。各个状态以及所对应的状态方程分别在满足 n 种逻辑条件 $L_1, L_2, \cdots, L_n$ 的情况下得到触发，因而 $L_1, L_2, \cdots, L_n$ 属于元素 G。

需要加以区分的是，若逻辑条件 L_i 与状态变量 $x(t)$ 有关，则 $L_i \in G_{in}$，这种情况下建模对象可能随着 $x(t)$ 的变化趋势改变自有属性，也可能在 $x(t)$ 进入逻辑条件限定的区间时由外界触发切换；若 L_i 与控制量 $u(t)$ 有关，$L_i \in G_{out}$，由于是有限状态，意味着 $u(t) \in \{u_1, u_2, \cdots, u_n\}$，对象在 t 时刻根据选取的控制指令决定所处状态和动态特性。

至于元素 E，也分为两种情况讨论。当对象的状态切换与 G_{in} 相关，无论是自行改变属性还是由外界操动，其前往的新状态都是由 $x(t)$ 决定的，因此 $E=G_{in}$；而状态切换与 G_{out} 有关时，尽管有限数量的 $u(t)$ 是对象各状态之间相互区分的标志，但即将前往的新状态并不由对象自身决定，而是由控制器根据状态连接关系决定。

完成 FSM 建模后，将其转化为 MLD 模型。由于本节关注受控对象两种特性的融合，所以会注意到控制器发出控制指令 $u(t)$，或者在监视到 $x(t)$ 变化后改变受控对象状态，都按照一定时间步长进行，是一个离散过程。因此可对式(4-5)进行离散化，得到如式(4-6)

的递进状态方程：

$$q_i \rightarrow f_i: x(t+\Delta t)=Ax(t)+Bu(t) \quad \text{if } L_i \tag{4-6}$$

若受控对象的 L_i 是关于 $x(t)$ 的逻辑命题，记为 $L_i[x(t)]$，那么可以对此命题设置逻辑变量 $\delta_i(t)$，并建立关于 $\delta_i(t)$ 的逻辑命题 $L_i[\delta_i(t)]$，并满足式(4-7)，表示在两命题之间存在等价关系。

$$L_i[\delta_i(t)] \leftrightarrow L_i[x(t)] \tag{4-7}$$

此外，在一些复杂情况下，还可能在多个 $L_i[\delta_i(t)]$ 之间建立组合逻辑关系，如"与"($\cap$)、"并"($\cup$)、"非"($\sim$)、"蕴含"($\rightarrow$)、"异或"($\oplus$)等。

包括式(4-7)在内的对应关系均满足附录C.1的真值表。根据附录C.2的逻辑命题转换关系，使式(4-7)转变为关于 $x(t)$ 的不等式 $\text{Ine}[x(t)]$。

同时，采用 $\delta_i(t)$ 替换 L_i 并代入式(4-6)，组成如式(4-7)的全状态模型。这样，式(4-4)中所有的动态规律和状态都融合在一个表达式中。其中，z 存在 f 与 δ 的乘积项，可根据附录C.2关系转化为关于 f 的不等式 $\text{Ine}[f]$，从而得到 z 的取值范围。

$$Q \rightarrow F \Rightarrow z(t)=f_1 \cdot \delta_1(t)+f_2 \cdot \delta_2(t)+\cdots+f_i \cdot \delta_i(t)+f_n \cdot \delta_n(t) \tag{4-8}$$

考虑 $x(t)$ 的取值限制，结合式(4-7)、(4-8)以及相关不等式，可得到如式(4-9)的MLD模型：

$$\begin{aligned} & x(t+\Delta t)=z(t) \\ & \text{s.t.}\ \ \text{Ine}[x(t)];\ \text{Ine}[f];\ x(t) \in [x_{\min},\ x_{\max}] \end{aligned} \tag{4-9}$$

若受控对象的 L_i 是关于 $u(t)$ 的逻辑命题，对 n 个 $u(t)$ 的可能状态选择分别设置逻辑变量 $\delta_i(t)$，使其满足式(4-10)。

$$[\delta_i(t)=1] \leftrightarrow [u(t)=u_i] \tag{4-10}$$

将式(4-10)作为 $u(t)$ 的选择系数代入式(4-6)，构成如式(4-11)的全状态模型。这样，式(4-5)中在 n 个可能控制量作用下的动态规律都融合在一起。

$$x(t+\Delta t)=Ax(t)+B \cdot [u_1,\ u_2 \cdots u_n] \cdot \delta(t) \tag{4-11}$$

由于在任意时刻，同一个建模对象仅可能处于一种运行状态，即受到一种控制量的作用，同时因为 $\delta \in \{0,\ 1\}$，所以在任意时刻 t，n 个逻辑变量取值之和只能等于1。考虑 $x(t)$ 的取值限制，可得到式(4-12)的不等式约束。

$$\sum_{i=1}^{n} \delta_i(t)=1;\ x(t) \in [x_{\min},\ x_{\max}] \tag{4-12}$$

式(4-11)与式(4-12)组成了受到外界触发 G_{out} 情况下的MLD模型。

4.3.2　物理过程与信息过程融合

此类融合将时延等信息系统运行过程可能对物理过程产生的影响，考虑在4.3.1节所得模型中，着重关注电网信息物理系统作用于 Physical（一次系统）部分的外部触发 $u(t)$ 与形成 $u(t)$ 的 Cyber 部分的状态 Q、触发事件 G 以及转移函数 E 的关系。

与 4.3.1 节类似，首先构造 FSM 五元组模型。$u(t)$ 与动态特性 f_i 的关系仍可采用式(4－5)描述，各 f_i 组成元素 F，并分别与各状态 q_i 对应组成状态集合 Q。触发事件集合 G 仍由动态特性所需满足的 $x(t)$ 或 $u(t)$ 决定。

转移函数集合 E 有所不同。当动态特性考虑了信息系统以及信息过程的因素后，电网信息物理系统建模对象的状态转移规则，不仅和动态特性有关，对信息系统决策控制量的过程也会产生影响。

E 可以归纳为两种情况：① 在一个控制周期中的控制状态转移，这种情况下，控制策略预先规定了信息系统在一个控制周期中的控制状态变化总量；② 在一个控制步长中的控制状态转移，控制策略预先规定了受控对象处于当前状态时，在下一个控制步长可能处于的状态。

这里还需考虑信息系统和信息过程的状态以及状态转移。在元素 Q 中含有描述信息系统各个节点运行断面的节点状态 qc_i，使 $\Sigma q_i \cup \Sigma qc_i = Q$。各 qc_i 之间的转移函数 Ec 与信息系统的拓扑连接和工作过程相关。

可将上述 FSM 转化为 MLD 模型。离散化后，动态特性依然可以描述为式(4－6)的离散形式。通过对 $x(t)$ 或 $u(t)$ 设置逻辑变量 $\delta(t)$，并经过转换，可得到式(4－9)或式(4－11)、(4－12)的 MLD 模型。

对于 FSM 模型中元素 E，无论是上述情况中的哪一种，都可以用式(4－13)的蕴含关系(→)描述。

$$[s_i(t)=1] \rightarrow [S_i(t+\Delta t)=1] \tag{4-13}$$

其中，$s_i(t)$ 是信息系统对建模对象在 t 时刻处于第 i 个控制状态，且 $s_i(t) \in \{0, 1\}$；$S_i(t+\Delta t)$ 表示当 t 时刻控制状态处于 $s_i(t)$ 时，在 $t+\Delta t$ 时对象可能处于的状态 $s_x(t+\Delta t)$ 组成的集合，且 $s_x(t+\Delta t) \in \{0, 1\}$。

采用蕴含关系是因为，建模对象在 t 时刻处于第 i 个控制状态[命题 $s_i(t)=1$ 成立]必然会在 $t+\Delta t$ 时刻转移到 $S_i(t+\Delta t)$ 限定的某个状态[命题 $S_i(t+\Delta t)=1$]；反之不确定，这满足附录 C.1 的蕴含关系真值表。

根据附录 C.2 的转换关系，式(4－13)可转化为关于 $s_i(t)$ 以及 $S_i(t+\Delta t)$ 的不等式 $\mathrm{Ine}[s_i(t), S_i(t+\Delta t)]$。考虑到 $S_i(t+\Delta t)$ 与控制状态转移的连接关系有关，因此可将 $S_i(t+\Delta t)$ 表达为描述控制状态连接关系的关联矩阵 As 与 $s_i(t)$ 的关系，即 $\mathrm{Ine}[s_i(t), As]$。

因为 $s_x(t+\Delta t)$ 表示的是同一建模对象在 $t+\Delta t$ 时的状态，若将其表示为 $s'_x(t)$，那么可以构建式(4－14)的等式关系：

$$S_i(t+\Delta t) = s'_x(t) \tag{4-14}$$

类似的，可以得到式(4－15)的关于信息过程状态转移的蕴含关系表达式。其中 $c_i(t)$ 为信息系统第 i 个节点在 t 时刻对控制量的处理状态，且 $c_i(t) \in \{0, 1\}$；$C_i(t)$ 表示 $t+\Delta t$ 时刻控制量可能从状态 $c_i(t)$ 行进到的全部新状态 $c_x(t+\Delta t)$ 组成的集合，且 $c_x(t+\Delta t)\in\{0,1\}$。

$$[c_i(t)=1]\rightarrow[C_i(t+\Delta t)=1] \tag{4-15}$$

式(4-15)也可通过附录C.2转化为不等式，并考虑信息节点的关联关系 Ac，得到不等式 $\text{Ine}[c_i(t),Ac]$。

同样，若将 $c_x(t+\Delta t)$ 表示为 $c'_x(t)$，那么可以构建式(4-16)的等式关系：

$$c_i(t+\Delta t)=c'_x(t) \tag{4-16}$$

考虑信息系统的各个节点对信息流或计算能力存在限制，所以需通过不等式加以描述，即 $\text{Ine}[c_i(t)]$。

此外，控制状态转移与信息系统状态转移的时序关系也应通过逻辑表达加以限定，经过附录C.2转换，总是可以得到不等式 $\text{Ine}[c_i(t),s_i(t)]$。

$$\begin{aligned}&[x(t+\Delta t),s_i(t+\Delta t),c_i(t+\Delta t)]=f[x(t),u(t),\delta(t),z(t),s'_x(t),c'_x(t)]\\&\text{s.t.}\ \sum_{i=1}^{n}\delta_i(t)=1;\\&\quad\ \text{Ine}[x(t)];\ \text{Ine}[f];\ \text{Ine}[s_i(t),A_c];\ \text{Ine}[c_i(t),A_c];\\&\quad\ \text{Ine}[c_i(t)];\ \text{Ine}[c_i(t),s_i(t)];\ x(t)\in[x_{\min},x_{\max}]\end{aligned} \tag{4-17}$$

将式(4-14)、(4-16)与式(4-9)或式(4-11)、(4-12)合并作为等式方程，结合前文中对逻辑变量和状态变量的约束可得式(4-17)的MLD模型。

电网信息物理系统的控制方法对应的是“分析控制模型”中的“预测信息与预测模型”部分。从图4-3可以看到，“分析控制模型”最终将以混合系统的模型形式，作为受控对象的预测模型，采用滚动优化方式，实施模型预测控制。

模型预测控制(model predictive control, MPC)是产生于20世纪70年代后期的控制算法，至今已在很多工程领域有了广泛应用[4]。MPC在电力系统中的推广主要集中在发电系统控制以及电力电子技术，在电网运行管理方面的应用尚不多见。

MPC的主要思想是使控制器通过受控对象的状态模型，预测在一定预测周期内受控对象的动态行为，并基于预设目标在约束限定范围内求解一组满足控制周期需要的控制序列，并取序列中首个控制步长的控制输入作用于受控对象。而后，将对象运行状态作为新一个预测周期和控制周期的初始状态循环上述控制步骤[5]。

在2.3.2节中对电网信息物理系统的对象建立了包括FSM和MLD在内的混合系统融合模型。这些模型在应用中主要分为两个部分：① 应用FMS模型对电网一次设备的状态切换控制或多个一次设备组成单元的协调控制；② 应用MLD模型对电网及其控制系统的协调优化运行进行模型预测控制。

其中，① 本身不具备优化控制功能，通过接收上层控制环节目标完成逻辑控制，是对一次设备的下层直接控制；② 侧重优化功能，属于上层控制，给下层控制制定短时间控制目标，或直接作用于受控对象。

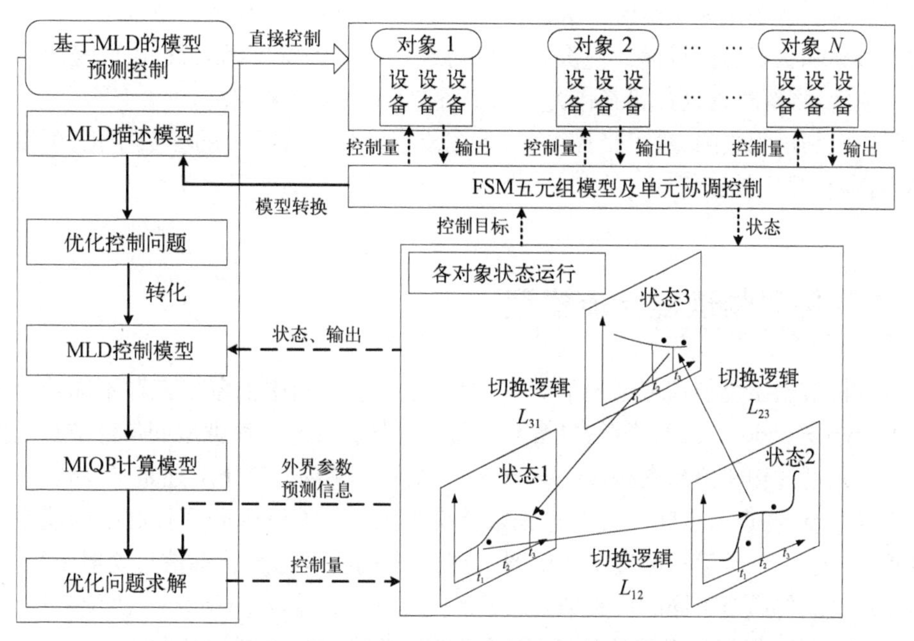

图 4-3 基于混合逻辑动态模型的电网信息物理系统控制

图 4-3 在构造了基于混合系统的电网信息物理系统模型后，需根据控制问题转化为控制模型。其中，FSM 不具备优化控制能力，控制模型为五元组模型，按照建模设备的状态切换逻辑和动态规律执行外源的优化控制目标。MLD 模型具备优化控制功能，为 FSM 或设备提供运行目标。

采用 MPC 方法，设控制周期 T_c 与预测周期 T_p 相等，即满足 $T_c=T_p=T$。那么，在一个周期 T 中，MLD 的优化控制问题一般可以表示为式(4-18)的优化目标[6]。式中各变量含义与式(4-4)中定义相同，角标为 f 的值是相应变量在各个控制时刻的终态目标，Q_i 为各变量偏差的权重系数。

$$\min J=\sum_{0}^{T-1}\|u(t)-u_f\|_{Q_1}^2+\|\delta(t)-\delta_f\|_{Q_2}^2+\|z(t)-z_f\|_{Q_3}^2+\|x(t)-x_f\|_{Q_4}^2+\|y(t)-y_f\|_{Q_5}^2 \tag{4-18}$$

虽然式(4-18)对各个变量均有描述，但在实际应用中，通常将优化控制问题以输出形式描述，即式(4-4)中 $y(t)$ 部分。此外，常通过 J 中关于 $\delta(t)$ 的部分尽量减少受控对象状态切换频次，同时通过 $x(t)$ 部分保持运行状态稳定性。

对于连续特性和离散特性融合，优化控制问题通常使受控设备的性能指标在一个控制周期中，历经多次状态和物理特性的切换，能够保持最优。

对于物理过程与信息过程融合，则是在考虑信息过程的影响前提下，保证受控一次设备的性能指标在一个控制周期中保持最优。因而，这种情况除了获得受控设备的动态规律和状态变化，还将获得控制信息流在信息系统中传递的时序规律。

以式(4-18)为目标，结合 MLD 模型作为等式和不等式约束，组成控制模型。将此控制模型转化为混合整数二次规划(mixed integer quadratic programming，MIQP)问题，采集受控设备当前时刻状态作为初始值。求解 MIQP 问题,获得的控制序列中取首列作为受控对象的动态目标和状态切换目标。一次系统设备或多个设备按目标运行,由此完成一次控制过程。受控后,将新时刻设备状态作为初始值,进行下一轮预测控制。

在两轮控制过程之间,对于受控设备、系统或者外界干扰导致的参数变化,可以在新一轮 MPC 控制模型中校正修改。

4.4 电网信息物理混合流模型

通过分析信息系统与物理系统的交互过程,在信息空间中抽象出三种不同功能的基本信息节点(cyber node):量测节点、决策节点和执行节点。这三种类型的信息节点之间的信息交互过程则通过构建信息支路(cyber branch)模型来实现。基于上述定义,本部分尝试以抽象化信息节点、物理节点间的交互过程来等价刻画一轮 CPDS 闭环控制中的能量过程和信息过程,如图 4-4 所示。经过状态量测,受控设备的物理运行状态信息映射至量测节点,并经由信息支路传递至不同的决策节点;决策节点与控制器(controller)/决策算法(control algorithm)相对应,根据输入的信息进行决策计算,并将计算得到的控制指令传递至执行节点;执行节点与受控对象(controlled object)相关联,依据接收到的控制指令对受控设备实施控制。

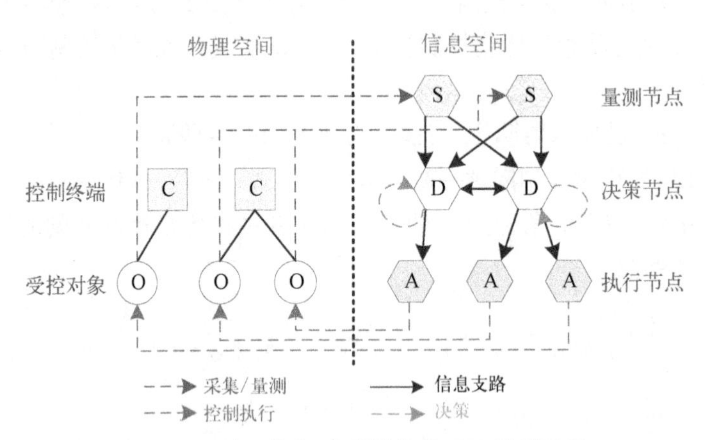

图 4-4 基于节点、支路抽象的 CPS 控制过程

在本节接下来的内容中,我们将构建并详细阐述各节点、支路以及受控对象的数学模型,并约定用小写希腊字母表示向量,用大写希腊字母表示矩阵和算符,用小写英文字母表示标量,用大写英文字母表示集合(如 S、D、A 分别表示量测、决策、执行节点集合),用 $|\cdot|$ 表示向量的维数或集合包含的元素数。

4.4.1 信息节点模型

1. 量测节点

量测节点将物理设备运行状态从物理空间投射至信息空间,完成物理空间(P 空间)到信息空间(C 空间)的映射。在大多数情况下,可以用一个恒等映射或者仿射变换来刻画这个映射：

$$s = kx + b + e \tag{4-19}$$

式中，x 代表物理空间中的一个状态标量；s 代表 x 在信息空间中的像；k 与 b 是仿射映射的参数；e 代表量测误差。考虑到一个量测节点可能会采集一系列的物理量（从而形成一个量测向量 σ），我们采用更加紧凑的矩阵形式来表达量测过程。令 $\sigma_i = (s_{i,1}, s_{i,2}, \cdots, s_{i,|\sigma_i|})^{\mathrm{T}}$ 是量测节点 i 的量测向量，则量测过程可以表达为

$$\sigma_i = K_i \chi_i + \beta_i + \varepsilon_i \tag{4-20}$$

式中，$K_i = \mathrm{diag}(k_1, k_2, \cdots, k_{|\sigma_i|})$，$\beta_i = (b_1, b_2, \cdots, b_{|\sigma_i|})^{\mathrm{T}}$，$\varepsilon_i = (e_1, e_2, \cdots, e_{|\sigma_i|})^{\mathrm{T}}$ 分别是仿射映射参数矩阵/向量和量测误差向量。

2. 决策节点

决策节点用于表达各类从简单（如自动控制）到复杂（如优化模型求解）的决策过程，决策节点 i 的决策过程可以表达为

$$\gamma_j = \Phi_j(\delta_j) \tag{4-21}$$

式中，$\delta_j = (d_{j,1}, d_{j,2}, \cdots, d_{j,|\delta_j|})^{\mathrm{T}}$，$\gamma_j = (g_{j,1}, g_{j,2}, \cdots, g_{j,|\gamma_j|})^{\mathrm{T}}$ 分别是决策节点 i 的输入向量和输出向量；Φ_i 是输入到输出的决策映射算子。可将所有决策节点的并行决策过程合并为紧凑的矩阵形式：

$$\begin{pmatrix} \gamma_1 \\ \cdots \\ \gamma_{|D|} \end{pmatrix} = \begin{pmatrix} \Phi_1 & & \\ & \ddots & \\ & & \Phi_{|D|} \end{pmatrix} \begin{pmatrix} \delta_1 \\ \cdots \\ \delta_{|D|} \end{pmatrix} \tag{4-22}$$

值得注意的是，Φ 不一定是线性映射，因此上述表达式虽然是矩阵形式，但仅仅是为了形式上的简洁。

3. 执行节点

执行节点是控制执行功能的抽象。对于第 l 个执行节点，其缓存控制指令 υ_i，并作为控制向量对受控对象实施控制，驱动其状态演化：

$$\upsilon_l = (a_{l,1}, a_{l,2}, \cdots, a_{l,|\upsilon_l|})^{\mathrm{T}} \tag{4-23}$$

4.4.2 信息支路模型

信息支路用于刻画信息空间中信息节点间的通信连通特性与信息传递特性。例如，量测节点到决策节点的信息传递，决策节点到执行节点的信息传递，甚至决策节点到相邻决策节点的信息传递都需要经由信息支路来建立“发送端-接收端”的信息关联。在一轮控制的不同阶段，不同的节点发生信息交互，通信拓扑和交互的信息均不相同，因此需要分别建立信息支路模型。

首先我们介绍一轮通信过程中，联系发送端信号向量与接收端信号向量的信息支路模型。基本思路是，先将该阶段需要传输的所有发送端信号向量重构为一个向量，然后将其每

个信号分量分配至不同的接收端。设 $\theta=(\mu_1^{\mathrm{T}},\ \mu_2^{\mathrm{T}},\ \cdots,\ \mu_m^{\mathrm{T}})^{\mathrm{T}}=(u_1,\ u_2,\ \cdots,\ u_{|\theta|})^{\mathrm{T}}$ 为发送端信号重构后的向量(m 为发送端节点数量)，$\rho=(v_1,\ v_2,\ \cdots,\ v_{|\rho|})^{\mathrm{T}}$ 为所有接收端信号形成的向量。根据通信拓扑，构建信息支路矩阵 $\Pi=(r_{ij})_{|\theta|\times|\rho|}$：

$$r_{ij}=\begin{cases}0,\ \mathrm{side}(i,\ j)\notin\zeta\\1,\ \mathrm{side}(i,\ j)\in\zeta\end{cases}\tag{4-24}$$

由于接收向量中每一个元素(标量)仅对应接收发送端的一个信号值，因此信息支路矩阵 Π_{cb} 是一个列和为 1 的矩阵。考虑到这个特性，我们可以通过下式构建发送端和接收端的信息关联关系：

$$\rho^{\mathrm{T}}=1^{\mathrm{T}}\mathrm{diag}(\theta)\Pi\tag{4-25}$$

对于大多数应用场景，通信拓扑在系统运行中不会发生改变，因此 Π 是一个恒定不变的矩阵，即对应于静态的通信拓扑。然而当部分信息链路出现通信故障(中断)时，实际的通信拓扑将与理想情况下的静态通信拓扑不一致。因此我们在信息支路矩阵 Π 的基础上，进一步引入与之同规模的通信状态矩阵 $\Psi=(y_{ij})_{|\theta|\times|\rho|}$：

$$y_{ij}=\begin{cases}0,\ \mathrm{side}(i,\ j) & \text{通信故障}\\1,\ \mathrm{side}(i,\ j) & \text{通信正常}\end{cases}\tag{4-26}$$

此时，发送端和接收端的信息关联关系可以修正为

$$\rho^{\mathrm{T}}=1^{\mathrm{T}}\{(E-\Psi)\circ[\Pi\mathrm{diag}(\rho_{-})]+\Psi\circ[\mathrm{diag}(\theta)\Pi]\}\tag{4-27}$$

式中，“$\circ$”代表 Schur 积，即两个同型矩阵的对应元素相乘。ρ_{-} 是前一轮交互中的接收端信号向量。E 是一个与通信状态矩阵同型的全 1 矩阵。按照上式，当出现通信故障，导致部分信号分量出现信息传递失败时，接收端信号向量的对应元素将保持上一轮控制的值不变。可将式(4-27)简记为：$\rho\triangleq Q(Y,\ P,\ \rho_{-},\ \theta)$。

4.4.3　受控设备模型

如前文所述，执行节点对受控设备实施控制，完成 C 空间到 P 空间的映射。因此本部分介绍受控设备的数学模型，用于刻画受控对象的物理状态演化过程。本文采用混合逻辑动态(mixed logical dynamic，MLD)方法对受控物理对象进行建模。MLD 方法对线性系统的状态方程进行扩展，加入了连续辅助变量和 0－1 指示变量用于表达受控对象的多模态控制逻辑，并对复杂非线性特性作出简化表达。MLD 的基本形式为

$$\begin{cases}\xi(k+1)=A_{\xi}\xi(k)+B_{\xi}\upsilon(k)+X_{\xi}\lambda(k)+\Delta_{\xi}\omega(k)+E_{\xi}\\\mu(k)=A_{\mu}\xi(k)+B_{\mu}\upsilon(k)+X_{\mu}\lambda(k)+\Delta_{\mu}\omega(k)+E_{\mu}\\A_{e}\xi(k)+B_{e}\upsilon(k)+X_{e}\lambda(k)+\Delta_{e}\omega(k)+E_{e}=\vec{0}\\A_{ie}\xi(k)+B_{ie}\upsilon(k)+X_{ie}\lambda(k)+\Delta_{ie}\omega(k)+E_{ie}\leqslant\vec{0}\end{cases}\tag{4-28}$$

式中，A，B，X，Δ，E 是常值的系数矩阵；ξ 和 υ 分别是状态变量和控制变量构成的向量；μ 是输出向量；ω 和 λ 分别是 0－1 整数变量和连续辅助变量构成的向量。

前两式被称为状态预测方程和输出方程，是系统连续动态（微分状态方程）的离散化。这两个式子刻画了系统状态和输出的动态演化过程。后两式为等式约束和不等式约束，用于刻画系统运行约束和简化后的分段线性特性。在执行节点接收到控制指令后，将基于上述 MLD 模型对受控元件的状态进行更新。值得一提的是，构建基于 MLD 的元件模型作用有两点：其一，用于刻画元件的动态演化规律，为其运行状态的动态推演提供公式化的代数计算模型；其二，为决策节点控制策略的构建提供模型支撑（因为决策节点的决策需要考虑物理系统和信息系统的各项运行约束和多模态切换特性，而这在 MLD 模型中已得以刻画）。

4.4.4 融合流模型基本框架

将前述信息节点、信息支路和受控元件模型按照基本的控制流程进行整合，即得到融合流模型的基本框架及其对应的计算流程，如图 4－5 所示。

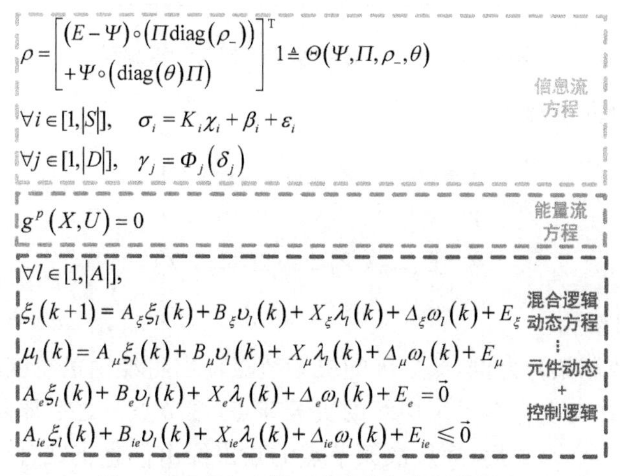

图 4－5 融合流模型基本框架与计算流程

非常重要的一点是：基本方程组中各式并非同时成立，而是根据一轮控制的时间顺序，分别在不同时间断面处成立。因此，为便于说明，将上述融合流模型的计算流程表示于图 4－6 中。

首先，物理系统运行的部分状态量通过终端采集设备映射至信息空间内的量测节点；然后，经由信息支路，量测节点的数据传递至决策节点参与计算；在不同的控制架构（集中式、分层分布式、完全分布式）下，信息支路和决策节点的计算过程（虚线框部分）将重复若干次，讨论如下。

1. 集中式控制架构

决策中心接收到量测数据后，仅执行一轮决策计算。其后，其决策输出信号将直接经由信息支路传递至各执行节点。因此虚线框中的过程只进行一次，即 $n=1$。设 $\sigma=(\sigma_1^{\mathrm{T}},\sigma_2^{\mathrm{T}},\cdots,\sigma_{|S|}^{\mathrm{T}})^{\mathrm{T}}$，$\delta=(\delta_1^{\mathrm{T}},\delta_2^{\mathrm{T}},\cdots,\delta_{|D|}^{\mathrm{T}})^{\mathrm{T}}$ 分别为重构为一个列向量后的采样向量和决策节点输入向量，γ，$\upsilon=(\upsilon_1^{\mathrm{T}},\upsilon_2^{\mathrm{T}},\cdots,\upsilon_{|A|}^{\mathrm{T}})^{\mathrm{T}}$ 分别为决策节点输出向量和重构为一个列向

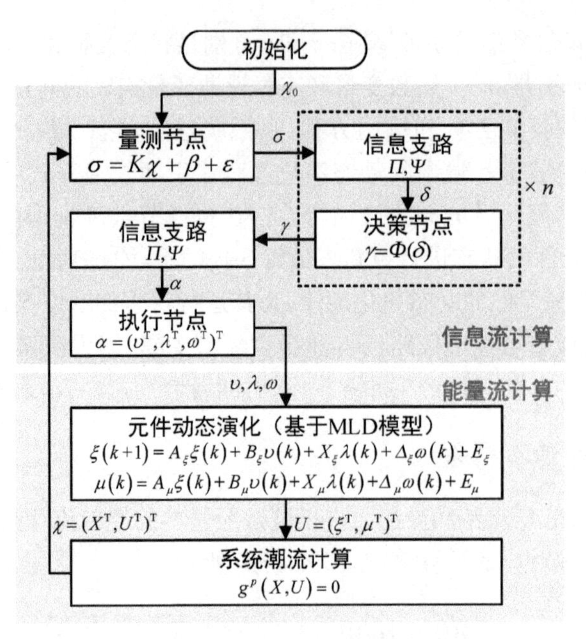

图 4-6　融合流模型基本框架与计算流程

量后的执行节点控制向量，此时有

$$\begin{aligned}&\delta=\Theta_{S\to D}(\Psi_{S\to D},\ \Pi_{S\to D},\ \sigma)\\&\gamma=\Phi(\delta)\\&\upsilon=\Theta_{D\to A}(\Psi_{D\to A},\ \Pi_{D\to A},\ \gamma)\end{aligned}$$

2. 分散式控制架构

以分层分布式控制架构为例，低层级的决策节点输出将经由信息支路传递至高层级决策节点作为输入，依次向上直至最高层级的决策节点（根节点）；之后原路返回，反向传递至底层的决策节点（叶节点）；最后，底层决策节点的输出经由信息支路，传递至执行节点。因此，虚线框中的过程将重复 $n=2(P-1)$ 次，P 为控制层级数目（$P\geqslant 2$）。记 D_p 为第 p 层决策节点的集合，$\delta_p=(\delta_1^{\mathrm{T}},\ \delta_2^{\mathrm{T}},\ \cdots,\ \delta_{|D_p|}^{\mathrm{T}})^{\mathrm{T}}$，$\gamma_p=(\gamma_1^{\mathrm{T}},\ \gamma_2^{\mathrm{T}},\ \cdots,\ \gamma_{|D_p|}^{\mathrm{T}})^{\mathrm{T}}$ 分别为第 p 层决策节点经重构后的输入与输出向量，则对于第 p 层的第 j 个决策节点有下式成立：

$$\begin{aligned}&\delta_0=\Theta_{S\to D_0}(\Psi_{S\to D_0},\ \Pi_{S\to D_0},\ \sigma)\\&\forall j\in[1,\ |D_p|],\ p\in[0,\ P-1]\text{：}\gamma_{p,j}=\Phi_{p,j}^{up}(\delta_{p,j})\\&\forall p\in[0,\ P-1]\text{：}\delta_{p+1}=\Theta_{D_p\to D_{p+1}}(\Psi_{D_p\to D_{p+1}},\ \Pi_{D_p\to D_{p+1}},\ \gamma_p)\\&\forall j\in[1,\ |D_p|],\ p\in[0,\ P-1]\text{：}\gamma_{p,j}=\Phi_{p,j}^{\mathrm{down}}(\delta_{p,j})\\&\forall p\in[0,\ P-1]\text{：}\delta_p=\Theta_{D_{p+1}\to D_p}(\Psi_{D_{p+1}\to D_p},\ \Pi_{D_{p+1}\to D_p},\ \gamma_{p+1})\\&\upsilon=\Theta_{D_0\to A}(\Psi_{D_0\to A},\ \Pi_{D_0\to A},\ \gamma_0)\end{aligned}$$

显然，前述集中式控制架构是 $P=1$ 的特殊情形。

3. 完全分布式架构

以多代理系统为例，各个代理具有对等的决策节点。各决策节点迭代地求解各自的本

地决策问题并与邻接决策节点交互，直至满足收敛判据。设 Q 为总的迭代次数，此时加框的部分将重复 $n=Q$ 次，Q 值取决于所采用的分布式算法的收敛性。另记 $\delta_q=(\delta_1^{\mathrm{T}},\ \delta_2^{\mathrm{T}},\ \cdots,\ \delta_{|D|}^{\mathrm{T}})^{\mathrm{T}}$，$\gamma_q=(\gamma_1^{\mathrm{T}},\ \gamma_2^{\mathrm{T}},\ \cdots,\ \gamma_{|D|}^{\mathrm{T}})^{\mathrm{T}}$ 分别为第 q 次迭代过程中决策节点的输入与输出向量(均重构为一个列向量)，此时有

$$
\begin{aligned}
&\delta_1=\Theta_{S\to D}(\Psi_{S\to D},\ \Pi_{S\to D},\ \sigma)\\
&\forall q\in[1,\ Q]:\ \gamma_q=\Phi_{q,\ j}(\delta_q)\\
&\delta_{q+1}=\Theta_{D\to D}(\Psi_{D\to D},\ \Pi_{D\to D,\ q},\ \gamma_q)\\
&\upsilon=\Theta_{D\to A}(\Psi_{D\to A},\ \Pi_{D\to A},\ \gamma_Q)
\end{aligned}
$$

显然，前述集中式控制架构是 $Q=1$ 的特殊情形。

最后，末端的(或最低层级的)决策节点输出将传递至执行节点。此时，按照元件 MLD 模型的预测方程和输出方程，即可更新元件的状态和输出；按照更新后的元件状态与输出，还可从宏观层面上得到更新后的电力系统潮流分布。至此便完成一轮信息物理融合演化计算，更新后的状态信息将重新映射至量测节点，开启下一轮演化计算。

本部分所构建的混合流模型综合考虑了物理系统演化和信息流过程，为不同的应用场景和控制架构提供了一种通用的建模框架。

4.5　电网信息物理事件驱动模型

事件驱动性是 CPS 的一种本征运行机制。下至物理系统和信息系统各元件的工作模式，上至系统的宏观运行状态，当达到一定程度后(即满足预设逻辑条件)均会触发具体的 CPS 事件并驱动执行特定的控制命令，从而形成 CPS 节点或组件间的交互，改变能量流-信息流的分布。在网络环境下，基于事件驱动的电网信息物理系统架构[7]如图 4-7 所示。

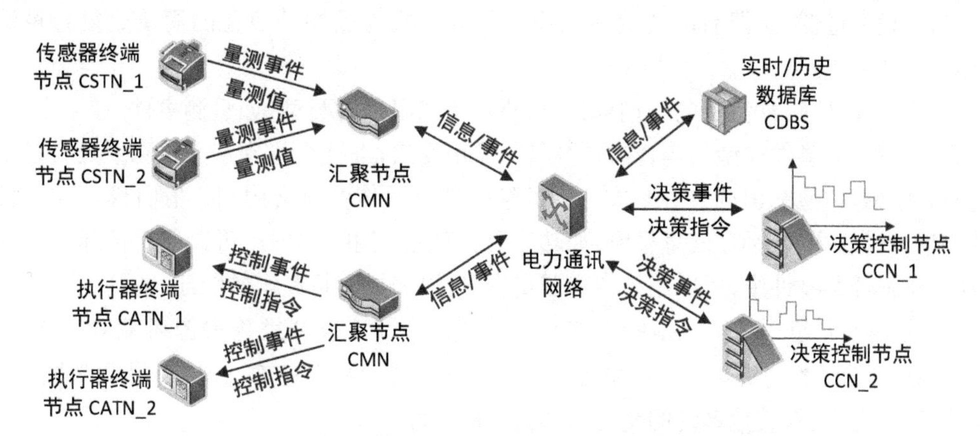

图 4-7　基于事件驱动的网络化 CPS 架构

其中，关键的 CPS 组件有传感器节点(CPS sensor/sampling terminal node, CSTN)、执行器节点(CPS Actuator Terminal Node, CATN)、传感-执行终端节点(CPS sensor actuator terminal node, CSATN)、汇聚节点(CPS mote node, CMN)、决策控制节点(CPS control node, CCN)。CSTN 与 CATN 节点与元件层模型一一对应,具有数据量测与控制执行的功能;经 CMN 节点汇聚得到当前断面的电网信息物理系统数据集合,将作为 CCN 节点的输入;CCN 节点对应了系统层控制的控制逻辑与控制算法。

4.5.1 CPS 事件定义

从事件驱动框架的视角下,GCPS 各对象间协同与交互的基本单元是 CPS 事件,事件驱使各个 CPS 对象状态发生演变。为了更好地描述电网信息系统协同过程中的交互逻辑与约束关系,本部分采用符号化语言定义的 CPS 事件描述 CPS 协同动作的同步机制和时间约束机制。一个 CPS 事件可以定义为

$$\underbrace{< pr >}_{\text{驱动判据}} \mapsto \xi_{\text{CPS}} := \Gamma \underbrace{< a >}_{\text{值向量}} \oplus \underbrace{< t^g,\ o^g >}_{\text{源属性}} \oplus \underbrace{< t^r,\ o^r >}_{\text{汇属性}} \tag{4-29}$$

$$\begin{aligned} t^g,\ t^r &:= \langle t_1,\ t_2 \rangle \\ \langle &:= (\mid [\\ \rangle &:=) \mid] \\ o^g,\ o^r &\in O_{\text{CPS}} \\ t_1,\ t_2 &\in \Re^+ \end{aligned} \tag{4-30}$$

根据上述定义,一个 CPS 事件由驱动判据、值向量、内部属性、外部属性四个部分组成,说明如下:

(1) 驱动判据$\langle pr \rangle$的形式为逻辑命题表达式,决定事件 ξ_{CPS} 产生与否。根据驱动判据的具体形式,可以将事件驱动划分为定时驱动与即时驱动两种类型。前者对应于以轮询的方式在预设时刻周期性驱动的事件(如周期性的控制命令下发),其逻辑命题表达式通常与时标相关,并具有 $|t - t_{\text{ref}}^g| \leqslant \varepsilon$ 结构;后者对应于只要满足特定逻辑命题则立即触发的事件(如检测到频率过低,立即启动切负荷操作),其表达式为更加一般化的简单或复合逻辑命题,如 $(p_{\text{target}}^{\text{ESS}} < 0) \wedge (\delta_{\text{charge}}^{\text{ESS}} = 1)$。

(2) Γ 是 CPS 事件实例的类型标识符,指示了该事件的类型(如量测事件/控制事件/模态迁移事件等)。事件类型的集合需结合具体应用场景,进行全局预定义。除了具备指示事件类型的作用,类型标识符 Γ 在后文介绍的事件复合操作中也会用到。值向量 a 用于传递事件类型对应的物理量值/信息量值,如功率目标值设定事件中,a 可以用于传递目标功率的数值;模态迁移事件中,可以用于传递逻辑变量,以表征运行模态的跃迁。

(3) 源属性元组$\langle t^g,\ o^g \rangle$指明了事件发生的时间 t^g、事件发生的源对象 o^g;当 $o^g \in \Omega_{\text{inner}}$(系统内部对象的集合)时,该事件被称为内部事件;当 $o^g \in \Omega_{\text{out}}$ 时,表明事件源来源于系统外部(如灾害、与其他系统的交互),称为外部事件。

(4) 汇属性元组$\langle t^r,\ o^r \rangle$由事件汇对象 o^r 以及事件汇对象的接收到事件的时间 t^r 构成。汇属性用于描述事件将由哪一 CPS 对象进行处理。

根据上述事件驱动模型的定义,可将状态迁移事件(元件运行状态迁移,系统控制模式

切换)视作一般化 CPS 事件在 $o^g = o^r$，$t^g = t^r$ 情况下的特例。因此,事件驱动模型实现了状态迁移事件、通信交互事件的统一建模。

4.5.2 CPS 事件的解析与复合函数

一个 CPS 事件包含诸多字段,如其承载的事件类型与属性值、发生和处理的时标信息。在 CPS 事件驱动过程中,一系列连续事件将形成事件链,而事件链中常出现两类情形:① 后发事件的触发法则构造需要用到先发事件的某些关键字段,如定时触发逻辑需要用到先前事件的时标 t^g 和当前时标。② 后发事件的类型与属性值将用到一个或多个先发事件的字段值,如 CMN 节点需要汇聚多个 CSTN 节点的量测数据,传递至 CCN 节点用于决策计算。针对上述需求,本部分构造两类事件操作函数:事件解析函数以及事件复合函数。

1. 事件解析函数 Θ

事件解析函数集 Θ 包括一系列事件解析函数构成的函数簇,用于解析 CPS 事件的不同字段。

$$
\begin{aligned}
&\Theta_{t^g}: E \mapsto T^g, \Theta_{t^g}(\xi) = t^g \\
&\Theta_a: E \mapsto T \times I, \Theta_a(\xi) = \Gamma a \\
&\Theta_{t^r}: E \mapsto T^r, \Theta_{t^r}(\xi) = t^r \\
&\Theta_{o^g}: E \mapsto O_{\mathrm{CPS}}, \Theta_{o^g}(\xi) = o^g \\
&\Theta_{o^r}: E \mapsto O_{\mathrm{CPS}}, \Theta_{o^r}(\xi) = o^r
\end{aligned}
\tag{4-31}
$$

2. 事件复合函数 A

事件复合函数 A 将若干原子事件 $\xi_i (i = 1, \cdots, n)$ 的各字段值按照对应的法则逐一复合,形成一个新的复合事件:

$$
\begin{aligned}
&\langle pr \rangle \mapsto \xi_{\mathrm{Comp}}: = \Gamma\langle a \rangle \oplus \langle t^g, o^g \rangle \oplus \langle t^r, o^r \rangle = A(\bigcup_{i=1} \xi_i) \\
&\Gamma = A_\Gamma(\bigcup_{i=1} \Gamma_i) = A_\Gamma[\bigcup_{i=1} \Theta_\Gamma(\xi_i)] \\
&a = A_a(\bigcup_{i=1} a_i) = A_a[\bigcup_{i=1} \Theta_a(\xi_i)] \\
&t^g = A_{t^g}(\bigcup_{i=1} t_g^i) = A_{t^g}[\bigcup_{i=1} \Theta_{t^g}(\xi_i)] \\
&o^g = A_{o^g}(\bigcup_{i=1} o_g^i) = A_{o^g}[\bigcup_{i=1} \Theta_{o^g}(\xi_i)]
\end{aligned}
\tag{4-32}
$$

可以看出,事件复合函数的定义需要用到事件解析函数。

4.5.3 基于事件驱动的电网风险预警分析

基于事件驱动的 GCPS 风险演化分析流程如图 4-8 所示。由图可知,融合流模型是整个演化分析过程的数学基础。具体分析流程如下:① 首先根据流模型的动态推演结果,得到持续更新的量测值向量 σ。② 接下来,将量测值向量 σ 代入驱动判据(逻辑命题表达式)进行校验,判断是否满足事件(如运行物理量存在越限)的触发条件。若满足,则生成事件;反之,则不生成事件。③ 若有事件生成,则将该事件的值向量 a 经由信息支路传递至决策节点。该值向量有可能使决策节点的控制策略发生切换(如功率越限事件将使系统决策节

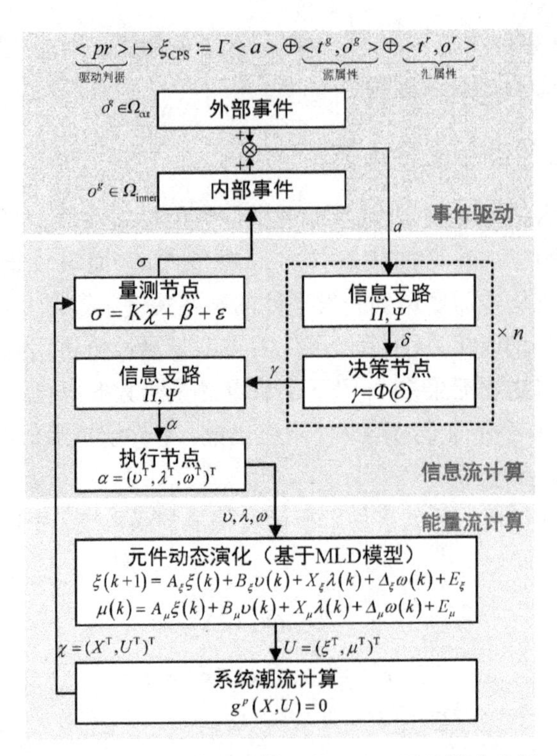

图 4－8　基于事件驱动模型的 GCPS 风险演化分析

点由经济运行策略转为安全运行策略，进而采取切负荷操作)，即事件会驱动系统控制策略和运行方式发生改变。④ 进行新一轮融合流模型的滚动计算，更新量测值向量 σ，回到①。

前述分析流程为适用于各类运行场景的一般化推演流程。因此，在运用于风险分析类应用时，首先需根据具体风险运行场景，对事件驱动判据和事件内容(类型码、值向量、源属性、汇属性)进行完整预定义；接下来，根据运行场景涉及的所有 GCPS 对象、电力系统拓扑和通信系统拓扑，初始化融合流模型中各个组成部分(元件 MLD 模型、信息节点、支路模型、潮流方程)；最后，遵循上述流程进行风险演化推演，其过程如图 4－9 所示。

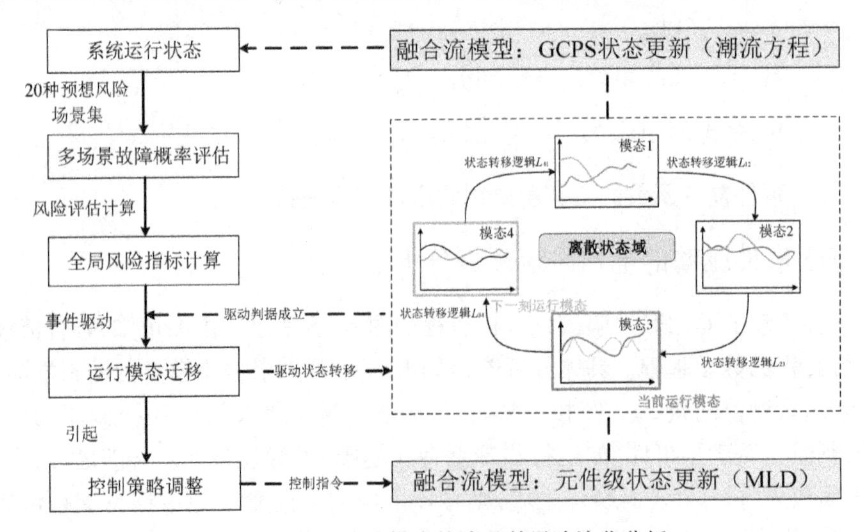

图 4－9　信息物理耦合故障及其风险演化分析

图4-9中,"状态转移逻辑"被作为事件驱动模型的驱动判据,而系统风险指标则用于该驱动判据的校验。当判定转移条件满足时将生成系统级CPS事件,驱使GCPS在离散状态域的运行模态发生迁移,从而使得控制策略发生改变,进一步影响物理系统的演化过程。经过流模型的动态推演计算,更新后的系统运行状态将作为新的初始条件,参与下一轮风险指标的量化评估。

4.6 小结

本章提出基于混合系统的电网信息物理融合建模方法,实现物理过程和信息过程的融合。建立了GCPS系统级融合建模的理论框架,并根据具体应用场景将上述建模理论实例化,包括以下几点。

(1) 信息物理混合流模型面向互动电网运行特性分析应用场景,建立能量流与信息流的联立模型,能量流与信息流具有不同的拓扑结构与传输路径,通过 $C-P$ 关联矩阵表达两者的耦合关系。

(2) 混合逻辑模型面向复杂系统的运行控制,该融合模型以及预测控制、滚动优化和预测信息实现控制方法,同时考虑了配电网的经济性与安全性,可以满足大量分布式资源分层分布式接入配电网的特点,提高了协调优化的能力。

(3) 事件驱动模型面向系统风险预警类应用场景,并适应智能电网中随机性事件(如电动汽车充电、可再生能源波动)频繁发生的需求。事件驱动模型以CPS事件作为基本单元,从系统层角度宏观描述各个CPS对象间的协同与交互逻辑。其与元件级自动机模型均是基于条件转移机制,从而实现无缝融合。

参考文献

[1] Edward A L, Sanjit A S. Introduction to embedded systems: a cyber-physical systems approach[M]. Beijing: China Machine Press, 2012.

[2] 熊汉华. 基于混合逻辑动态的分段线性系统模型预测控制[D]. 上海: 上海交通大学, 2009.

[3] Bemporad A, Morari M, Vedova D. Control of systems integrating logic, dynamics, and constraints [J]. Automatica, 1999, 35: 407-427.

[4] 席裕庚. 预测控制[M]. 2版. 北京: 国防工业出版社, 2013.

[5] 张鹏. 基于混合逻辑动态的混杂系统建模及其模型预测控制[D]. 吉林: 吉林大学, 2007.

[6] 张悦. 混杂系统建模与控制方法研究[D]. 北京: 华北电力大学, 2008.

[7] 尹忠海, 张凯成, 杜华桦, 等. 基于事件驱动的信息物理融合系统建模[J]. 微电子学与计算机, 2015, 32(12): 126-129.

第 5 章

电网信息物理模型的应用

围绕连续特性与离散特性融合，实现一次系统/设备的物理动态特性与离散状态切换的紧密融合，以新能源为主体的新型电力系统具备典型的信息物理系统的基本形态，可采用电网信息物理系统的模型与方法进行研究，从元件模型和混合系统的系统模型对柔性负荷调节、主动配电网控制以及配电网信息物理风险分析等方面进行典型应用分析。

5.1 信息物理元件模型的应用

有限状态机(finite state machine, FSM) 可以被称为事件驱动系统，是指一个系统中存在有限个状态，当有事件触发时，系统就会从一个状态转换到另一个状态。有限状态机是一种思路简单、结构清晰、设计灵活的方法，能解决复杂的监控逻辑问题，具有很强的事件驱动控制能力。有限状态机在软件工程中的本质是对具有逻辑顺序或时序顺序事件的一种数学描述模型。系统以事件驱动的方式工作，有限状态机做出响应，产生一个输出，并伴有状态迁移。

1. 元件状态机对于整个 GCPS 的影响意义

1) 元件状态机对于整个系统的事件感知，这些感知包括：① 对于量测数据的感知，包括风力发电机的风速、电流传感器的数据等，这些可以是通过数据量测设备的反馈；② 人为操作的感知，比如开关刀闸等；③ 描述事件引发的状态切换，比如停电动车到带充电桩的车位。

2) 元件状态某种程度上作为系统的输入和输出，是一种系统自动化的初始配置和某些控制状态的最终显现。比如对于故障的自愈控制，需要读取故障设备的状态，然后进行控制决策甚至改变一些设备的状态。

3) 元件状态和事件的关联，成为外界驱动时间引发内部控制优化决策算法切换及功能启动的效果。不仅能在宏观层面上引发采用哪种控制策略，并且在微观上元件的状态可以成为控制算法的输入等。

2. 元件状态机的应用场景

(1) 应用场景1：基于混合动态建模的控制场景

涉及元件空调，构成完整描述单个空调负荷的物理动态和控制逻辑的CPS模型。在元件自动机信息侧，总共有四个工作状态（ON，ONLOCK，OFF，OFFLOCK）。在实际物理侧模型就包括ETP模型，即工作时为1，关闭时为0。形成一个空调机群控制问题，每个空调需要决定偏移时间和开启时间，产生开关序列，保证闭锁时间及舒适度的前提下，保证实际开关序列与参考序列之间的偏差尽可能地小，具体内容如下。

空调负荷包含四种离散状态：ON状态、OFFLOCK状态、OFF状态和ONLOCK状态，可用图5-1中的有限状态机(finite-state machine, FSM)表示。其中，ON和ONLOCK状态均为空调开启状态，两者遵循相同的连续物理过程，区别是后者受到压缩机的限制，在未满足闭锁时间时不能发生状态转移；OFF和OFFLOCK状态均为空调关闭状态，同样后者在未满足闭锁时间时不能发生状态转移。

空调负荷的状态转移顺序具有单向性，只能按照图5-1中实线所示的方向循环进行。例如，ON状态的空调负荷如果发生状态转移时，仅可进入OFFLOCK状态。空调在自由状态下(不受控状态)，其状态转移受室温变化、闭锁时间等物理过程驱动。此外，空调在满足上述物理过程约束的前提下，可受控制过程的驱动，额外接受本地控制指令，如图5-1中虚线所示。因此空调具有一定的调节能力。

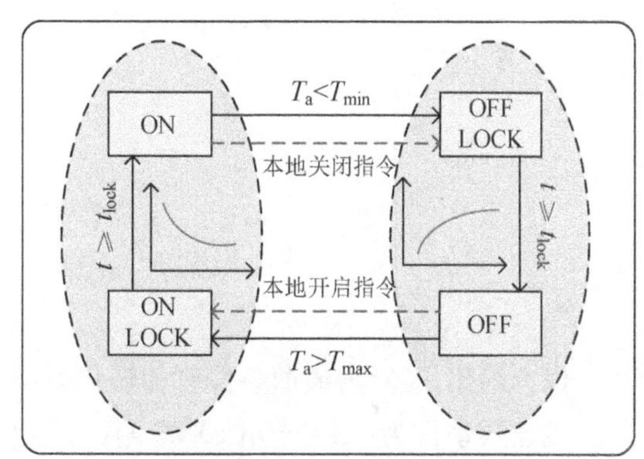

图5-1　MLD模型

针对图5-1的控制方法，本章采用大写字母X表示事件，例如X可表示“室温超过了温度上限”或“空调负荷的闭锁时间未满足”等事件。事件X仅有两种布尔类型：“T”(true)和“F”(false)，并且各事件之间存在多种连接方法：“∨”(并关系)、“∧”(交关系)、“～”(非关系)、“→”(蕴含连接词)、“↔”(等价关系)、“⊕”(异或关系)等。通过布尔算法可得到这些连接词与事件的关系，本章将具体关系以真值表的形式呈现(表5-1)。

表5-1　真值表

X_1	X_2	$\sim X_1$	$X_1 \vee X_2$	$X_1 \wedge X_2$	$X_1 \rightarrow X_2$	$X_1 \leftrightarrow X_2$	$X_1 \oplus X_2$
F	F	T	F	F	T	T	F
F	T	T	T	F	T	F	T
T	F	F	T	F	F	F	T
T	T	F	T	T	T	T	F

设二进制逻辑变量$\delta \in \{0, 1\}$，则$\delta=1$等价于X事件为真。对应上述真值表，表中的连接关系可进一步转化为二进制逻辑变量之间的关系：

$$\begin{cases}\sim X_1 \Leftrightarrow \delta_1 = 0 \\ X_1 \vee X_2 \Leftrightarrow \delta_1 + \delta_2 \geqslant 1 \\ X_1 \wedge X_2 \Leftrightarrow \delta_1 = 1,\ \delta_2 = 1 \\ X_1 \oplus X_2 \Leftrightarrow \delta_1 + \delta_2 = 1 \\ X_1 \rightarrow X_2 \Leftrightarrow \delta_1 - \delta_2 \leqslant 0 \\ X_1 \leftrightarrow X_2 \Leftrightarrow \delta_1 - \delta_2 = 0\end{cases} \tag{5-1}$$

对于较为复杂的连接关系,可利用上式进行转化,常见复杂的连接关系有

$$\begin{cases}[\delta_3 = 1] \leftrightarrow \{[\delta_1 = 1] \vee [\delta_2 = 1]\} \Leftrightarrow \begin{cases}\delta_1 - \delta_3 \leqslant 0 \\ \delta_2 - \delta_3 \leqslant 0 \\ -\delta_1 - \delta_2 + \delta_3 \leqslant 1\end{cases} \\ [\delta_3 = 1] \leftrightarrow \{[\delta_1 = 1] \wedge [\delta_2 = 1]\} \Leftrightarrow \begin{cases}-\delta_1 + \delta_3 \leqslant 0 \\ -\delta_2 + \delta_3 \leqslant 0 \\ \delta_1 + \delta_2 - \delta_3 \leqslant 1\end{cases} \\ [\delta_3 = 1] \leftrightarrow \{[\delta_1 = 1] \oplus [\delta_2 = 1]\} \Leftrightarrow \begin{cases}-\delta_1 - \delta_2 + \delta_3 \leqslant 0 \\ -\delta_1 + \delta_2 - \delta_3 \leqslant 0 \\ \delta_1 - \delta_2 - \delta_3 \leqslant 0 \\ \delta_1 + \delta_2 + \delta_3 \leqslant 2\end{cases}\end{cases} \tag{5-2}$$

以上给出了 X 为离散事件时的转化方法,下面将介绍 X 表示连续事件时的对应关系。

设连续事件为:$X = [f(x) \leqslant 0]$。并定义 $f(x)$在给定范围内的最大值和最小值为 M 和 m。则此时常见逻辑命题与不等式之间的对应关系有

$$\begin{cases}[f(x) \leqslant 0] \wedge [\delta_1 = 1] \Leftrightarrow f(x) - \delta_1 \leqslant -1 + m(1 - \delta_1) \\ [f(x) \leqslant 0] \rightarrow [\delta = 1] \Leftrightarrow f(x) \geqslant \varepsilon + (m - \varepsilon)\delta \\ [\delta = 1] \rightarrow [f(x) \leqslant 0] \Leftrightarrow f(x) \leqslant M - M\delta \\ y = \delta f(x) \Leftrightarrow \begin{cases}y \leqslant M\delta \\ y \geqslant m\delta \\ y \leqslant f(x) - m(1 - \delta) \\ y \geqslant f(x) - M(1 - \delta)\end{cases}\end{cases} \tag{5-3}$$

至此,系统中的逻辑关系均可转化为一组线性等式与不等式来表示,并可以写成如下的标准形式:

$$\begin{cases}x(t+1) = A_{1t}x(t) + B_{1t}u(t) + C_{1t}\delta(t) + D_{1t}z(t) \\ y(t) = A_{2t}x(t) + B_{2t}u(t) + C_{2t}\delta(t) + D_{2t}z(t) \\ E_{1t}\delta(t) + E_{2t}z(t) \leqslant E_{3t}u(t) + E_{4t}x(t) + E_{5t}\end{cases} \tag{5-4}$$

式中,$x(t)$表示系统的状态变量;$y(t)$表示系统的输出变量;$u(t)$表示系统的输入变量;$\delta(t)$和 $z(t)$表示系统引入的逻辑和连续的辅助变量。上式被称为 MLD 模型标准型。

接下来将空调负荷动态过程中控制过程的命题逻辑转化为一组线性不等式组。

设 $\delta_{1,i}$ 表示空调负荷开关状态，$\delta_{1,i}=1$ 表示空调开启(ON 或 ONLOCK)，$\delta_{1,i}=0$ 表示空调关闭(OFF 或 OFFLOCK)。设空调 i 的能达到的室温区间为$[T_{\min,i}-\Delta T,\ T_{\max,i}+\Delta T]$。其中，$\Delta T$ 为温度死区大小。空调控制逻辑可以用以下命题描述：

命题(1)：当室温高于上限时，空调需开启。其命题逻辑的数学表达为

$$[T_{a,i}(k)\geqslant T_{\max,i}]\rightarrow[\delta_{1,i}(k)=1]$$

命题(2)：当室温低于下限时，空调需关闭。其命题逻辑的数学表达为

$$[T_{a,i}(k)\leqslant T_{\min,i}]\rightarrow[\delta_{1,i}(k)=0]$$

命题(3)：当空调运行状态发生变化时，计时器需清零。其命题逻辑的数学表达为

$$[\delta_{1,i}(k)\oplus\delta_{1,i}(k-1)=1]\rightarrow[t_i(k)=0]$$

命题(4)：当空调运行状态不变时，计时器增加 Δt。其命题逻辑的数学表达为

$$[\delta_{1,i}(k)\oplus\delta_{1,i}(k-1)=0]\rightarrow[t_i(k)=t_i(k-1)+\Delta t]$$

命题(5)：当计时器时间小于闭锁时间时，禁止空调负荷的运行状态发生变化。其命题逻辑的数学表达为

$$[t_i(k)\leqslant t_{\text{lock}}]\rightarrow[\delta_{1,i}(k)\oplus\delta_{1,i}(k+1)=0]$$

其中，k 表示空调运行周期；Δt 表示空调控制间隔，本章取 1 min；$t_i(k)$为计时器，用于反映空调闭锁时间状态。

命题(1)和(2)等价于如下线性不等式组：

$$\begin{cases}T_{\max,i}-T_{a,i}(k)\geqslant\varepsilon+(-\Delta T-\varepsilon)\delta_{1,i}(k)\\T_{a,i}(k)-T_{\min,i}\geqslant\varepsilon+(-\Delta T-\varepsilon)[1-\delta_{1,i}(k)]\end{cases}\tag{5-5}$$

为了将命题(3)～(5)转化为不等式，本章引入辅助逻辑变量 $\delta_{2,i}(k)$，使：

$$\delta_{2,i}(k)\leftrightarrow[\delta_{1,i}(k)\oplus\delta_{1,i}(k-1)]\tag{5-6}$$

$\delta_{2,i}(k)$ 与 $\delta_{1,i}(k)$ 和 $\delta_{1,i}(k-1)$ 满足：

$$\begin{cases}-\delta_{1,i}(k)-\delta_{1,i}(k-1)+\delta_{2,i}(k)\leqslant 0\\-\delta_{1,i}(k)+\delta_{1,i}(k-1)-\delta_{2,i}(k)\leqslant 0\\\delta_{1,i}(k)-\delta_{1,i}(k-1)-\delta_{2,i}(k)\leqslant 0\\\delta_{1,i}(k)+\delta_{1,i}(k-1)+\delta_{2,i}(k)\leqslant 2\end{cases}\tag{5-7}$$

于是命题(3)～(5)可转化为如下线性不等式组：

$$\begin{cases}t_i(k)\leqslant t_{\text{lock}}[1-\delta_{2,i}(k)]\\t_i(k)\geqslant 0\\t_i(k)\leqslant t_i(k-1)+1\\t_i(k)\geqslant t_i(k-1)+1-t_{\text{lock}}\delta_{2,i}(k)\\t_i(k)-t_{\text{lock}}\geqslant\varepsilon+(-t_{\text{lock}}-\varepsilon)[1-\delta_{2,i}(k+1)]\end{cases}\tag{5-8}$$

至此,5 个命题均转化为一组线性等式与不等式,可以完整地描述单个空调负荷的控制逻辑。

(2) 应用场景 2:面向电动汽车聚合的事件控制场景

涉及的元件为电动汽车。电动汽车的注册管理、信息采集以及功率控制等过程展示事件驱动模型的应用。事件驱动应用场景。事件驱动是 CPS 的一种本征运行机制:物理、信息元件的工作状态甚至全系统的运行状态变化,在达到一定程度后会触发具体的 CPS 事件,控制命令的执行也会相继触发,从而形成 CPS 节点或组件间的交互。

电动汽车聚合商注册注销时间对于电动汽车工作状态(connected parking 和 disconnected parking 模式)。聚合商解析函数获取可控电动汽车的充放电功率和电量信息:外部指令判断是否满足功率分配模式的切换触发法则,若不满足,则按照当前功率分配模式进行功率分配计算;若满足,将产生内部事件驱动其控制模式切换。电动汽车内部状态切换过程根据目标功率切换工作模式至 connected charging 或 connected discharging 模式。其物理状态将按对应模式下的状态方程演化。

(3) 应用场景 3:系统风险预警的事件驱动模型

该场景涉及的元件包括分布式电源、开关、线路。从系统运行状态出发,结合信息攻击类型-信息系统故障-物理系统故障制定 20 种风险场景,并进行多场景故障概率评估。根据故障概率评估结果计算风险后果和全局风险指标。根据风险指标可判定系统运行模态,采用形式化理论描述系统状态迁移逻辑,通过状态迁移约束判定是否触发系统运行模态迁移,以及是否触发系统控制策略调整。系统控制策略的调整作为新的事件驱动回馈至系统状态迁移路径,并反馈至系统动态计算的决策算子。

(4) 应用场景 4:主动配电网运行控制场景

主动配电网发生信息物理复合故障后,为阻断连锁故障的发生以及降低停电损失,需应用主动配电网 CPS 复合故障下的紧急控制技术。针对主动配电网的复合故障情况,通过配置配电网中断路器、联络开关、分段开关、电力线路等的开合状态,将配电网划分为几个满足安全约束、可以自主运行的孤岛,以达到阻断连锁故障的目的;其次,通过调节孤岛内部的可控负荷、光伏、风机、储能站、燃气轮机、小水电等的功率,实现配电网孤岛的自主运行;最后,基于物理系统的断路器、联络开关、分段开关、电力线路、可控负荷、分布式电源等的有限状态机模型,以及信息系统中交换机、路由器、通信链路等的有限状态机模型,有序地协调物理设备与信息设备的恢复,以达到最小化停电损失的目的。

涉及的元件包括断路器、联络开关、分段开关、电力线路、可控负荷、光伏、风机、储能站、燃气轮机、小水电、交换机、路由器、通信链路。

主动配电网 CPS 复合故障下紧急控制的本质是对物理系统与信息系统中各种元件的调度与控制,各元件的状态对控制策略的制定与实行具有至关重要的作用。例如在配电网信息物理复合故障的快速定位中,需要感知物理系统与信息系统中各元件的状态,作为故障定位的输入,从而实现对故障区段的定位;在配电网信息物理复合故障下的孤岛划分与快速定位中,需要对各元件发送状态切换命令(即 0-1 状态转换),以达到划分孤岛和带尽可能多的负荷自主运行的目标;在配电网信息物理负荷故障的恢复问题中,需要同时协调物理元件的恢复操作(物理设备 0-1 状态切换)与信息元件的恢复操作(信息设备 0-1 状态切换),

以及向系统中正常运行的可控负荷和分布式电源发送调控指令，共同完成物理系统和信息系统的恢复，以达到最小化停电损失的目的。

5.2 混合流模型在柔性负荷调节中的应用

如图5-2所示，基于流模型的信息-物理系统级融合模型框架自底向上分为三层：设备级自治层、系统融合层和系统级应用层。设备级自治层中将设备分类为终端设备、本地控制器与智能代理并进行抽象，实现两类标准化模型的异构融合：用以描述关键设备物理特征的微动态方程；用以描述关键设备互动特性的微需求曲线。系统融合层以分层分区式的多级结构对系统单元进行融合，主要以两类方法具体实现：物理动态融合方法和需求特性融合方法。需要指出由于电网信息物理系统具有分层分区的结构特性，系统融合层与设备自治层本质上是对应的，可由此实现系统的递归融合。系统级应用层关注两类典型场景下的应用：基于模型预测控制的能量优化和以大规模分布式能源为基础的辅助服务。

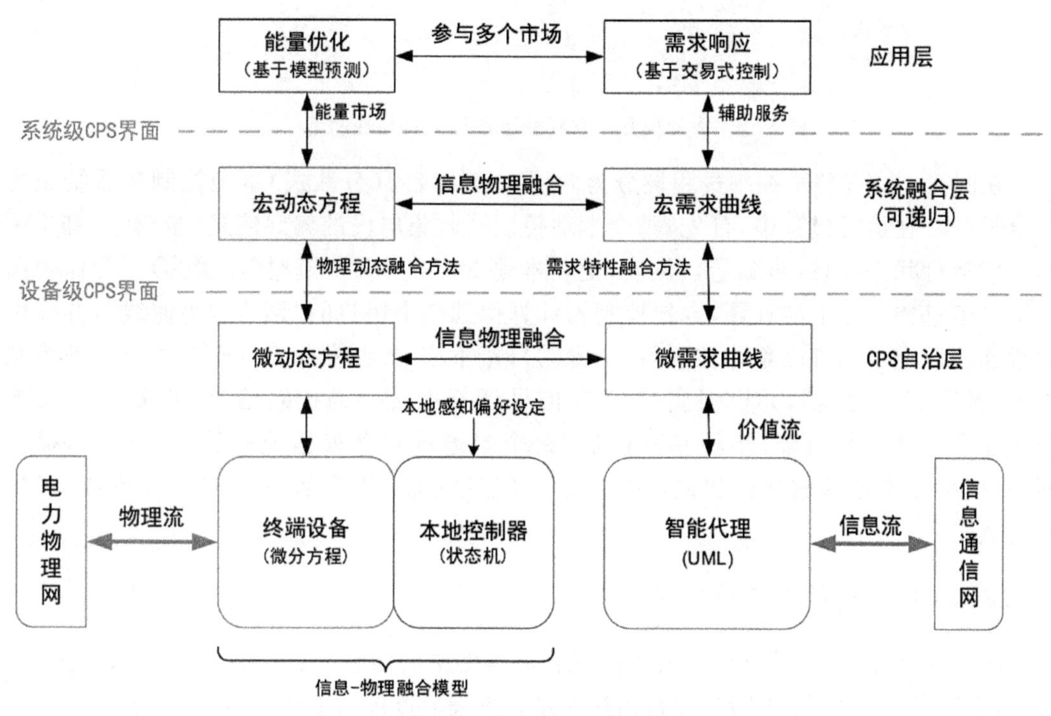

图5-2 基于流模型的信息-物理融合建模

本部分通过一个实际的应用场景来展示混合流模型的使用。

5.2.1 应用场景介绍

由于可再生电源的功率波动特性，配网馈线与变电站间的实际交换功率往往偏离预设的目标功率值。这个偏差值被定义为馈线控制误差（feeder control error，FCE）信号。在选取的应用场景中,我们对 100 台变频空调(inverter air-conditioner, IAC)实施分层分布式控制,通过上下调节空调集群的功率实现 FCE 信号的追踪补偿(从而保证馈线出口实际交换功率尽可能不偏离目标交换功率值)。其整体的控制流程如图 5-3 所示。

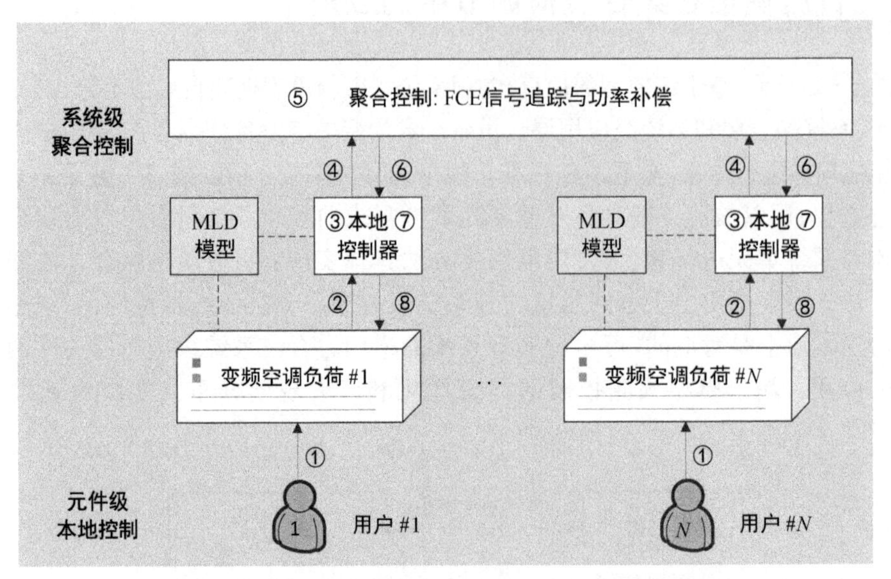

图 5-3 大规模变频空调参与的 FCE 补偿控制流程图

在图 5-3 中,整个控制过程被分为两层:元件级的(分散式)本地控制和系统级的聚合控制。在运行过程中,首先,每个本地控制器收集居民的偏好信息(步骤①)和 IAC 的实时运行状态信息(步骤②);然后,更新本地 IAC 的 MLD 模型(步骤③)。为保护用户隐私信息并简化上层计算,本地控制器计算得到各个用户的"调节能力曲线",并经由远程通信传递至系统级聚合控制器(步骤④);接下来,控制器收集并聚合所有本地控制器的"调节能力曲线",并根据实时 FCE 信号计算出统一的控制信号(步骤⑤),向下传递至所有本地控制器(步骤⑥);最后,每个本地控制器根据统一的控制信号,根据 MLD 模型在本地求解自己的最优控制命令(步骤⑦),并控制 IAC 同步调节功率(步骤⑧)。

5.2.2 实例化的信息支路模型

将上述控制架构与信息交互流程用混合流模型中的信息节点与信息支路模型进行表示,可得到图 5-4 所示的节点-支路拓扑关系。决策节点包括 100 个本地控制层 ($D_{0,1}$ ~ $D_{0,100}$) 决策节点与 1 个聚合控制层决策节点 D_1。

下面,根据本应用场景中信息交互的实际内容与含义,对每个信息节点、信息支路的抽象模型以及受控元件 MLD 模型作实例化,从而得到面向本应用场景的实例化流模型。

信息支路模型被用于刻画步骤②、④、⑥、⑧对应的实际通信过程。其中步骤②、⑧是本地通信,步骤④、⑥是远程通信。考虑到本地通信可靠性较高,而远程通信相较于本地通信

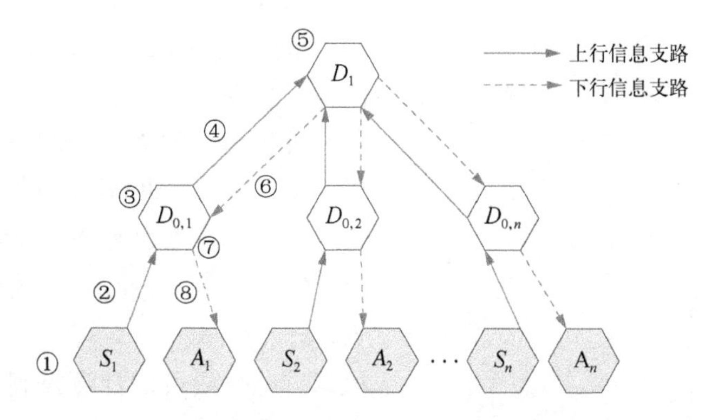

图5-4　采用信息节点与信息支路描述FCE补偿控制流程图

更容易出现通信中断、延迟等故障，因此对步骤②、⑧采用简单的信息支路模型，而对步骤④、⑥采用修正后的复杂信息支路模型：

$$
\begin{aligned}
\delta_0 &= \Omega_{S\to D_0}(\Pi_{S\to D_0},\ \sigma)\\
\delta_1 &= \Theta_{D_0\to D_1}(\Psi_{D_0\to D_1},\ \Pi_{D_0\to D_1},\ \gamma_0)\\
\delta_0 &= \Theta_{D_1\to D_0}(\Psi_{D_1\to D_0},\ \Pi_{D_1\to D_0},\ \gamma_1)\\
\upsilon &= \Omega_{D_0\to A}(\Pi_{D_0\to A},\ \gamma_0)
\end{aligned}
\tag{5-9}
$$

式(5-9)的前两式刻画了上行控制过程的信息流。在此两式中，$\sigma=(\sigma_1^{\mathrm{T}},\ \sigma_2^{\mathrm{T}},\ \cdots,\ \sigma_{100}^{\mathrm{T}})^{\mathrm{T}}$，其中$\sigma_i=(T_i,\ T_i^{\mathrm{out}},\ f_i)^{\mathrm{T}}$，$i\in[1,\ 100]$代表了量测节点的量测值向量，包括室内温度$T_i$、室外温度$T_i^{\mathrm{out}}$、当前空调运行频率$f_i$三类物理量。本地通信支路参数$\Pi_{S\to D_0}=I_{300\times 300}$，因此本地控制层决策节点的输入向量$\delta_0=\sigma$。本地控制层决策节点输出$\gamma_0=(\gamma_{0,1}^{\mathrm{T}},\ \gamma_{0,2}^{\mathrm{T}},\ \cdots,\ \gamma_{0,100}^{\mathrm{T}})^{\mathrm{T}}$，其中$\gamma_{0,j}^{\mathrm{T}}=(p_{\mathrm{max_cft}},\ p_{\mathrm{min_cft}},\ p_{\mathrm{max_opt}},\ p_{\mathrm{min_opt}},\ p_{\mathrm{sat}})$，$j\in[1,\ 100]$为本地决策节点输出，包含五个关键参数(用于唯一确定每台空调的调节能力曲线，求取方法见后文"决策节点"建模部分)。$\Psi_{D_0\to D_1}=E_{500\times 500}$，$\Pi_{D_0\to D_1}=I_{500\times 500}$为本地控制层决策节点至聚合层决策节点信息支路的参数。$\gamma_1=s^*$为聚合控制层决策节点的输出(仅为一标量)。

式(5-9)的后两式描述了下行控制过程中的信息流。$\gamma_1=s^*$经由信息支路回传至元件层决策节点，其中信息支路参数$\Psi_{D_1\to D_0}=E_{1\times 100}$，$\Pi_{D_1\to D_0}=1_{1\times 100}$。因此在理想情况下，$\delta_0=(s^*,\ s^*,\ \cdots,\ s^*)^{\mathrm{T}}=s^*1$。$\gamma_0=(\gamma_{0,1}^{\mathrm{T}},\ \gamma_{0,2}^{\mathrm{T}},\ \cdots,\ \gamma_{0,100}^{\mathrm{T}})^{\mathrm{T}}$，$\gamma_{0,i}=f_i^*$，$i\in[1,\ 100]$为本地控制计算得到的空调控制指令。最终，$\gamma_0$经由参数为$\Pi_{D_0\to A}=I_{100\times 100}$的本地通信支路传递至执行节点实施控制。

5.2.3　实例化的变频空调元件模型

变频空调在不同的运行频率区间内，输出量P_{ac}(Q_{ac}同理)与压缩机频率f的函数关系系数往往不完全相同(即存在非线性特性)。因此本部分采用分段线性化的方法，将空调运

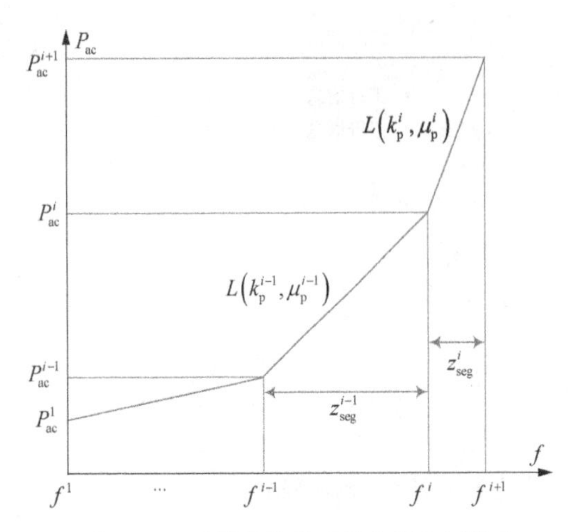

图 5-5 分段线性化后的变频空调输出功率-压缩机频率特性

行频率区间划分为若干子区间,并在各区间段用不同参数的线性模型表达 $P_{ac}(f)$,如图 5-5 所示。

设频率区间被切分为 N 段,因此将出现 $(N+1)$ 个功率分段点。设 $p_{segF}=(p_{ac}^1, \cdots, p_{ac}^N)^T$ 为前 N 个功率分段点;对应地,$f_{segF}=(f^1, \cdots, f^N)^T$ 为前 N 个频率分段点;$p_{segB}=(p_{ac}^2, \cdots, p_{ac}^{N+1})^T$ 为后 N 个功率分段点。此时便可以计算得到各段的斜率系数 $k_{pseg}=(k_p^i)_{N\times 1}$,$i\in[1, N]$。

至此,我们可以基于 MLD 模型对单个变频空调建立如下元件模型:

$$
\begin{aligned}
&T(k+1)=e^{-\sigma\tau}T(k)+\frac{e^{-\sigma\tau}-1}{c_a\rho_a V}Q_{ac}(k)+(1-e^{-\sigma\tau})T_{out}\\
&\begin{pmatrix}Q_{ac}(k)\\P_{ac}(k)\end{pmatrix}=\begin{pmatrix}q_{segF}^T\\p_{segF}^T\end{pmatrix}\omega(k)+\begin{pmatrix}k_{qseg}^T\\k_{pseg}^T\end{pmatrix}\lambda(k)\\
&1^T\omega(k)=1\\
&f(k)=f_{seg}^T\omega(k)+1^T\lambda(k)\\
&0\leqslant\lambda(k)\leqslant(\Lambda_B-\Lambda_F)\omega(k)\\
&f_{min}\leqslant f(k)\leqslant f_{max}\\
&|f(k)-f(k-1)|\leqslant r
\end{aligned}
\tag{5-10}
$$

式(5-10)的第一式为室温的一阶等效热参数模型,其中 $\sigma=(U_{oa}A_{room}+c_a\rho_a V\xi)/c_a\rho_a V$ 为热耗散系数,取决于房间的热交换效率、表面积、体积。此部分对应了 MLD 模型中的状态方程。

式(5-10)的第二式为空调的输出方程,输出量为制冷功率与电功率。$\lambda=(z^i)_{N\times 1}$,$i\in[1, N]$ 为连续型辅助变量,$\omega=(\omega^i)_{N\times 1}$,$i\in[1, N]$ 为 0-1 型整数变量。此部分对应了 MLD 模型中的输出方程。

式(5-10)的第三至第五式用辅助变量和整数变量表达运行逻辑约束:当且仅当运行频率 f 落入区间 s 时,$\omega^s=1$。式中,$\Lambda_F=\mathrm{diag}(p_{segF})$,$\Lambda_B=\mathrm{diag}(p_{segB})$。此部分对应了 MLD 模型中的等式约束部分。

式(5-10)的第六至七式刻画了压缩机运行频率的上下限约束与爬坡速度约束。此部分对应了 MLD 模型中的不等式约束部分。

5.2.4 实例化的信息节点模型

1. 量测节点

本部分考虑恒等映射,因此取 $K_i=I$,$\beta_i=0$,$\varepsilon_i=0$,$\forall i\in[1, 100]$。采集物理量

$\chi_i=(T_i,\ T_i^{\text{out}},\ f_i)^{\text{T}},\ i\in[1,\ 100]$。因此量测节点满足：$\sigma=(\sigma_1^{\text{T}},\ \sigma_2^{\text{T}},\ \cdots,\ \sigma_{100}^{\text{T}})^{\text{T}}$，其中，$\sigma_i=\chi_i=(T_i,\ T_i^{\text{out}},\ f_i)^{\text{T}}$。

2. 决策节点

上行控制过程中，先由本地控制层的各决策节点（$D_{0,1}\sim D_{0,100}$）计算得到所控制空调的调节能力曲线。调节能力曲线在保护变频空调用户偏好等隐私信息的前提下，向上级聚合层决策节点传递用户允许的空调功率可调范围信息，其纵坐标为电功率 P_{ac}，横坐标为舒适度偏差因子 s，借助文献[1]的定义：

$$s(k)=\begin{cases}[T(k)-T_{\text{fit}}]/(T_{\max}-T_{\text{fit}}),\ T(k)\geqslant T_{\text{fit}}\\ [T(k)-T_{\text{fit}}]/(T_{\text{fit}}-T_{\min}),\ T(k)<T_{\text{fit}}\end{cases}\tag{5-11}$$

式中，$T_{\max}$ 和 $T_{\min}$ 分别为用户可接受的最高和最低温度；T_{fit} 为用户设定的最适宜温度；T 为当前室温。根据上述定义可知：① 当室温在用户可接受的温度范围内时，s 的取值范围为$[-1,\ 1]$，且当 s 为正时有 $T\geqslant T_{\text{fit}}$，当 s 为负时有 $T<T_{\text{fit}}$；② s 的绝对值越小，表明当前温度越接近最适宜温度 T_{fit}，故称其为舒适度偏差因子。

典型的调节能力曲线如图 5-6 所示。一条调节能力曲线可通过五元组（$p_{\text{max\_cft}}$，$p_{\text{min\_cft}}$，$p_{\text{max\_opt}}$，$p_{\text{min\_opt}}$，p_{sat}）唯一确定，其元素的含义依次是：使舒适度偏差因子 $s=-1$ 时的电功率；使舒适度偏差因子 $s=1$ 时的电功率；空调运行时最大电功率；空调运行时最低电功率；使舒适度偏差因子 $s=0$ 时的电功率。五元组的具体数值可根据 MLD 模型求解得到，具体求解过程可参考前文，此处从略。本地决策节点模型，即对应求解描述调节能力曲线五元组的映射过程，可表示如下（$\forall j\in[1,\ 100]$）：

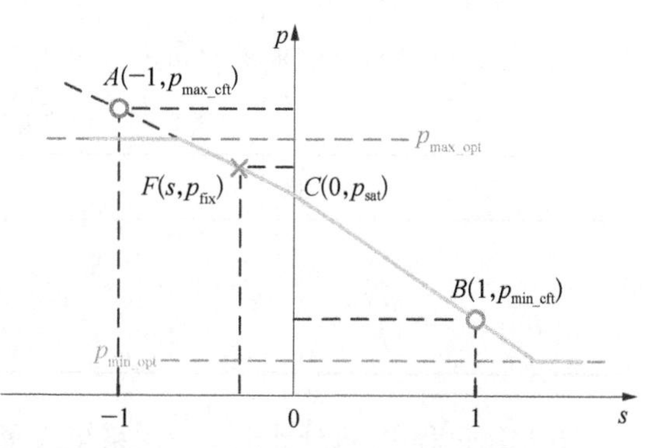

图 5-6　变频空调的调节能力曲线

$$\gamma_{0,j}=\Phi_{D_0,j}^{\text{up}}(\delta_{0,j})\tag{5-12}$$

其中，$\delta_{0,j}^{\text{T}}=(T_j,\ T_j^{\text{out}},\ f_j)$，$\gamma_{0,j}^{\text{T}}=(p_{\text{max\_cft}},\ p_{\text{min\_cft}},\ p_{\text{max\_opt}},\ p_{\text{min\_opt}},\ p_{\text{sat}})_j$。

聚合控制层将收集到的 100 条调节能力曲线以舒适度偏差因子为横轴进行逐点叠加，即得到 100 台变频空调集群的总调节能力曲线 $p=\sum_{i=1}^{100}d_i(s)\triangleq d_{\text{Agg}}(s)$。聚合控制层决策节点通过对总调节能力曲线进行平移，并与 FCE 水平线求取交点，即可得到目标控制指令 $s^*=d_{\text{Agg}}^{-1}(P_{\text{Ref\_Agg}})=d_{\text{Agg}}^{-1}[P_{\text{Agg}}(k)-\Delta P_{\text{FCE}}(k)]$。因此，聚合控制层决策节点模型可以表示为

$$\gamma_1=\Phi_{D_1}(\delta_1)\tag{5-13}$$

其中，$\delta_1=(\gamma_{0,1}^{\text{T}},\ \gamma_{0,2}^{\text{T}},\ \cdots,\ \gamma_{0,100}^{\text{T}})^{\text{T}}$，$\gamma_1=s^*$。

下行控制过程中，本地控制层各决策节点接收到（统一的）目标控制指令 s^*，从各自的调节能力曲线求得对应的目标功率 P_{ac}^*；并根据 MLD 模型，进一步求解得到目标压缩机频

率值 f^*。因此，本地控制层决策节点模型可表示为（$\forall j \in [1, 100]$）：

$$\gamma_{0,j} = \Phi_{D_0,j}^{\text{down}}(\delta_{0,j}) \tag{5-14}$$

其中，$\delta_{0,j} = s^*$；$\gamma_{0,j} = f_j^*$。

3. 执行节点

执行节点接收目标频率，控制空调压缩机工作频率变为 $f_i = f_i^*$（$i \in [1, 100]$）。将频率 f_i 代入空调 MLD 模型，即可对变频空调的运行状态进行更新与推演。

5.2.5 混合流模型算例分析

数值算例选取了 100 台变频空调作为控制对象，利用前述实例化混合流模型，推演并分析其在总控制时长为 3 600 s 内的动态演化过程及 FCE 补偿效果。将美国 PJM 电力市场 2014 年 5 月 4 日 0:00～01:00 的区域控制误差（ACE）信号按时间间隔 1 min 进行重新采样，并按比例系数 η（$\eta < 1$）对信号幅值进行缩减作为待追踪的 FCE 信号，用于模拟由于可再生能源出力不确定性导致的分钟级馈线功率波动。

IAC 的相关运行参数取自文献[2]。100 位 IAC 用户的温度偏好信息（即 $T_{\min}$，$T_{\max}$，T_{fit}）按照表 5-2 给定的随机分布进行生成。研究时段内的环境温度被设置为 $T_{\text{out}} = 32$℃。

表 5-2 用户温度偏好的随机分布

偏 好 参 数	随机分布（单位：℃）
T_{fit}	$N(25, 1.5)$
$T_{\max}$	$\min\{28, T_{\text{fit}} + U(1, 2)\}$
$T_{\min}$	$\max\{21, T_{\text{fit}} - U(1, 2)\}$

在控制过程中，每分钟进行一次系统级聚合控制，以追踪和补偿 FCE 信号。为确保室内温度和 IAC 功率动态演化计算的精确性，取 15 s 作为 MLD 模型推演的微步时间间隔。

1. 正常运行工况下的动态推演结果

图 5-7 展示了 100 台变频空调所在房间室内温度的动态推演结果。图 5-7(a)为采用混合流模型进行计算得到的室内温度演化结果。作为对比，图 5-7(b)为采用专业电力系统仿真软件 DIgSILENT 对相同系统进行时域仿真得到的室内温度演化结果。结果表明，混合流模型的计算结果与时域仿真结果相符合。对于控制周期属于秒级/分钟级的应用场景，混合流模型可以在保证计算精确性的同时以更小的计算开销取得与时域仿真计算相同的结果。

由于室内初始温度的用户的温度偏好是随机设定的，各房间的初始温度和初始舒适度偏差因子都存在很大的差异。因此，在 360 s 之前这些房间的舒适度偏差因子和室内温度呈无序演化，如图 5-8(a)所示。但随着时间的推移，集群的舒适度偏差因子曲线趋于统一。这种结果出现的原因正是因为本书采用了统一的舒适度偏差因子 s^* 作为控制信号，所以从图 5-8(a)中可以看出，从 420 s 开始舒适度偏差因子达到收敛（进而 100 条室内温度曲线也按相同的趋势演化，如图 5-7 所示）。收敛后的舒适度偏差因子始终处于 $[-1, 1]$ 区间，说明所有房间的室内温度都落入用户设定的温度偏好区间之内。

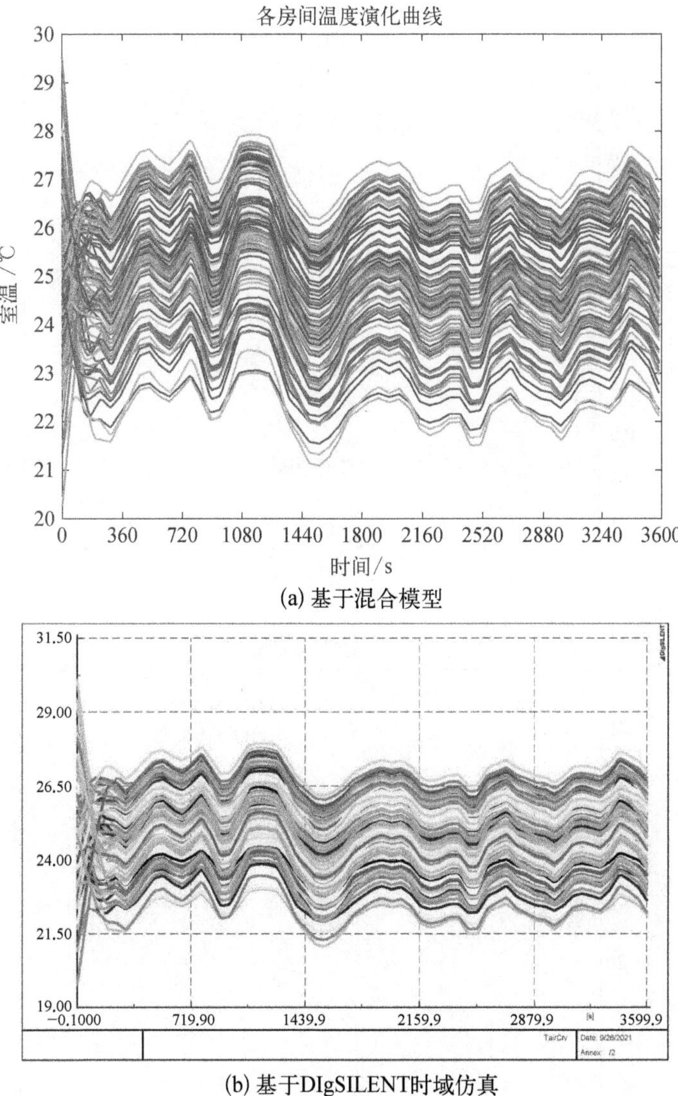

(a) 基于混合模型

(b) 基于DIgSILENT时域仿真

图5-7 室内温度动态推演结果

图5-8(b)展示了FCE信号的补偿结果。在360 s之前，由于舒适度偏差因子尚未收敛，空调补偿功率曲线虽然能够跟踪FCE信号，但并未完全重合，导致FCE信号所指示的功率偏差不能得到充分补偿。但当舒适度偏差因子收敛之后，空调补偿功率曲线与FCE信号几乎完全重合，即能够完全补偿FCE信号所指示的功率偏差。上述结果证明了所采用的变频空调集群控制策略的有效性。但需要注意的是，对于一定数量的参控空调，其FCE功率补偿能力也是有限度的，幅度过大的FCE信号(即幅度过大的功率波动)会削弱FCE补偿效果。

2. 局部通信中断工况下的动态推演结果

为测试混合流模型在通信故障运行场景下的动态推演能力并验证本章采用控制策略在非正常运行工况下的控制效果，设定如下故障场景：705～945 s发生局部通信中断，导致IAC ＃45、＃57、＃66、＃89无法接收统一的舒适度偏差因子调控指令。

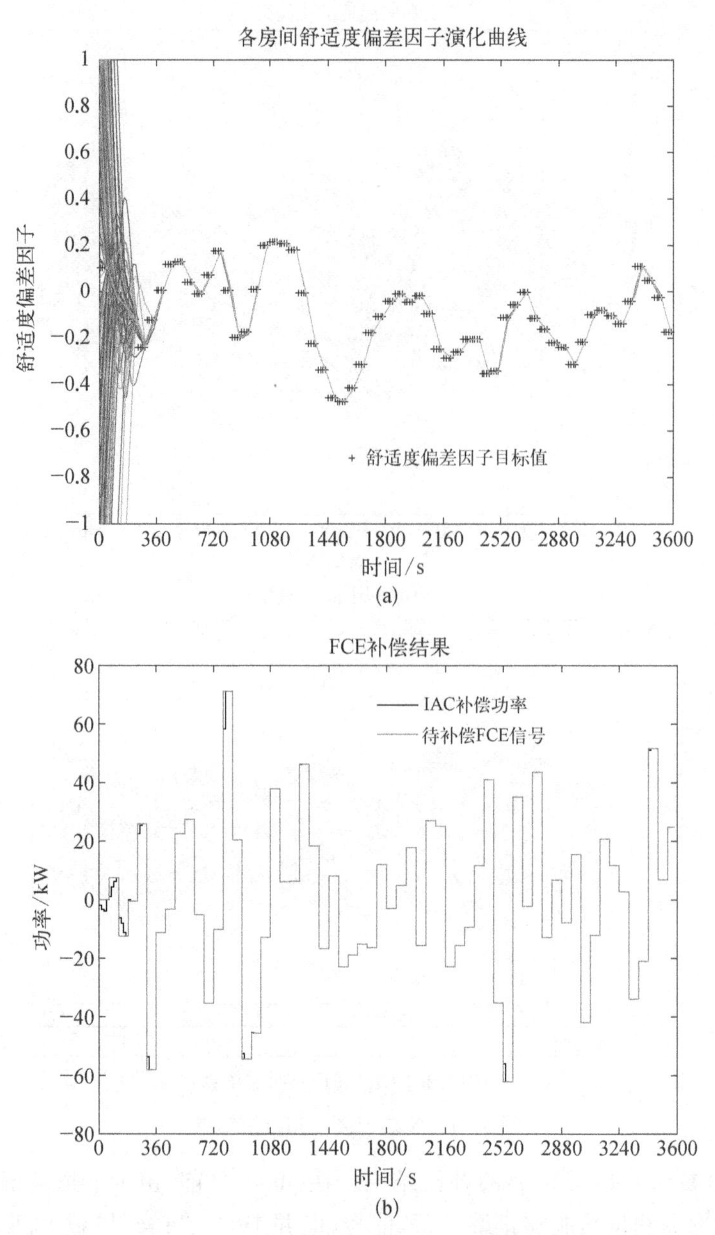

图 5-8　正常运行工况下的 (a) 舒适度偏差因子动态推演结果与(b) FCE 追踪与补偿效果

为此,我们将前述混合流模型信息支路中对应环节的通信状态矩阵 $\Psi_{D_1\to D_0}(t)=[y_{ij}(t)]_{1\times100}$ 作如下修改定义,并重新进行动态推演:

$$y_{ij}(t)=\begin{cases}0, & (t\in[705,945])\wedge(j=45,57,66,89)\\ 1, & (t\notin[705,945])\vee[(t\in[705,945])\wedge(j\neq45,57,66,89)]\end{cases} \tag{5-15}$$

图 5-9 展示了局部通信中断运行工况下的动态推演结果。可以发现,前述 4 台发生通信中断故障的 IAC 在故障时间段内无法跟踪统一的目标舒适度偏差因子(其余 IAC 舒适度

偏差因子曲线依然收敛)。与此同时,在故障时间段内空调集群提供的补偿功率在一定程度上偏离了 FCE 信号,如图 5 - 9(b)所示。

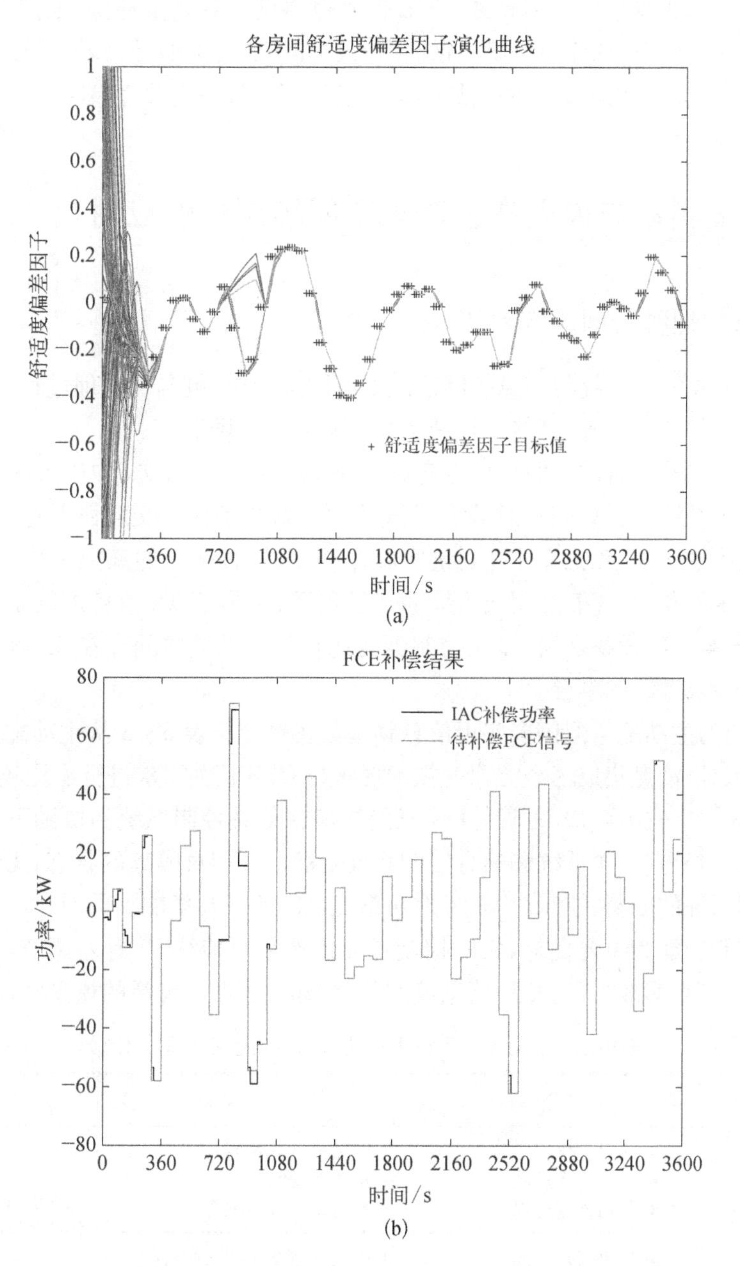

图 5 - 9　局部通信中断工况下的 (a) 舒适度偏差因子动态推演结果和 (b) FCE 追踪与补偿效果

根据混合流模型中信息支路的表达式可知,由于 705 s 到 905 s 间发生了通信中断,这四台 IAC 的本地目标功率值将一直无法更新,并维持 690 s 的功率指令值直到通信中断故障被清除。因此,舒适度偏差因子曲线在故障时间段内呈现出一阶系统阶跃响应的演化态势,如图 5 - 9(a)所示。这正是维持恒定功率输入(阶跃信号)下一阶系统演化的必然结果。

从图 5-9(a)中可见，在消除通信中断故障后，四台 IAC 所对应房间的舒适度偏差因子曲线与其它空调的曲线重新达到收敛，FCE 信号也再度得到完全补偿，如图 5-9(b)所示。这与同步机并网过程中，待并网机组被重新“拉入”同步非常类似，因此结果还证明了本部分研究所采用控制策略在局部通信中断故障运行场景下具有一定的鲁棒性。

5.3　混合逻辑动态模型在主动配电网控制中的应用

5.3.1　信息物理融合问题与对策

主动配电网在一次系统与信息控制系统的协同运行中，包含了物理过程和信息过程，具备信息物理融合的实现基础，是信息物理系统的典型应用场景。

从控制方式以及现有的三级分层分布控制系统来看：① ADN 中由各级控制器与通信网组成信息控制系统，与 ADN 一次设备组成的物理系统是存在交互协调作用的异构系统；② 信息控制系统对一次系统通过控制量实施作用，采用数字化的离散工作模式，使一次系统连续运行发生间断，是离散控制与连续动态过程融合；③ ADN 信息控制系统的各级控制器之间，控制器与一次设备之间，以及控制器与能量管理系统之间存在双向信息交互，即信息集成体系与一次系统的融合。

然而，目前的主动配电网仍未实现信息物理紧密融合。表 5-3 从主动配电网的一次系统、信息控制系统、信息集成三个方面的技术现状与 CPS 相关需求进行了比较。

从表 5-3 的比较中可知，尽管 ADN 已经能够在信息控制系统的协助下实现对一次系统的控制功能，但是其一次系统和信息控制系统依然处于相对隔离的状态，无论是对信息系统还是对物理系统的分析、控制，均未考虑两系统之间的交互影响。同时，就一次系统而言，以初步实现控制功能为主要目标，实时控制层面依然采用传统 PI 有差调节，未引入高级控制方法。此外，信息集成方面，多种信息模型并存，却没有形成灵活的模型转换。

表 5-3　主动配电网技术现状与信息物理系统需求比较

系 统 类 型	ADN 现状	CPS 需求	融 合 工 具
一次系统 (Physical 系统)	● 全局优化； ● 功率闭环控制； ● 针对连续过程	● 实时优化控制； ● 模型更新； ● 连续与离散融合	基于混合系统的电网信息物理系统融合建模与控制
信息控制系统 (Cyber 系统)	● 辅助监控功能； ● 运行规划独立于一次系统	● 与物理系统相互作用； ● 规划、控制信息流	
信息集成	● 多信息模型共存； ● 缺乏融合转换	● 多信息模型之间的灵活、直接转换	融合模型、模型云

根据表 5-3 的对比，表 5-4 从电网信息物理系统模型和控制的角度出发，总结了 ADN 亟须解决的问题以及解决方案。显然，表 5-4 中的问题属于电网信息物理系统模型中“分析控制模型”的解决范畴。

表 5-4　主动配电网控制运行中存在的问题及基于融合模型的解决方案

存在的问题	解决方案	
1. 未在连续动态优化过程中考虑 ADN 一次系统中离散状态切换	离散模型	混合系统模型(混合逻辑动态模型)
2. 未考虑信息系统和信息流对 ADN 一次系统控制的影响	逻辑模型	
3. 控制模型和方法缺乏预测性以及模型更新和校正能力	模型预测控制(滚动优化)	

其中,问题 1 涉及 ADN 一次系统建模。ADN 一次系统在连续运行中穿插的状态事件,如控制输入切换,改变了之前时刻的模型。目前,ADN 仅依靠长时间尺度优化制定全局优化目标,其优化模型只能描述系统在一种运行状态下的一个时间断面的连续动态,而未考虑在多种运行状态间的切换优化。因此需将描述 ADN 一次系统状态变化的离散模型考虑在连续模型中。

可以通过基于混合系统的电网信息物理系统建模方法,采用 FSM 和 MLD 实现连续模型和离散模型的结合。与问题 1 类似的,问题 2 也是模型导致的,也可采用电网信息物理系统融合模型描述。ADN 信息控制系统信息流在各级控制器中生成并传递、执行,依据的是 ADN 信息控制系统的功能、组成、拓扑连接,以及事先制定的路由规则和时序规则。将这些规则描述成逻辑表达式,通过 MLD 转化为不等式形式,可作为 ADN 一次系统运行控制中的一类约束条件,使控制系统信息流的影响被纳入考虑。显然,问题 2 属于电网信息物理系统分析控制模型中的物理过程与信息过程融合。

问题 3 和控制方法有关,可采用 4.3 节中基于混合系统的电网信息物理系统控制方法。ADN 长时间尺度优化根据运行断面及预测信息制定优化目标,周期大约 10～15 min。由于可变因素多,系统维持最优目标较为困难。所以,采用滚动优化缩短优化周期,加强控制的实时性。当模型参数发生变化时,能在下一个周期的计算中及时更新模型。同时,电网信息物理系统控制中采用的 MPC,能够根据 ADN 一次系统以及信息控制系统的融合模型预测未来状态信息,使控制过程具备预测能力,增强控制的预测性、精确性和适用性。

在本章的研究中,将以主动配电网馈线功率控制为例,说明电网信息物理系统融合模型中的分析控制模型在实现连续特性与离散特性融合方面的应用。

5.3.2　馈线功率协调控制的信息物理融合

1. 主动配电网馈线功率协调控制策略

主动配电网通过对分布式电源有功输出的协调控制,实现对网内馈线功率和自治控制区域功率的管理。

如上所述,在进行长时间尺度全局优化计算的基础上,因为馈线负荷变化、间歇式能源波动等原因,导致馈线与上级系统实时交换功率(简称馈线交换功率)与优化目标之间出现功率偏差。主动配电网将按照一定的分配系数,将功率偏差分配给馈线上参与控制的分布式电源。这样,充分提高了馈线内分布式电源的利用率,也有利于馈线与外界交换功率、馈线内主要节点功率能够尽可能维持在目标值附近。

上述控制过程的基本原理如式(5-16)所示[3]。其中,$P_f(t)$、$P_{f\text{-opt}}$ 分别为 t 时刻馈线与上级系统之间的交换功率及其全局优化目标,以流入馈线为正方向。$P_i(t)$ 和 $P_{i\text{-opt}}$ 分别

为第 i 个控制区域与馈线之间的交换功率(简称区域交换功率)和全局最优值,以流出馈线为正方向,控制区域依据负荷和分布式电源的位置划分。$\Delta P_f(t)$是 t 时刻馈线负荷或间歇式电源波动引发的功率变化,其导致了馈线出口交换功率的波动;K_i 为第 i 个控制区域的功率分配系数,表示了第 i 个控制区域中的分布式电源在调节馈线功率偏差过程中的参与程度。

$$\begin{aligned}&[P_f(t)-P_{f\text{-opt}}]+\frac{1}{K_i}\cdot[P_i(t)-P_{i\text{-opt}}]=0\\&P_f(t)-P_{f\text{-opt}}=\Delta P_f(t)\end{aligned}\tag{5-16}$$

为了实施闭环误差控制,文献[4]定义了如式(5-17)所示的馈线控制误差 FCE。其中,$\text{FCE}_i(t)$为第 i 个控制区域的馈线控制误差。

$$\text{FCE}_i(t)=K_i\cdot[P_f(t)-P_{f\text{-opt}}]+[P_i(t)-P_{i\text{-opt}}]\tag{5-17}$$

在控制过程中,控制器将调节 $\text{FCE}_i(t)=0$。根据式(5-17)可知,当馈线运行与长时间尺度全局优化目标保持一致时,则 $P_f(t)$与 $P_{f\text{-opt}}$ 相等,因此 $P_i(t)$和 $P_{i\text{-opt}}$ 也必然相等,保持 $\text{FCE}_i(t)=0$。当馈线交换功率 $P_f(t)>P_{f\text{-opt}}$ 时,则 $\text{FCE}_i(t)>0$,控制器将根据分配系数 K_i 增加控制区域内分布式电源出力,使 $P_i(t)$下降直至 $\text{FCE}_i(t)=0$。当馈线交换功率 $P_f(t)<P_{f\text{-opt}}$ 时,则 $\text{FCE}_i(t)<0$,控制器将根据分配系数 K_i 减少控制区域内分布式电源出力,使 $P_i(t)$上升直至 $\text{FCE}_i(t)=0$。

根据上述原理,文献[5]设计了如图 5-10 所示的 PI 控制模型。其中,若控制区域 i 中存在若干参与控制的分布式电源,则各分布式电源将根据系数 α_n 进行分配。

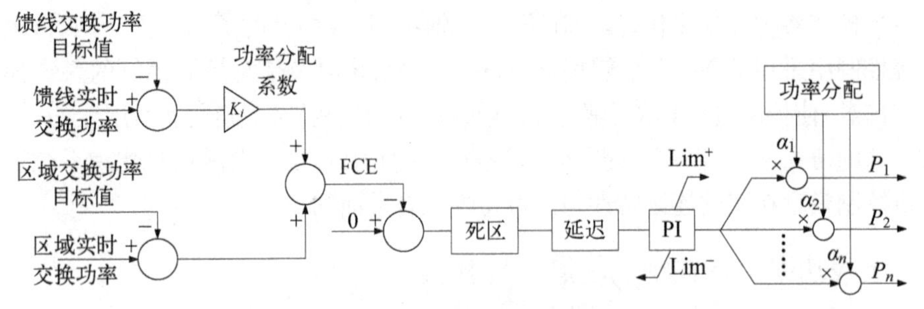

图 5-10　主动配电网馈线功率 PI 控制模型

注:图中 Lim^+ 指上确界;Lim^- 指下确界。

根据应用的需要,可以按照式(5-17)的原理,拓展三种控制模式[5]:① 定馈线交换功率模式,即保持馈线交换功率与全局最优目标一致,馈线内的全部功率波动均由各控制区域合力承担;② 区域独立自治模式,即保证各控制区域的交换功率与目标值一致,馈线功率波动全部由各区域自行承担或由馈线交换功率承担;③ 区域协同自治模式,该模式下,馈线交换功率和各控制区域均按照一定比例分担馈线功率波动,如文献[3]中在馈线出现负荷变化时,馈线平抑了 50%的变化功率,其余 50%由控制区域按比例承担。

2. 主动配电网馈线功率控制的连续特性与离散特性融合

在 5.3.1 节中分析了电网信息物理系统融合建模在主动配电网中的应用,归纳了目前主动配电网存在的三方面问题，并分别与融合模型中的连续特性与离散特性融合和物理过程与信息过程融合形成对应。这些问题在现有的 ADN 馈线功率协调控制中也是存在的。

从实现“连续特性与离散特性融合”的角度来看，尽管现有的基于 FCE 误差累积的 PI 控制方式基本满足控制需求，但其控制方式存在以下三方面不足。

1）控制状态单一。各控制区域的功率分配系数 K_i 为恒定值，一般按照区域控制开始时的参与控制分布式电源的总备用容量选取，而未考虑馈线以及分布式电源运行状态发生变化后的影响。

2）控制效果滞后。在发生馈线交换功率波动的短时间内总会使控制输出偏离最优值，或出现较大幅度超调而影响分布式电源的正常使用，或发生振荡而始终只能在最优值附近运行。

3）缺少优化控制。尽管在 PI 控制之前已经有长时间尺度的全局优化，但没有对控制过程中发生的状态变化进行短时间尺度的优化控制。例如当各区域为了承担馈线功率偏差而改变所辖参与控制分布式电源的出力后，也将导致各区域交换功率发生变化，可能导致区域交换功率与最优值产生较大偏差。

表 5－5 列举了上述 PI 控制方法的三方面问题与 5.3.1 节中所提主动配电网控制运行中存在问题的对应关系，以及在主动配电网馈线功率协调控制场景中，通过信息物理融合建模实现连续特性与离散特性融合的解决方案。

表 5－5　主动配电网馈线功率 PI 控制存在的问题及基于电网信息物理系统的解决方案

<table>
<tr><th>存在的问题</th><th>问题对应关系</th><th>解决方案</th></tr>
<tr><td>1. 控制状态单一</td><td>问题 1</td><td>● 多种离散控制状态切换；
● 建立混合系统模型</td></tr>
<tr><td>2. 控制效果滞后</td><td>问题 3</td><td rowspan="2">● 采用模型预测控制；
● 实施滚动优化控制；
● 控制多种离散状态切换；
● 优化区域交换功率偏差</td></tr>
<tr><td>3. 缺少优化控制</td><td>问题 1、问题 3</td></tr>
</table>

其中，针对控制状态单一的问题，将改变各区域功率分配系数单一的现状，根据馈线运行场景设置功率分配方式，使 K_i 能够在若干可选状态之间切换。功率分配方式可以为固定分配系数和滚动分配系数两种模式。固定分配系数即改变以往仅有一种恒定分配系数的模式，增加其他可选的恒定分配系数，使区域交换功率能够按照优化目标和当前状态进行切换。滚动分配系数则不固定分配系数数值，在每一轮滚动优化之前根据当前状态获得此轮优化的全部可选分配系数。

针对控制效果滞后以及缺少优化控制的问题，将在设置多种功率分配系数的基础上进行模型预测控制，以弥补 PI 误差调节控制导致的控制滞后。同时实施滚动优化控制，根据控制模型将实施控制所引发的影响考虑在控制量的制定过程中。将各控制区域承担馈线功率误差的成本因素，以及降低各控制区域改变功率输出而导致的全局优化目标偏离作为优化目标，并考虑控制区域内分布式电源功率限制等约束，在多种功率分配系数中选择最优分配方式。

首先在主动配电网馈线功率协调控制中加入状态切换场景，按照固定功率分配以及滚动功率分配两种模式分别构造基于混合系统的电网信息物理系统模型。基于该模型并考虑控制区域承担馈线功率误差的成本因素以及维持全局优化目标设计模型预测控制策略。

5.3.3 馈线功率协调控制的混合系统模型

1. 主动配电网馈线功率控制的FSM模型

考虑如下功率分配场景：对于在 $t+\Delta t$ 时刻馈线中发生的功率波动，将导致馈线交换功率与最优值偏差 $\Delta P_f(t+\Delta t)$，相对于 t 时刻的状态，馈线交换功率偏差的变化量为 $\Delta P(t)=\Delta P_f(t+\Delta t)-\Delta P_f(t)$，即在 Δt 的时间间隔中馈线上发生了 $\Delta P(t)$ 的功率变化。为消除这一功率变化，区域 i 将按照 t 时刻的功率分配系数 K_i 改变出力。

若馈线上包含 n 个控制区域，则上述在一个 Δt 时间间隔内的馈线功率分配模型可用式(5-18)表示。

$$P(t+\Delta t)=I_n P(t)+K(t)\cdot\Delta P(t) \tag{5-18}$$

其中，$P(t)=[P_1(t),\ P_2(t),\ \cdots,\ P_n(t)]'$ 是 t 时刻 n 个控制区域的区域交换功率组成的向量；向量 $K(t)=[K_1(t),\ K_2(t),\ \cdots,\ K_n(t)]'$ 中元素包含了 n 个控制区域的分配系数，每个元素满足 $K_n(t)\in K=\{K_{n1}^0,\ K_{n2}^+,\ \cdots,\ K_{nm}^+,\ K_{n1}^-,\ K_{n2}^-,\ \cdots,\ K_{nj}^-\}$，表示每一个控制区域的分配系数包含了 j 种可能的取值。由于在相隔 Δt 的两个时刻，t 时刻的馈线功率偏差 $\Delta P_f(t)$ 可能大于、等于或者小于 $t-\Delta t$ 时刻的偏差 $\Delta P_f(t-\Delta t)$，因此相对应的，馈线交换功率偏差的变化量 $\Delta P(t)$ 也就存在大于、等于以及小于零的三种可能。这样，针对三种 $\Delta P(t)$，在分配功率给控制区域或者分布式电源时，分配系数 K_i 也包含三种可能：K_n^0 表示分配系数为零，即区域不参与调节；K_n^+ 用于平衡 $\Delta P(t)\geqslant 0$ 的情况；K_n^- 用于平衡 $\Delta P(t)\leqslant 0$ 的情况。

主动配电网的控制目标是充分利用馈线分布式电源的能力共同平抑功率波动，因此当所有控制区域的 $K_n(t)$ 在组合为分配系数向量 $K(t)$ 时，包含三种情况：① 所有控制区域均不参与功率调节，此时分配系数向量记为 $K^0(t)$；② 当馈线在 t 时刻发生 $\Delta P(t)\geqslant 0$ 时，所有控制区域均向馈线增加出力，此时分配系数向量记为 $K^+(t)$；③ 当馈线在 t 时刻发生 $\Delta P(t)\leqslant 0$ 时，所有控制区域均减少向馈线的功率注入，此时分配系数向量记为 $K^-(t)$。

与式(5-17)的基于馈线控制误差的分配方式不同，式(5-19)模型采用递进式分配方式，并不直接使用各时刻馈线交换功率与目标值的偏差，而采用各时刻偏差的变化量 $\Delta P(t)$ 进行累积，反映了控制区域各时刻之间的递进关系，也使该模型能够作为预测模型用于滚动优化控制。

式(5-18)对应了其中的某个状态 $q\in Q$，并且反映了在该状态下的功率分配规律 $f\in F$。状态转移取决于控制器对分配系数 $K(t)$ 的选择，属于外部触发事件 G_{out}。由于 $K(t)$ 需要依据 $\Delta P(t)$ 的取值情况分别进行状态转移，因此需要通过定义 $K(t)$ 与 $\Delta P(t)$ 之间的逻辑关系判别状态转移的路径，这一逻辑关系就是转移函数集合 E，详细转移规则将在后文中给出。

2. 主动配电网馈线功率协调控制的MLD模型

当t时刻馈线发生功率变化时,n个区域将共同增加出力抵消$\Delta P(t)$。此时,各区域将在j种分配系数中选择一种,并和其它区域所选系数,分别按照$K^0(t)$、$K^+(t)$、$K^-(t)$组合为$K(t)$。$K(t)$将有$i=1+m^n+j^n$种可能组合,并且任意时刻只可能存在一种组合。

设逻辑向量$\delta(t)=[\delta_1(t),\ \delta_2(t),\ \cdots,\ \delta_m(t),\ \cdots,\ \delta_i(t)]'$, $\delta_m(t)\in\{0,\ 1\}$, $m\in[1,\ 2,\ 3,\ \cdots,\ i]$对应了$K(t)$的各种可能组合。可将$\delta(t)$划分为三部分,即$\delta(t)=[\delta^0(t),\ \delta^+(t),\ \delta^-(t)]'$,分别对应了$K^0(t)$、$K^+(t)$以及$K^-(t)$。在任意时刻$t$,当区域按照第$m$种系数组合$K_m$分配功率时,则对应的逻辑变量置1,即$\delta_m(t)=1\Leftrightarrow K(t)=K_m=[K_1(t),\ K_2(t),\ \cdots,\ K_n(t)]'$。

据此,可将式(5-18)转化为以逻辑变量$\delta(t)$表示的形式。如式(5-19)所示,W是j^n维矩阵,与$\delta(t)$相乘后即确定了t时刻各区域的分配系数。

$$\begin{aligned}&P(t+1)=I_n\cdot P(t)+W\cdot\delta(t)\cdot\Delta P(t)\\&W=[K_1,\ K_2,\ \cdots,\ K_m,\ \cdots,\ K_i]\end{aligned}\tag{5-19}$$

由于在任意时刻,区域分配功率的方式只可能有一种,因而$\delta(t)$中只能有一个元素取1。可得到式(5-20)的关于$\delta(t)$的不等式约束。

$$\overbrace{[1,\ 1,\ 1\cdots1]}^{1\times i}\times\delta(t)=1\Leftrightarrow\begin{cases}\overbrace{[1,\ 1,\ 1\cdots1]}^{1\times i}\times\delta(t)\geqslant1\\\overbrace{[1,\ 1,\ 1\cdots1]}^{1\times i}\times\delta(t)\leqslant1\end{cases}\tag{5-20}$$

为了保证$\Delta P(t)>0[\Delta P(t)<0]$时,各控制区域在同一时刻仅能够在$K^+(t)[K^-(t)]$中选取分配系数。可得如式(5-21)所示的关于逻辑变量$\delta(t)$的分配系数选取规则。其中"+"表示$\delta(t)$中与$\delta^+(t)$项对应的部分;"−"表示$\delta(t)$中与$\delta^-(t)$项对应的部分,

$$\begin{aligned}&\Delta P(t)\cdot[\delta^0(t)+\sum\delta^+(t)]\geqslant0\Leftrightarrow\Delta P(t)\cdot[1,\ \overbrace{1,\ 1,\ 1,\ \cdots,\ 1}^{+},\ \overbrace{0,\ 0,\ 0,\ \cdots,\ 0}^{-}]\cdot\delta(t)\geqslant0\\&\Delta P(t)\cdot[\delta^0(t)+\sum\delta^-(t)]\leqslant0\Leftrightarrow\Delta P(t)\cdot[1,\ \overbrace{0,\ 0,\ 0,\ \cdots,\ 0}^{+},\ \overbrace{1,\ 1,\ 1,\ \cdots,\ 1}^{-}]\cdot\delta(t)\leqslant0\end{aligned}\tag{5-21}$$

表5-6详细分析了$\Delta P(t)\neq0$情况下,式(5-6)所规定的逻辑变量取值规则。其中,当$\Delta P(t)>0$时,若要使$\Delta P(t)\cdot[\delta^0(t)+\sum\delta^+(t)]\geqslant0$成立,则$\delta^0(t)+\sum\delta^+(t)\geqslant0$,由于式(5-20)限制,可得$\delta^0(t)+\sum\delta^+(t)=1$。同时,若要满足$\Delta P(t)\cdot[\delta^0(t)+\sum\delta^+(t)]\leqslant0$,则$\delta^0(t)+\sum\delta^+(t)\leqslant0$,由于$\delta_m(t)\in\{0,\ 1\}$,可得$\delta^0(t)+\sum\delta^+(t)=0$。因此,在$\Delta P(t)>0$的情况下,$\sum\delta^+(t)=1$,即分配系数为$K^+(t)$。同理可以证得在$\Delta P(t)<0$的情况下,逻辑变量$\sum\delta^-(t)=1$,即分配系数为$K^-(t)$。

表 5-6　当 $\Delta P(t)\neq 0$ 时的功率分配系数逻辑规则

功率波动 $\Delta P(t)$	逻辑变量 $\delta(t)$	分配系数 $K(t)$
$\Delta P(t)>0$	$\sum\delta^{+}(t)=1$	$K^{+}(t)$
$\Delta P(t)<0$	$\sum\delta^{-}(t)=1$	$K^{-}(t)$

表 5-7 详细分析了 $\Delta P(t)=0$ 情况下，式(5-21)所规定的逻辑变量取值规则。此时，必有 $\Delta P(t)\cdot[\delta^{0}(t)+\sum\delta^{+}(t)]=0$。其中，若 $\delta^{0}(t)+\sum\delta^{+}(t)=0$，根据式(5-5)可得 $\sum\delta^{-}(t)=1$，此时功率分配系数在 $K^{-}(t)$ 中选择。若 $\delta^{0}(t)+\sum\delta^{+}(t)=1$，将有两种可能情况：① 如果 $\delta^{0}(t)=1$，那么有 $\sum\delta^{+}(t)+\sum\delta^{-}(t)=0$，于是分配系数为 $K^{0}(t)$；② 如果 $\delta^{0}(t)=0$，那么有 $\sum\delta^{+}(t)=1$，可得分配系数 $K^{+}(t)$。同理可以得到表 5-7 中 $\delta^{0}(t)+\sum\delta^{+}(t)=0$ 以及 $\delta^{0}(t)+\sum\delta^{+}(t)=1$ 时的情况。

表 5-7　当 $\Delta P(t)=0$ 时的功率分配系数逻辑规则

功率波动 $\Delta P(t)$	逻辑变量 $\delta^{0}(t)+\sum\delta(t)$	逻辑变量 $\delta(t)$	分配系数 $K(t)$
$\Delta P(t)=0$	$\delta^{0}(t)+\sum\delta^{+}(t)=0$	$\sum\delta^{-}(t)=1$	$K^{-}(t)$
	$\delta^{0}(t)+\sum\delta^{+}(t)=1$	$\delta^{0}(t)=1\ \&\ \sum\delta^{+}(t)+\sum\delta^{-}(t)=0$	$K^{0}(t)$
		$\delta^{0}(t)\neq 1\ \&\ \sum\delta^{+}(t)=1$	$K^{+}(t)$
	$\delta^{0}(t)+\sum\delta^{-}(t)=0$	$\sum\delta^{+}(t)=1$	$K^{+}(t)$
	$\delta^{0}(t)+\sum\delta^{-}(t)=1$	$\delta^{0}(t)=1\ \&\ \sum\delta^{+}(t)+\sum\delta^{-}(t)=0$	$K^{0}(t)$
		$\delta^{0}(t)\neq 1\ \&\ \sum\delta^{-}(t)=1$	$K^{-}(t)$

上面证明了式(5-21)能够有效保证 $K(t)$ 的选择保持与 $\Delta P(t)$ 的一致，并覆盖了各种可能情况。但是在实际控制对分配系数的选择过程中，在 $\Delta P(t)=0$ 的情况下，$K(t)$ 选择任意组合都不会影响式(5-18)随时间递进发展。

综合上述各式，考虑各控制区域分布式电源功率调节的可控范围 $P(t)\in[P_{\min},P_{\max}]$，可得到式(5-22)的混合逻辑动态模型。其中，$0_n$ 是 n 维零矩阵，I_n 是 n 维单位矩阵。

$$
\begin{cases}
P(t+1)=I_n\cdot P(t)+W\cdot\delta(t)\cdot\Delta P(t)\\
W=[K_1,K_2,\cdots,K_m\cdots K_i]\\
\begin{bmatrix}
-1 & -1 & \cdots & -1\\
1 & 1 & \cdots & 1\\
-\Delta P(t) & -\Delta P(t) & \cdots & 0\\
\Delta P(t) & 0 & \cdots & \Delta P(t)\\
 & 0_n & & \\
 & 0_n & &
\end{bmatrix}\delta(t)\leqslant
\begin{bmatrix}
0 & 0 & \cdots & 0\\
0 & 0 & \cdots & 0\\
0 & 0 & \cdots & 0\\
0 & 0 & \cdots & 0\\
 & -I_n & & \\
 & I_n & &
\end{bmatrix}x(t)+
\begin{bmatrix}
-1\\ 1\\ 0\\ 0\\ P_{\max}\\ -P_{\min}
\end{bmatrix}
\end{cases}
\tag{5-22}
$$

5.3.4　馈线功率模型预测控制

式(5-22)中包含了模型预测控制所需的预测模型，以及不等式约束。在此基础上，为了确定各个时刻各控制区域参与调节馈线功率偏差的程度，即求取逻辑变量向量 $\delta(t)$，首先确定模型预测控制的优化目标。设预测控制的控制周期为 T。

1. 降低馈线功率偏差

由于预测模型式(5-22)是离散形式，因此在求解过程中需要保证在各个时刻能够充分地将馈线功率偏差消除。控制目标如式(5-23)所示。其中，P_{rif} 表示对偏离馈线功率目标值的惩罚；$[1, 1, \cdots, 1]_n$ 是 n 维横向量，以此获得每个时刻各控制区域功率之和；P_{pre} 为馈线负荷及间歇式电源的预测功率。

$$\min J_{\delta 1}=\sum_{t=0}^{T-1}\|[P_{f\text{-opt}}(t)+[1, 1, \cdots, 1]_n \cdot P(t)-P_{\text{pre}}(t)] \cdot P_{rif}\|_{Q_{\delta 1}}^2 \tag{5-23}$$

由于馈线功率偏差的变化量 $\Delta P(t)$ 是根据控制周期开始时刻的馈线功率分布情况计算的，在控制中通过式(5-23)的优化，不仅能够尽可能消除馈线功率偏差，同时也使 $\Delta P(t)$ 的准确程度更高。

2. 控制区域功率调节成本

各控制区域参与馈线功率调节将产生成本，为了使控制周期内的功率调节总成本最小，需满足式(5-24)。其中，P_{rin} 表示第 n 个控制区域的功率调节成本；$P_{ri\text{-min}}$ 为所有控制区域调节成本中的最小值。该式期望通过成本因素使控制器在选择功率分配系数时，尽量选择与最低调节成本 $P_{ri\text{-min}}$ 接近的控制区域承担分配功率。

$$\begin{aligned}\min J_{\delta 2}=\sum_{t=0}^{T-1}\|&[P_{ri1}-P_{ri\text{-min}}\cdots P_{ri\text{-min}}-P_{ri\text{-min}}\cdots P_{rin}-P_{ri\text{-min}}]_n \cdot \\ &W \cdot \delta(t) \cdot|\Delta P(t)|\ \|_{Q_{\delta 2}}^2\end{aligned} \tag{5-24}$$

3. 维持区域交换功率目标

在功率分配过程中，不可避免地会改变各控制区域的区域交换功率，偏离了长时间尺度全局最优目标。通过式(5-25)的控制目标，减少区域交换功率与最优目标的偏差。其中，$P(t)$ 为 n 个控制区域在 t 时刻的区域交换功率，与式(5-3)中含义相同；P_r 为 n 个控制区域的区域交换功率全局最优目标。

$$\min J_P=\sum_{t=0}^{T-1}\|P(t)-P_r\|_{Q_P}^2 \tag{5-25}$$

可将式(5-23)中的惩罚项 P_{rif} 定义为偏离馈线交换功率的成本，并与式(5-24)合并为经济指标。结合式(5-25)，可得式(5-26)的主动配电网馈线功率模型预测控制的总目标。

$$\min J=\sum_{t=0}^{T-1}\|P(t)-P_r\|_{Q_P}^2+\|[P_{f\text{-opt}}(t)+[1,1,\cdots,1]_n\cdot P(t)-P_{\text{pre}}(t)]\cdot P_{rif}$$
$$+[P_{ri1}-P_{ri\text{-min}}\cdots P_{ri\text{-min}}-P_{ri\text{-min}}\cdots P_{rin}-P_{ri\text{-min}}]_n\cdot W\cdot\delta(t)\cdot|\Delta P(t)|\,\|_{Q_\delta}^2 \tag{5-26}$$

预测控制问题描述为：主动配电网馈线上的 n 个控制区域随着馈线交换功率的波动，按照式(5-19)的递推模型调节功率区域交换功率，在满足式(5-22)约束条件的前提下，求取功率分配系数，使式(5-26)的目标函数最优。

如图 5-11 所示的馈线功率控制流程，首先预测一个控制周期 T 内的馈线间歇式分布式电源出力，以及负荷功率。结合 t 时刻馈线内参与控制分布式电源的功率，计算控制周期内各时刻的馈线交换功率偏差 $\Delta P_f(t)$，进而得到各时刻馈线交换功率偏差的变化量 $\Delta P(t)$。

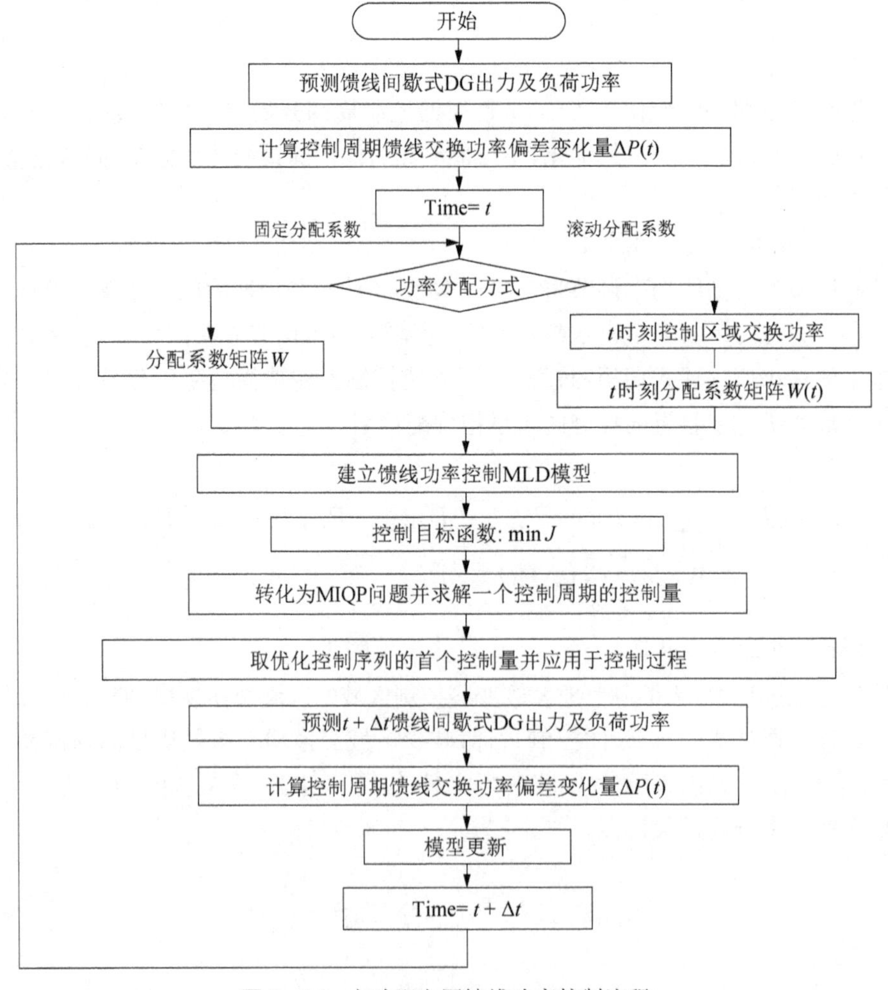

图 5-11　主动配电网馈线功率控制流程

根据功率分配方式的不同，生成分配系数矩阵 W。 若采用固定分配系数，则 W 为一常数阵，可直接生成式(5-22)的 MLD 模型。

若采用滚动分配系数，则 W 与 t 时刻控制区域交换功率 $P(t)$ 有关。例如以本轮控制周期开始时的各控制区域功率可调范围的比例作为分配依据，若 n 个控制区域均参加该轮控制，那么可以有式(5-27)作为 $K^{+}(t)$ 和 $K^{-}(t)$ 分别参与调节 $\Delta P(t)>0$ 或 $\Delta P(t)<0$ 的两种情况。其中，$P_{i\text{-max}}$ 表示第 i 个控制区域的功率调节上限。

$$K^{+}(t): \frac{1}{\sum_{i=1}^{n} P_{i\text{-max}} - \sum_{i=1}^{n} P_i(t)} \cdot [P_{1\text{-max}} - P_1(t),\ P_{2\text{-max}} - P_2(t),\ \cdots,\ P_{n\text{-max}} - P_n(t)]$$

$$K^{-}(t): \frac{1}{\sum_{i=1}^{n} P_i(t)} [P_1(t),\ P_2(t),\ \cdots,\ P_n(t)] \tag{5-27}$$

在构建了 MLD 模型后，将其作为等式和不等式约束，结合式(5-26)的优化目标，转化为 MIQP 问题并求解该控制周期的控制量。取优化控制序列中的首个控制量并由控制器执行。得到执行控制后的区域交换功率，更新模型及分配系数矩阵，并开始下一控制周期。

5.3.5　混合逻辑动态模型算例分析

本章考虑分配模式切换的主动配电网馈线功率控制模型及预测控制方法，将采用某主动配电网示范工程馈线系统作为测试算例。

如图 5-12 所示，该馈线系统自 10 kV 变电站与外系统连接。馈线上包含 5 台分布式电源，其中 DG2、DG4 以及 DG5 参与馈线功率调节。根据主动配电网控制区域划分规则，划分为 3 个控制区域，其中 DG2 为控制区域 1，DG5 和 Load_5 组成控制区域 2，控制区域 3 则包含有 DG3、DG4 以及 Load_3。一台间歇式电源 DG1 位于 N_2，另有三组等效负荷分别位于节点 N_1、N_3、N_7。

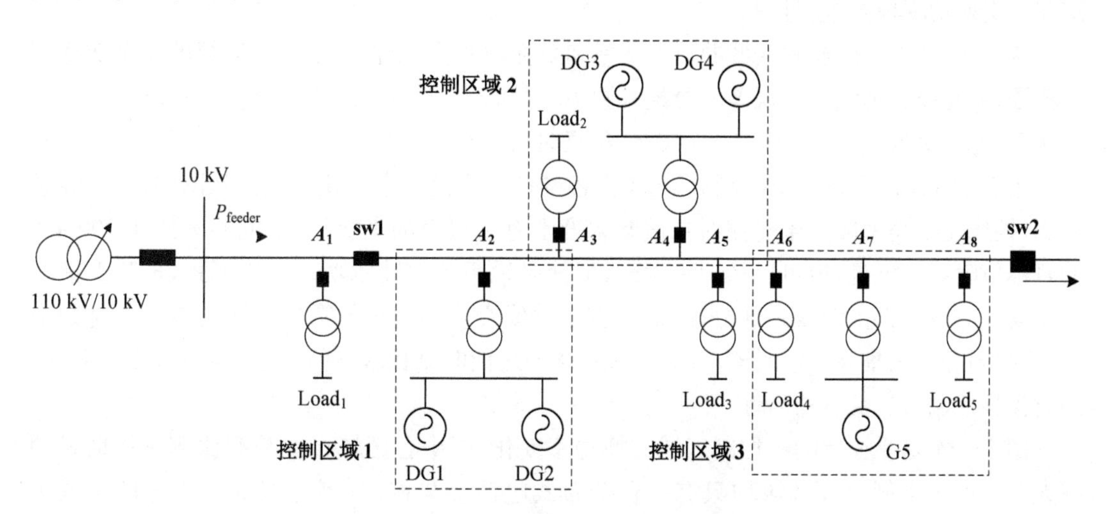

图 5-12　主动配电网馈线系统接线图

经过系统全局优化计算，确定了一段时间内的馈线及控制区域交换功率的目标值。目标值及有关设备运行参数如表 5-8 所示。

表 5-8 仿真系统参数及目标值

名　称	类　型	节　点	最大功率/kW	运行功率/kW
DG1	分布式电源	N_2	250	200
DG2	分布式电源	N_5	150	100
DG3	分布式电源	N_6	250	250
DG4	分布式电源	N_6	310	250
DG5	分布式电源	N_8	230	200
$Load_1$	负荷	N_1	—	350
$Load_2$	负荷	N_3	—	200
$Load_3$	负荷	N_4	—	350
$Load_4$	负荷	N_7	—	300
$Load_5$	负荷	N_9	—	450
名　称	交换功率	节　点	最大功率/kW	目标功率/kW
P_{feeder}	馈线	10 kV 母线	—	300
P_1	区域	N_5	150	100
P_2	区域	N_8、N_9	230	200
P_3	区域	N_4、N_6	380	300

控制场景为：由于分布式电源 DG1 输出功率以及馈线等效负荷 $Load_1$、$Load_2$、$Load_4$ 的变化，导致馈线功率发生波动。为了保障馈线功率波动能够通过馈线上参与控制的分布式电源平抑，维持馈线交换功率运行在目标值，下面将分别采用基于馈线控制误差的 PI 控制以及基于混合系统的模型预测控制方法进行对比验证。

5.3.5.1 基于馈线控制误差的 PI 控制

根据 5.3.2 中介绍的馈线控制误差指标及控制方法，以及图 5-10 的 PI 控制原理，采用定馈线交换功率模式进行控制。

从表 5-8 中三个控制区域的最大功率和目标功率，可获得三个控制区域的剩余功率调节范围，据此设置馈线功率误差的分配系数 $K=[0.3152, 0.1857, 0.5]$。通过调试，设置本例 PI 控制参数 $k_p=0.38$，$k_i=0.88$。仿真时长 300 s。

图 5-13 反映了进行 PI 控制后与不受控的馈线交换功率变化对比。从图中可见，经过控制，馈线交换功率较之未受控时在波动幅度上有了很大的平缓，基本能够维持在 300 kW 的目标值附近。但是，也可以从图中发现，即使是采用了定馈线功率控制模式，理论上馈线功率误差应该全部由馈线内部分配，而本例中馈线交换功率依然存在一定的波动。这是由于 PI 控制是在采集到当前时刻功率误差后，再与之前时刻比较，通过误差累积量进行调控，因此该种控制方法具有滞后性。

图 5-14 是受控后的各控制区域交换功率变化，图中各区域按照分配比例承担馈线功率误差。由于本例中各区域均只有一台分布式电源参与控制，因此图 5-14 也即反映了 DG2、DG4 以及 DG5 的输出变化。

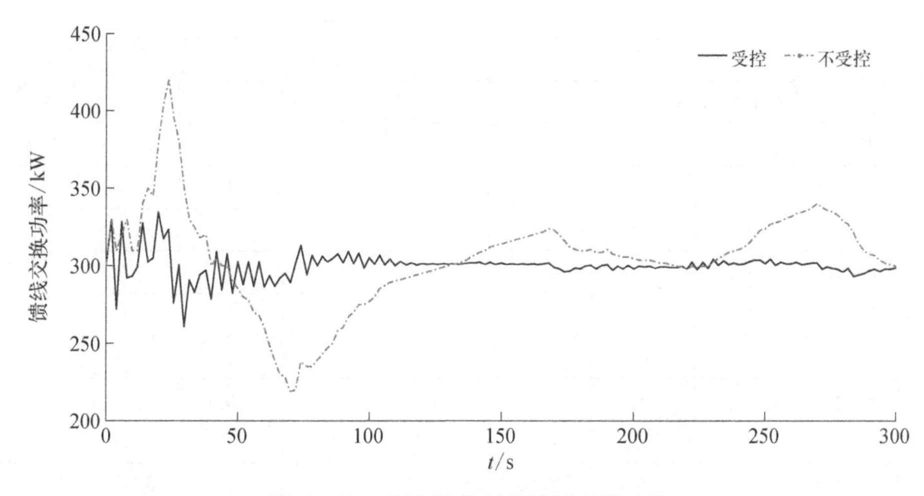

图5-13 采用PI控制的馈线交换功率

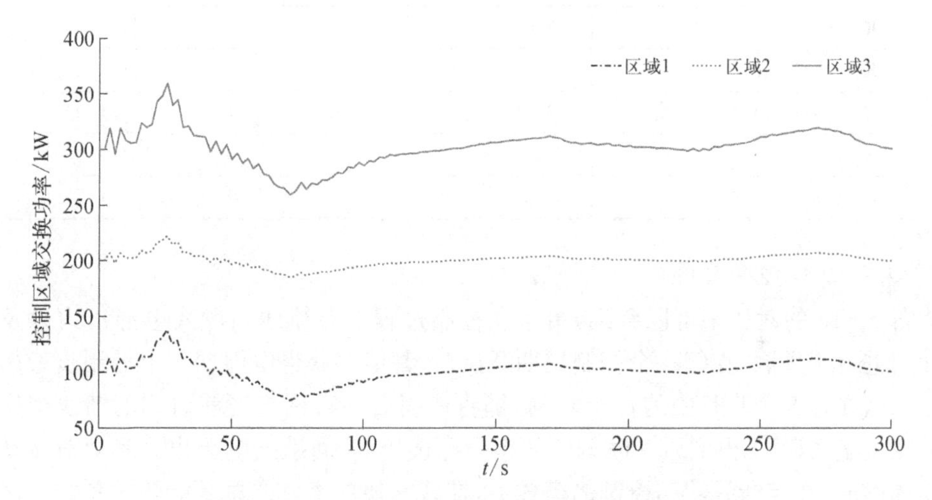

图5-14 采用PI控制的各控制区域交换功率

从上述仿真中,现有的主动配电网馈线功率控制方式,能够达到一定的控制效果。PI控制的滞后性使得无论采用何种控制模式,馈线功率误差都无法做到无差调节。同时,由于在全局最优的基础上,缺少进一步的优化控制,且功率分配系数单一固定,三个控制区域参与功率调节的成本优化未作考虑。

5.3.5.2 基于混合系统的固定分配系数馈线功率控制

根据5.3.3节介绍的模型及控制方法对本算例进行仿真验证。其中,设模型预测控制步长 $\Delta t=2$ s,控制周期 $T=5\Delta t=10$ s,仿真时长300 s,共计150个控制步长。

为了验证不同权重系数对分配结果的影响,根据式(5-11)的优化目标,分别设置权重系数 $Q_p=0.3$, $Q_\delta=20$,以及 $Q_p=0.1$, $Q_\delta=30$,两种情况作为权重矩阵 Q_p 和 Q_δ 的元素。

按照表5-8列举的各控制区域最大功率和目标功率,并考虑各控制区域是否参与调节,得到如表5-9所示的功率分配系数组合。

表 5-9 控制区域功率分配系数组合

分配系数		$K(t)$			$\delta(t)$			逻辑变量	
		K_1	K_2	K_3	$\delta_1(t)$	$\delta_2(t)$	$\delta_3(t)$		
$K^0(t)$	$K_1^0(t)$	0	0	0	0	0	0	$\delta_1^+(t)$	$\delta^0(t)$
$K^+(t)$	$K_2^+(t)$	0	0	100%	0	0	1	$\delta_2^+(t)$	$\delta^+(t)$
	$K_3^+(t)$	0	100%	0	0	1	0	$\delta_3^+(t)$	
	$K_4^+(t)$	0	3/11	8/11	0	1	1	$\delta_4^+(t)$	
	$K_5^+(t)$	100%	0	0	1	0	0	$\delta_5^+(t)$	
	$K_6^+(t)$	5/13	0	8/13	1	0	1	$\delta_6^+(t)$	
	$K_7^+(t)$	5/8	3/8	0	1	1	0	$\delta_7^+(t)$	
	$K_8^+(t)$	5/16	3/16	8/16	1	1	1	$\delta_8^+(t)$	
$K^-(t)$	$K_9^-(t)$	0	0	100%	0	0	1	$\delta_9^-(t)$	$\delta^-(t)$
	$K_{10}^-(t)$	0	100%	0	0	1	0	$\delta_{10}^-(t)$	
	$K_{11}^-(t)$	0	2/5	3/5	0	1	1	$\delta_{11}^-(t)$	
	$K_{12}^-(t)$	100%	0	0	1	0	0	$\delta_{12}^-(t)$	
	$K_{13}^-(t)$	1/4	0	3/4	1	0	1	$\delta_{13}^-(t)$	
	$K_{14}^-(t)$	1/3	2/3	0	1	1	0	$\delta_{14}^-(t)$	
	$K_{15}^-(t)$	1/6	2/6	3/6	1	1	1	$\delta_{15}^-(t)$	

1. $Q_p=0.3$，$Q_\delta=20$

从图 5-15 的对比中可以看到，由于在控制过程中对馈线间歇式电源出力以及馈线负荷波动进行了预测，在每一个控制周期开始时，都能够获得本周期 5 个控制步长的功率预测。那么在这 5 个步长中的每个时刻，都将依据后一时刻与当前时刻的馈线交换功率偏差的变化量 $\Delta P(t)$ 得到后一时刻的功率分配选择，若间歇式电源出力和负荷波动的预测值是准确的，在定馈线功率控制的模式下，馈线交换功率偏差总是能够被各控制区域完全分配。

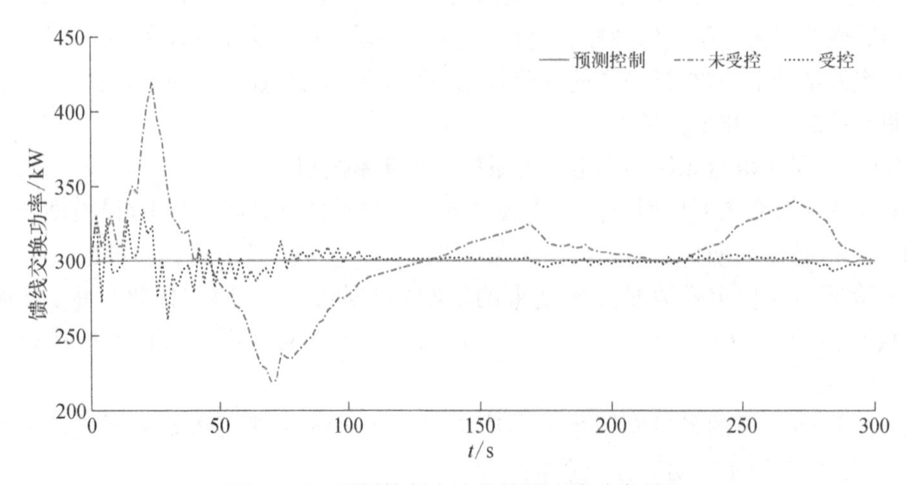

图 5-15 不同控制方法的馈线交换功率对比

图 5－16 反映了采用基于混合系统的模型预测控制下的馈线各控制区域交换功率。图中，各区域功率变化均满足区域最大功率输出的限制范围。同时，与图 5－15 中的未受控馈线交换功率比照，因为区域交换功率的变化就是要抵消馈线交换功率偏差，那么，两者的应该具有相同的变化趋势。从图 5－16 能够看出，当 $\Delta P_f(t)$ 增加或减少时，区域交换功率也有一致走向，表明该结果符合式(5－6)的约束。

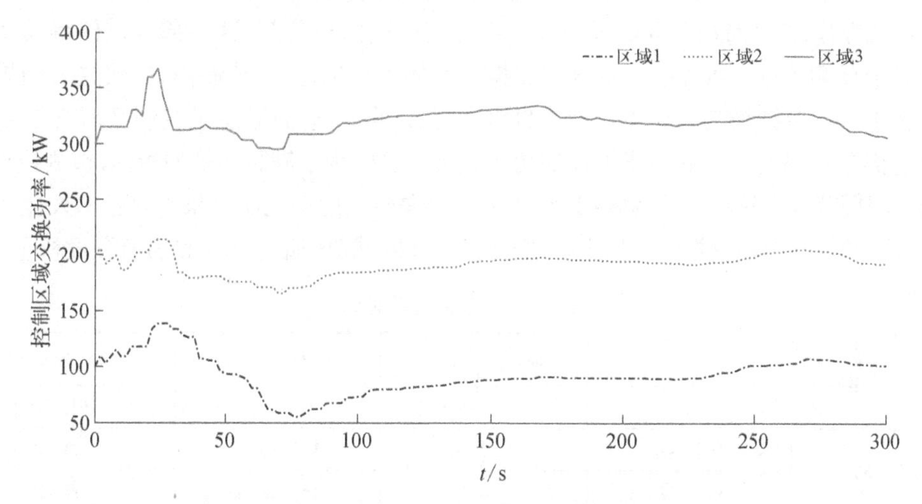

图 5－16　模型预测控制的各控制区域交换功率

2. $Q_p=0.1$，$Q_\delta=30$

与 $Q_p=0.3$，$Q_\delta=20$ 的情况类似的，因为采用了间歇式电源和馈线负荷的功率预测值，在预测值准确的情况下，各时刻馈线功率偏差能够完全平抑。

在图 5－17 中，对各控制区域功率限值的约束，以及出力变化与馈线功率偏差均满足式(5－7)的约束条件。

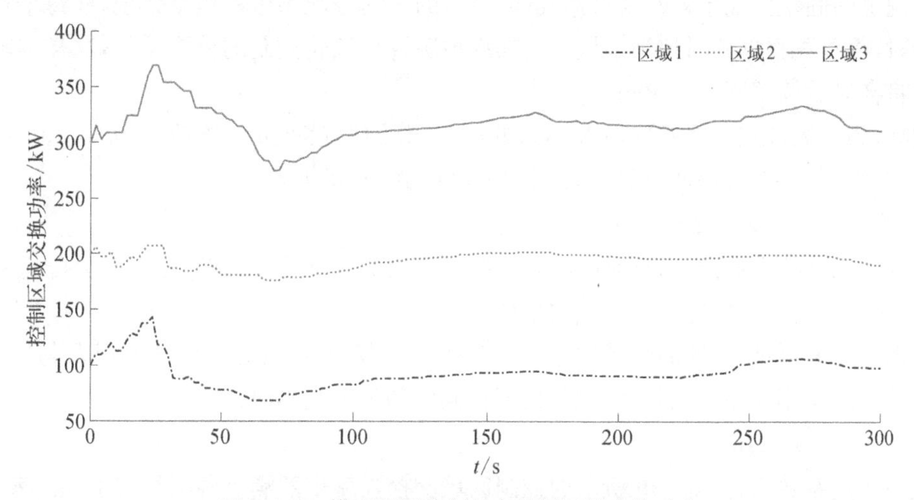

图 5－17　模型预测控制的各控制区域交换功率

在式(5－10)中介绍了本章预测控制所采用的优化目标函数，分别对馈线功率偏差调节效果、区域交换功率偏差量，以及区域调节成本等因素进行优化。对于馈线功率偏差调节效果，

采用各时刻馈线功率偏差的绝对值之和进行测算;区域交换功率偏差量以 $\sum \| P(t)-P_r \|^2$ 为衡量指标,即各区域功率偏差平方和。区域调节成本包括两个部分:其一,由馈线承担的功率偏差按照 0.7 元/kW 测算调节成本;其二,由控制区域调节的功率偏差,控制区域 1、2、3 分别按照 0.3 元/kW、0.5 元/kW、0.1 元/kW 进行测算。

表 5-10 展示了 PI 控制方法与两种权重系数下的模型预测控制方法的结果对比。其中,PI 控制的滞后性导致有 738.189 2 kW 不能被馈线内部分配,这一部分也使得其调节成本远远高于预测控制。预测控制的区域交换功率偏差指标比 PI 控制高,导致这一结果的原因首先在于一部分馈线功率偏差已经由馈线外系统承担,进而避免了控制区域交换功率为了弥补这部分功率而发生更多累加性的功率调节;其次,为了满足经济型指标,预测控制必须更多地利用调节成本较小的控制区域,调节比例的失衡也使得控制结果与目标值发生更大的偏差。从两种权重的预测控制结果来看,经济指标和区域功率偏差指标都符合预设权重。

表 5-10 控制结果对比

控制方式		馈线调节/kW	经济指标/元	偏差指标/kW
PI 控制		738.189 2	11 002	461.211 4
预测控制	$Q_p=0.3$, $Q_\delta=20$	0	181.797 0	33 949
	$Q_p=0.1$, $Q_\delta=30$	0	162.232 2	35 617

5.3.6 基于混合系统的滚动分配系数馈线功率控制

根据 5.3.5 节介绍的模型及控制方法对本算例进行仿真验证。其中,设模型预测控制步长 $\Delta t=2$ s,控制周期 $T=5\Delta t=10$ s,仿真时长 300 s,共计 150 个控制步长。

与 5.3.5.2 节中的固定分配系数不同,本例将表 5-7 中根据初始状态下的控制区域剩余功率制定的固定分配系数改为根据式(5-11)的滚动分配系数。也就是说,在每个控制周期开始时,将首先根据此时控制区域交换功率情况计算该轮控制的分配系数,这样本轮的控制结果将会对后续控制产生影响。

同样,为了验证权重系数对分配结果的影响,分别设置权重系数 $Q_p=0.3$, $Q_\delta=20$,以及 $Q_p=0.1$, $Q_\delta=30$,两种情况作为权重矩阵 Q_p 和 Q_δ 的元素。

1. $Q_p=0.3$, $Q_\delta=20$

与 5.3.5.2 节类似的,由于对间歇式电源及负荷的准确预测,在采用滚动分配系数的情况下,由于馈线交换功率完全在馈线内平抑。

从图 5-18 可见,各控制区域均运行于功率限值范围内,且各区域之间以及与图 5-15 的未受控馈线功率偏差曲线相互比照,具有相同的功率变化趋势。

2. $Q_p=0.1$, $Q_\delta=30$

调整权重系数后,图 5-19 所示的控制区域交换功率依然满足各项约束条件。表 5-11 对滚动分配系数(滚动系数)和固定分配系数(固定系数)的三项指标进行了比较。采用滚动系数后,相比 PI 控制,经济性指标依然较优,但区域交换功率偏差量指标不及 PI 控制的结果,且比固定系数的预测控制偏差指标超出更多。不过,从固定系数和滚动系数各自两组权

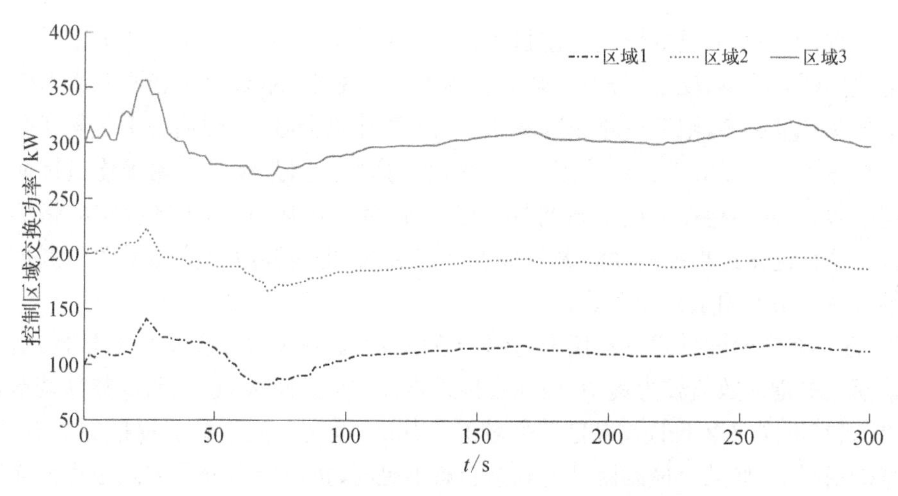

图 5-18　模型预测控制的各控制区域交换功率

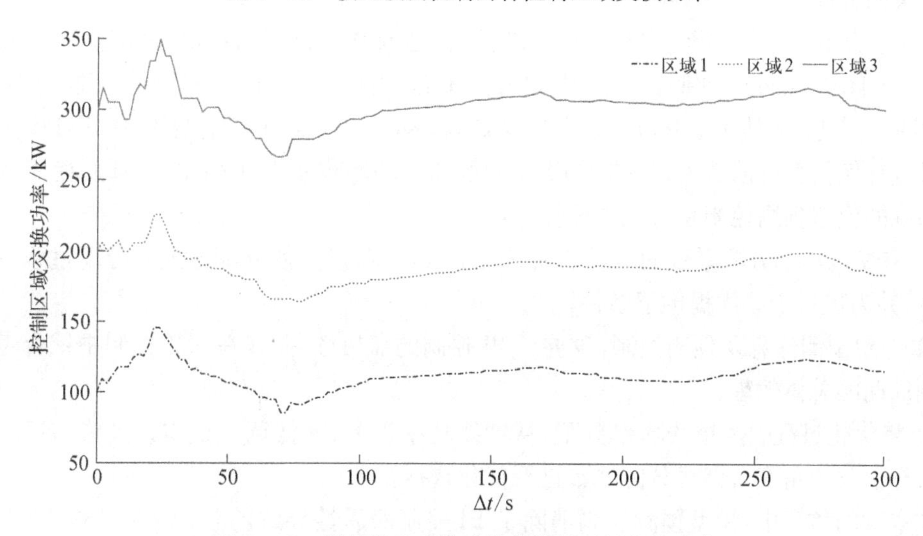

图 5-19　调整权重系数后的各控制区域交换功率

重的仿真指标来看,滚动系数在不同权重下的指标较为接近,而固定系数在两种权重下的指标则存在一定差异。

表 5-11　控制结果对比

控制方式		馈线调节/kW	经济指标/元	偏差指标/kW
PI 控制		738.189 2	11 002	461.211 4
固定系数预测控制	$Q_p=0.3$, $Q_\delta=20$	0	181.797 0	33 949
	$Q_p=0.1$, $Q_\delta=30$	0	162.232 2	35 617
滚动系数预测控制	$Q_p=0.3$, $Q_\delta=20$	0	172.553 0	42 818
	$Q_p=0.1$, $Q_\delta=30$	0	164.067 5	46 156

造成上述现象的原因在于,滚动分配系数在每轮优化计算开始前,都是根据当前控制区域剩余容量制定分配系数的,当前一轮优化结束后所得的结果根据权重或是使经济指标更优一些,或使偏差指标更优。由于两个指标存在相悖性,在滚动分配模式下,若前一轮经济

指标得到偏重，势必调节成本较低的控制区域参与调节量更多，那么下一轮的滚动系数该区域的分配比例则会减少；反之，若前一轮偏差指标得到偏重，那么意味着调节成本较高的控制区域参与调节量更多，则下一轮该区域的滚动系数比例会减少，因而在下一轮优化中调节的幅度也相应减小。而对于固定分配系数，每轮计算不会因为满足本轮优化目标而影响下一轮分配系数，因此不存在上述动态调节过程，从而为了优化目标，不同权重的指标差距会不断放大。这种优化过程中的动态调整以及牵连关系，也能够解释滚动系数预测控制在部分指标的数值上不如固定分配系数。

当然，滚动系数分配模式并不仅因为部分指标较大就说明其不如固定系数模式。首先，滚动系数模式的指标数值较为集中，而固定模式指标数值差距大，这说明从整体调节情况来看，滚动模式在不同权重下的效果稳定性较好。其次，滚动分配系数的取值更具有合理性，在一些特殊情况下，如某个控制区域的剩余容量不足时，按照固定分配方式很可能无法选出满足约束的分配方式。

基于混合系统的模型预测控制相比于 PI 控制存在优势，原理上分析，多种可选馈线功率分配方式比固定且单一的分配比例更为合理；效果上看，滚动优化提升了经济性指标，预测控制消除了 PI 控制的滞后性，使主动配电网减少馈线交换功率，提升内部电源消纳的目标得到体现。

通过算例仿真可以看出，与基于 PI 控制的馈线功率控制方法相比，本章所使用的基于混合系统的模型预测控制具有三方面优势：

1）将馈线功率分配系数的多种切换状态引入控制过程，使分配方式和分配过程更具有合理性，并为进一步寻优提供了条件；

2）采用预测信息及预测控制，改善了 PI 控制的滞后性，并能在一轮控制中综合考虑本轮控制周期的总体效果；

3）将优化过程引入馈线功率分配，从馈线功率误差、降低调节成本以及维持区域交换功率目标值三个角度对馈线分配系数进行优化选择。

在本章的仿真中，模型预测控制消除了 PI 控制滞后性导致的总计 738.189 2 kW 馈线功率偏差，在定馈线功率控制模式下，实现了全部馈线功率偏差的馈线内部平衡，提高馈线内部分布式电源利用率。在经济性指标方面，对区域功率调节的优化以及减少与外系统功率交换，预测控制使调节成本大幅下降。在区域交换功率偏差方面，尽管因为更多地承担了馈线交换功率偏差，使预测控制的偏差指标相比 PI 控制较大，但考虑由此带来调节成本收益以及提高了馈线分布式电源利用率，因此其仍然是有价值的。

仿真中还分别对固定功率分配模式以及滚动功率分配模式进行了对比。结果表明，滚动分配方式由于控制过程中的动态调节，虽然导致优化效果与固定分配模式存在一些差距，但其优化指标更为集中，整体控制效果较为稳定。同时，滚动模式的制定原理更为科学，且能在一些场景中防止出现无可行解的情况。

5.4 事件驱动模型在配电网风险预警中的应用

在 GCPS 风险预警应用场景中，重点考虑事件驱动系统状态转移的执行过程。控制事件输出为时间间隔任意小的序列，在执行序列中对事件添加标定量，包括描述约束系统实时性的时间标定和提高控制系统确定性的状态量标定。

5.4.1　CPS 事件驱动的配电网风险状态迁移

控制系统状态转移的过程为系统执行预设进程控制物理实体执行操作任务的过程，其事件可认为是输入的外部指令、数据或变量，在实际情况下系统状态转移需要由输入事件预测下一状态，为考虑控制系统的实时性与确定性，结合第 4 章事件驱动模型的内容定义事件驱动状态转移过程含有时间约束与状态量约束。

为了表示配电网中故障风险的状态迁移过程，基于事件驱动模型对配电网中故障演化过程进行描述，如图 5-20 所示。以配电网故障状态作为事件。其中不同事件的定义如下：a_1 为正常运行状态，配电网 CPS 中无故障；a_2 为物理空间异常，系统中发生物理故障；a_3 为信息空间异常，系统中发生信息故障；a_4 信息物理空间异常，系统中同时存在物理和信息故障，但故障相互独立，不会引发跨空间级联故障；a_5 信息物理连锁故障，存在物理和信息故障，故障间相互协同引发连锁故障。

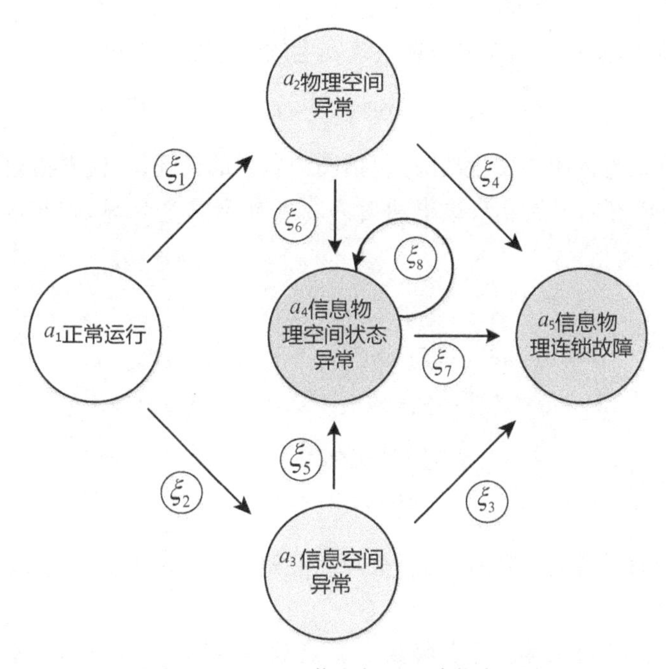

图 5-20　配电网信息物理风险状态迁移

不同的配电网运行状态之间由事件触发，不同事件定义如下：ξ_1 系统发生物理故障；ξ_2 系统发生信息故障；ξ_3 系统发生物理故障，且其可与信息故障相互协同对系统造成影响；ξ_4 系统发生信息故障，且其可与物理故障相互协同对系统造成影响；ξ_5 系统发生物理故障，但其不与信息故障相互协同；ξ_6 系统发生信息故障，但其不与物理故障相互协同；ξ_7 系统发生信息/物理故障，且其可与系统中存在的故障相互协同对系统造成影响；ξ_8 系统发生信息故障，但其不与系统中已经存在故障协同作用。

状态转移过程为事件从释放队列获得释放时间开始，到该事件释放至相应状态以驱动状态转移的过程。

主动配电网风险评估的事件驱动模型从系统运行状态出发,结合信息攻击类型-信息系统故障-物理系统故障制定相应的风险场景,并进行多场景故障概率评估。根据故障概率评估结果计算风险后果和全局风险指标。根据风险指标可判定系统运行模态,采用形式化理论描述系统状态迁移逻辑,通过状态迁移约束判定是否触发系统运行模态迁移,以及是否触发系统控制策略调整。系统控制策略的调整作为新的事件驱动回馈至系统状态迁移路径,并反馈至系统动态计算的决策算子。

1. a_1 正常运行状态

此状态是所有系统运行的起始状态,故不需要描述。

2. a_2 物理空间异常:系统中发生物理故障

若物理空间异常,如图 5-20 中电网故障,则:

$$\langle \delta = 1 \rangle \mapsto \xi_1 := \text{State}\langle \{a_2\},\ t^g,\ P \rangle \oplus \langle t^r,\ P \rangle \tag{5-28}$$

ξ_1 如图 5-20 物理系统中发生电网故障;P 代表物理系统。

3. a_3 信息空间异常:系统中发生信息故障

若信息空间异常,如图 5-20 中信息系统发生故障,则:

$$\langle \delta = 1 \rangle \mapsto \xi_2 := \text{State}\langle \{a_3\},\ t^g,\ C \rangle \oplus \langle t^r,\ C \rangle \tag{5-29}$$

ξ_2 如图 5-20 信息系统中发生故障,包括图中所列的情况;C 代表物理系统。

4. a_4 信息物理空间异常:系统中同时存在物理和信息故障,但故障相互独立,不会引发跨空间级联故障

此时可写成:

$$\begin{gathered}
\langle \delta = 1 \rangle \mapsto \xi_6 := \text{State}\langle \{a_4\},\ t^g,\ C \rangle \oplus \langle t^r,\ C \rangle \\
\langle \delta = 1 \rangle \mapsto \xi_5 := \text{State}\langle \{a_4\},\ t^g,\ P \rangle \oplus \langle t^r,\ P \rangle \\
\Theta_a(\xi_i) = A\{\xi_5,\ \xi_6\} \\
\Theta_{t^g}(\xi_i) = t_i^g
\end{gathered} \tag{5-30}$$

ξ_5 系统发生物理故障,但其不与信息故障相互协同;ξ_6 系统发生信息故障,但其不与物理故障相互协同。

5. a_5 信息物理连锁故障:存在物理和信息故障,故障间相互协同引发连锁故障

此时可根据三者关系写成:

$$\begin{gathered}
\langle \delta = 1 \rangle \mapsto \xi_4 := \text{State}\langle \{a_5\},\ t^g,\ C \rangle \oplus \langle t^r,\ C \rangle \\
\langle \delta = 1 \rangle \mapsto \xi_3 := \text{State}\langle \{a_5\},\ t^g,\ P \rangle \oplus \langle t^r,\ P \rangle \\
\langle \delta = 1 \rangle \mapsto \xi_7 := \text{State}\langle \{a_5\},\ t^g,\ CP \rangle \oplus \langle t^r,\ CP \rangle \\
\Theta_a(\xi_i) = A\{\xi_3,\ \xi_4,\ \xi_7\} \\
\Theta_{t^g}(\xi_i) = t_i^g
\end{gathered} \tag{5-31}$$

ξ_3 系统发生物理故障,且其可与信息故障相互协同对系统造成影响;ξ_4 系统发生信息

故障，且其可与物理故障相互协同对系统造成影响；ξ_7 系统发生信息/物理故障，且其可与系统中存在的故障相互协同对系统造成影响；CP 代表信息物理耦合系统。

6. 自闭锁循环

$$\langle \delta = 1 \rangle \mapsto \xi_8 := \text{State}\langle \{a_4\},\ t^g,\ CP \rangle \oplus \langle t^r,\ CP \rangle \tag{5-32}$$

ξ_8 系统发生信息故障，但其不与系统中已经存在故障协同作用。

当上述CPS事件驱动模型的配电网风险状态迁移过程明确后，即FSM系统模型构建明确，这样就可以进行后续的风险评估计算。具体见下节。

5.4.2　基于事件驱动的配电网信息物理系统风险评估计算方法

本章根据上述模型提出了一种基于事件驱动的配电网信息物理系统风险评估计算方法，首先对配电网信息物理系统进行分析，提取跨信息-物理空间连锁故障要素，并基于事件驱动建立配电网信息物理系统跨空间连锁故障演化模型进行描述。然后基于跨空间连锁故障演化模型，提出并建立配网运行量化风险评估指标。最后提出一种基于事件驱动的配电网信息物理系统风险评估计算方法。针对配电网跨信息-物理空间连锁故障提取其关键要素，提出对不同层级的风险传导进行描述及风险在不同层级之间的传播及映射关系，并基于事件驱动模型对配电网信息物理系统的风险提出一种计算评估方法。

如图5-21所示，对于攻击风险类型来说，根据攻击者掌握的攻击方式和资源水平，攻击者可以对信息系统发动网络攻击，也可以在发动网络攻击的同时，对物理设备进行破坏以造成协同故障。在上述发动信息攻击的过程中可以针对信息设备中存在的安全漏洞发动不同类型的信息攻击以造成不同类型的信息故障，如设备拒绝服务、通信延时、通信中断、数据篡改等。电力系统工作在不同的状态会对风险指标造成影响，如电力系统工作在正常状态、异常状态、故障状态。其中异常状态表示物理系统中存在某一项或几项风险指标越限，故障状态表示电网中设备发生故障或失效。综上，可根据信息故障类型、电力系统状态及考虑攻击类型，将配电网信息物理系统划分为不同的场景。

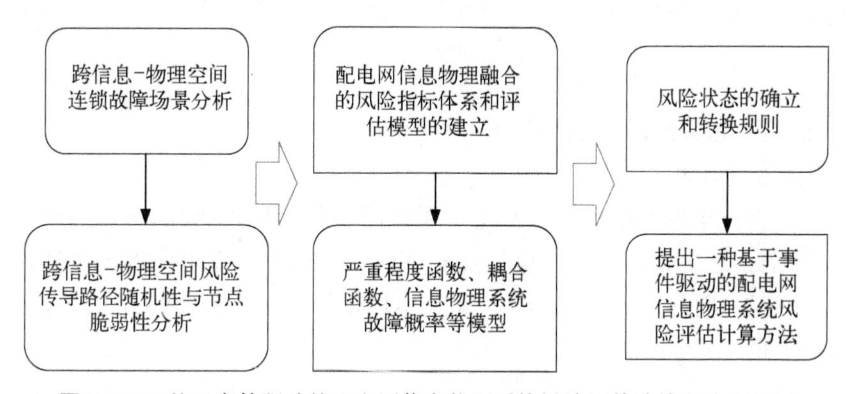

图5-21　基于事件驱动的配电网信息物理系统风险评估计算方法流程图

基于所述跨空间连锁故障演化模型，考虑信息空间风险在物理网络风险上的叠加，用于对信息网络、二次设备、一次设备进行故障来源分析，建立了融合的风险指标体系，以及故障危害性函数。以下1～3为风险指标，4为故障危害性函数计算。

1. 线路过负荷严重度

配电网中元件发生故障时，在网络结构允许的情况下，可通过转移负荷来缩短某些用户的停电时间，但这可能会造成线路过负荷情况。当线路长期处于过负荷状态，导线持续发热，导线的绝缘层就会加速老化，不仅增大线路的功率损失和电压损失，甚至导致绝缘变质损坏可能引起短路着火事故。线路过负荷风险反映的是配电网发生事故导致系统中线路过载的可能性和危害程度。

线路过负荷严重度为

$$S_{\mathrm{ev\_ovlo}}(L)=\begin{cases}0 & 0\leqslant L\leqslant L_0\\ \exp(L-L_0)-1 & L\geqslant L_0\end{cases} \tag{5-33}$$

定义线路过负荷严重度为 $S_{\mathrm{ev\_ovlo}}(L)$，线路的负载率 L（流过线路的电流与额定电流之比）决定该线路的过负荷严重度。线路负载率 L_0 取 0.8。

2. 线路电压越限严重度

当系统中电压偏离标准值时，会造成线路损耗增加，影响设备正常运行，缩短电器使用寿命甚至烧毁电器。母线低电压风险反映的是配电网发生的事故造成系统中母线电压下降的可能性和危害程度。

线路过负荷严重度为

$$S_{\mathrm{ev\_vovi}}(U)=\exp(|U-U_0|)-1 \tag{5-34}$$

定义母线的低电压严重度函数 $S_{\mathrm{ev\_vovi}}(U)$，每条线路的电压幅值 U 决定该母线的低电压严重度。母线电压 U_0 取 0.8。

3. 负荷损失严重度

配电网与主网的一大区别在于配电网直接与用户相连，负荷点的停电将直接导致用户电力中断。针对配电网这一特点，建立了负荷点停电风险指标。该指标表征了配电网发生事故导致系统中负荷点停电的可能性和危害程度。

定义负荷点停电严重度函数为

$$S_{\mathrm{ev\_lolo}}(W)=\exp(W/W_0)-1 \tag{5-35}$$

式中，W_0 为线路的总负荷；W 为线路负荷停电量。

4. 故障危害性计算

本小节提出的配电网风险评价体系定义了线路过负荷风险指标、电压越限风险指标和负荷损失风险指标，以分别反映线路电流过载、电压越限、用户供电中断的可能性与造成后果的严重性。将这 3 种风险指标根据各风险在电网运行中造成影响的程度大小进行加权综合，得到配电网在该故障下的危害性。

$$f=\delta_{\mathrm{ovlo}}S_{\mathrm{ev\_ovlo}}(L)+\delta_{\mathrm{vovi}}S_{\mathrm{ev\_vovi}}(U)+\delta_{\mathrm{lolo}}S_{\mathrm{ev\_lolo}}(W) \tag{5-36}$$

式中，δ_{ovlo}、δ_{vovi}、δ_{lolo} 为不同风险因素的权重系数。

其中，传统配电网的可靠性故障可以通过信息系统的反馈调节，如馈线自动化，将故障的影响降低到最小，或者限制在一定限度内。相比较传统的配电网可靠性故障而言，信息物理连锁故障造成的危害性通常更大，且通常由系统攻击者的蓄意破坏导致，假定攻击者在选定攻击目标过程中会综合考虑目标故障的危害性及攻击目标的防御水平，则可得到攻击者对目标故障 z 发动攻击的损益比 Q_z：

$$Q_z = \frac{f_z}{\sum_{i \in S_{\text{node}, z}} D_i} \tag{5-37}$$

式中，$S_{\text{node}, z}$ 为目标故障 z 所包含的故障节点的集合；D_i 为节点的故障防护水平，若 i 为信息节点，D_i 可以表示信息系统或设备对该类故障的防护及监测机制；若 i 为物理节点，D_i 表示物理拓扑中线路的类型(架空线路、电缆线路)及运维情况。

攻击者在选择攻击目标的过程中，依据 Q_z 来决定对不同目标故障发动攻击的可能性，则可得故障 z 发生的概率 P_z：

$$P_z = \frac{Q_z}{\sum_{i \in S_{\text{fault}}} Q_i} \tag{5-38}$$

式中，S_{fault} 为配电网 CPS 中所有故障的集合。

根据已经求得配电网 CPS 故障概率的计算，但是实际的配电网规划、检修、运维中，通常以信息设备或线路为单位进行投资或者维护，以得到不同节点的故障概率。则节点 i 发生故障的概率 P_i^{Node} 为

$$P_i^{\text{Node}} = \sum_{j \in S_{\text{cor}, i}} P_j \tag{5-39}$$

式中，$S_{\text{cor}, i}$ 为包含节点 i 的故障集合。

根据上述计算方法得到不同故障在配电网过负荷、电压越限、负荷损失指标，及不同故障发生的概率，可得到配电网不同风险因素指标及总体风险指标，具体如下：

1）系统过负荷风险指标：

$$R_{\text{over\_load}} = \sum_{z \in S_{\text{fault}}} P_z \cdot S_{\text{ev\_ovlo}}(L_{z, \text{ovlo}}) S_{\text{fault}} \tag{5-40}$$

式中，S_{fault} 为配电网 CPS 所有故障的集合。

2）系统电压越限风险指标：

$$R_{\text{voltage\_violate}} = \sum_{z \in S_{\text{fault}}} P_z \cdot S_{\text{ev\_vovi}}(U_{i, \text{vovi}}) \tag{5-41}$$

3）系统负荷损失风险指标：

$$R_{\text{loss\_load}} = \sum_{z \in S_{\text{fault}}} P_z \cdot S_{\text{ev\_lolo}}(W_{i, \text{lolo}}) \tag{5-42}$$

4）系统总风险指标：

$$\begin{aligned} R_{\text{over\_all}} = {} & \lambda_{\text{ovlo}, f} R_{\text{over\_load}} + \lambda_{\text{vovi}} R_{\text{voltage\_violate}} \\ & + \lambda_{\text{lolo}, f} R_{\text{loss\_load}} + \lambda_{\text{frde}, f} R_{\text{frequency\_deviation}} \end{aligned} \tag{5-43}$$

综上所述，本实例在CPS故障传递与演化方面，分析了电力系统中信息物理交互的机理，总结了信息攻击下的电力系统运行风险类型，并对电网信息物理故障传递及状态转移过程进行了描述；在配电网信息物理系统风险指标方面，基于信息攻击特性及物理系统运行状态构建了多种配电网风险分析场景，并建立了包含系统风险状态、节点风险特性及系统耦合程度的配电网CPS风险指标体系，从不同维度对配电网CPS风险进行描述。

5.4.3 事件驱动模型算例分析

1. 算例基础数据

本节以DCPS-160标准算例为对象进行研究。算例物理系统包含3个子网，节点1～22为一个工业区子网，节点23～42为一个居民区子网，节点43～62为一个商业区子网，三个子网通过联络开关相互联系，相互备用。S1、S2、S3为电源点，62-2、42-1、39-1、29-1、35-1、13-3为联络开关，PV2、PV3为光伏电源，DFIG2、DFIG3为双馈风机，BAT1、BAT2、BAT3为电池储能装置，GAS为燃气轮机，Water为水轮机，如图5-22所示。

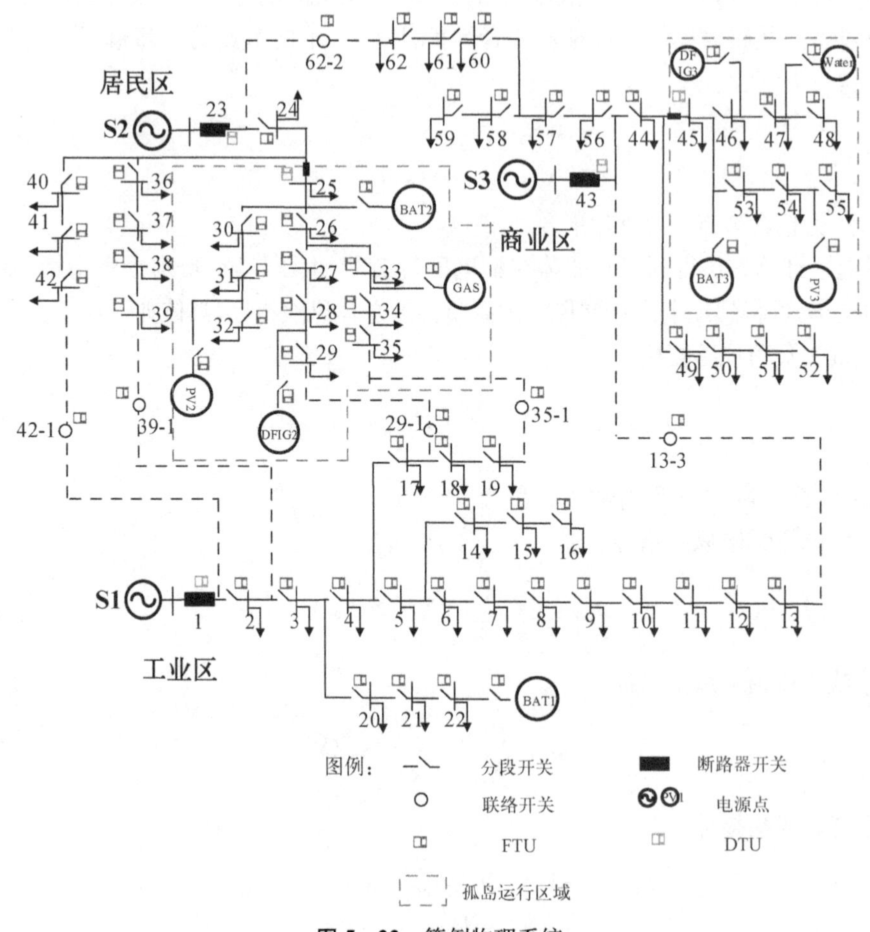

图5-22 算例物理系统

算例信息系统中,包含4个路由器节点、5个交换机节点、1个服务器节点、2个SITL模块、若干终端节点和 通信链路(图5-23)。其中,3个路由器节点(Distribution Substation 1～3)分别与相连的4个交换机节点(DTU1、DTU23、DTU43、DTU5)共同模拟三个配电子站,与物理侧三个区域对应,另一个路由器节点(Distribution Substation 4)与交换机(FTU26)用于汇集三个子站信息并与控制侧通信。终端节点分别与物理侧区域1中同名节点处的终端设备对应,终端节点可对物理系统中对应开关的状态进行控制,并监测开关的过流状态。

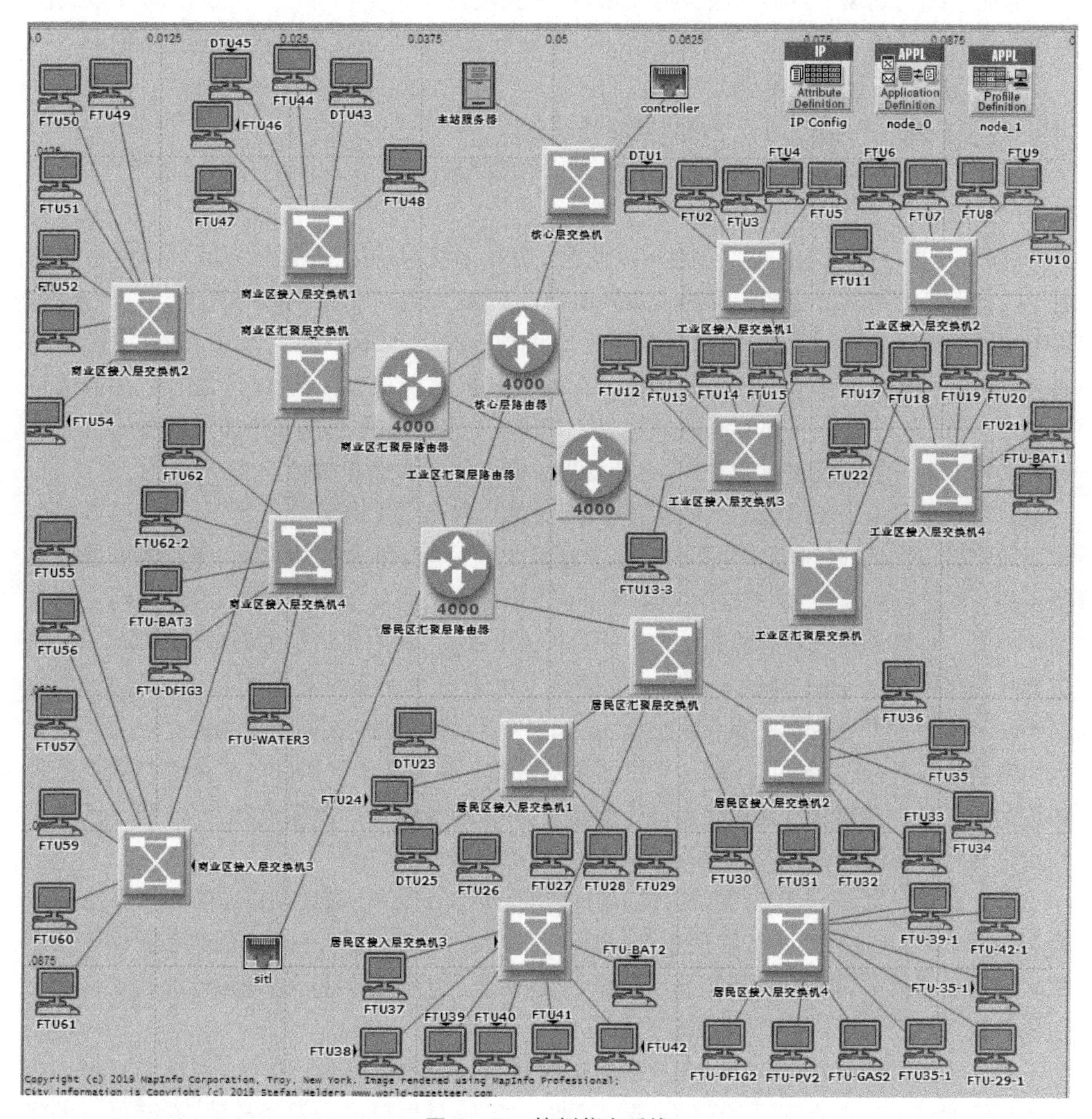

图5-23 算例信息系统

2. 风险分析场景

随着通信技术在电力系统领域的不断应用,信息系统风险逐渐受到重视。相比较传统的物理线路遭到破坏,电力系统信息攻击的方式更加复杂,导致的信息故障种类更加多样化。为了分析不同跨信息-物理故障类型对配电网风险的影响，本章分别对以下两种典型的配电网场景进行风险分析。

（1）场景一：常规配电网信息物理系统

在集中式馈线自动化控制模式下，在信息系统中终端设备受到Dos攻击，物理线路发生接地故障的组合故障下分析系统正常状态、故障状态及恢复状态下不同子网的耦合度及风险状态。

（2）场景二：有源配电网信息物理系统

储能系统受到攻击者的虚假数据攻击，造成其输出功率受到篡改。分析不同分布式能源渗透率下系统的电压越限、潮流越限风险，并分析该场景下系统的信息物理耦合度。

3. 风险及耦合度计算

（1）常规配电网信息物理系统风险结果及分析

根据上述方法可得不同算例在正常状态、故障状态、恢复状态的耦合度及系统风险，如图5-24所示。

从图5-24可以看出，正常状态下商业区子网的系统风险＞工业区＞居民区，这主要是由子网物理拓扑结构决定的。针对工业区而言，商业区可通过多条线路对其进行负荷转供，且不同被转供线路之间处于并行结构，相互之间影响较小，因此其一旦发生故障，往往可以通过负荷转供来实现非故障区域的恢复。而商业区虽然与工业区、居民区之间存在多条转供电线路(线路17～19可通过联络开关29-1、35-1进行转供，线路5～16可通过13-3进行转供)，由于被转供线路过于集中，一旦发生故障会导致大面积故障。

故障状态下由于子网之间无法相互备用，整体风险呈现上升趋势。且工业区、商业区风险显著增加，而居民区风险变化不大。主要原因在于一旦工业区发生故障，商业区可通过多条线路对其进行负荷转供(手拉手)，且不同被转供线路之间处于并行结构，因此子网之间失去转供能力对该子网区域的影响最大。针对居民区而言，其主要结构为辐射性线路，一旦发生故障无转供线路，因此其风险最高。商业区上大部分负荷不存在负荷转供的可能(负荷44～52不存在转供线路)，因此馈线之间失去转供能力对改馈线区域的影响最小。

恢复状态下，商业区风险降低，居民区风险增加。主要由于子网区域的风险与其上所带的负荷量有关，一般而言，其馈线上负荷量越大，其风险越高。因此恢复状态下，商业区风险相比正常状态下降低；而居民区风险相比正常状态下升高。

耦合度的意义在于，耦合度越大的元件表示该场景下信息-物理元件越容易被恶意攻击者利用，而作为攻击目标。如物理系统中耦合度较大的元件线路4～5，与信息系统中耦合度较大的信息元件FTU13-3受到恶意破坏，上述两个元件通过信息-物理系统的相互作用可造成负荷5～16失电，对系统造成较严重损失。

针对物理系统而言，商业区、工业区出口线路与信息系统耦合度较大，而馈线三出口线路的耦合度较小。主要原因由于商业区、工业区中，一旦出口线路发生故障，系统可自动将负荷转移到其他馈线上，造成损失不大；系统中除馈线出口线路外，其他线路的耦合度主要与线路本身的负荷量及其上下游线路所影响的供电区域相关，一般来说线路上下游线路影响的供电区域越大，该线路与信息系统的耦合度越高。

针对信息系统而言，馈线出口开关DTU1、DTU24对应的耦合度较高，主要由于

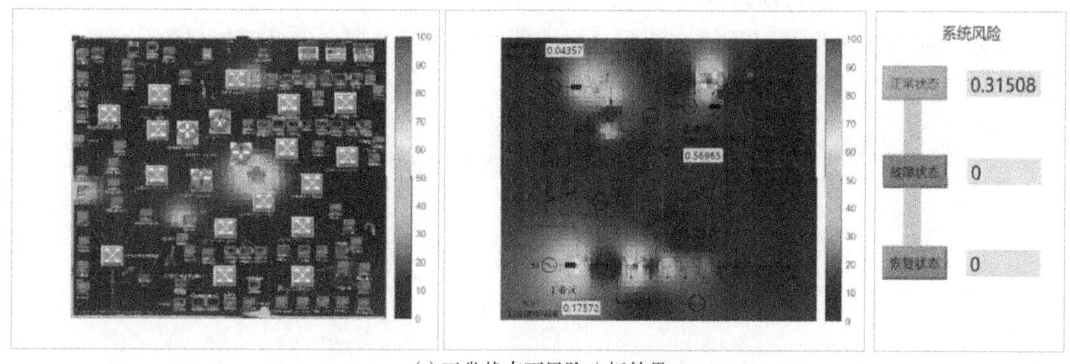

(a) 正常状态下风险分析结果

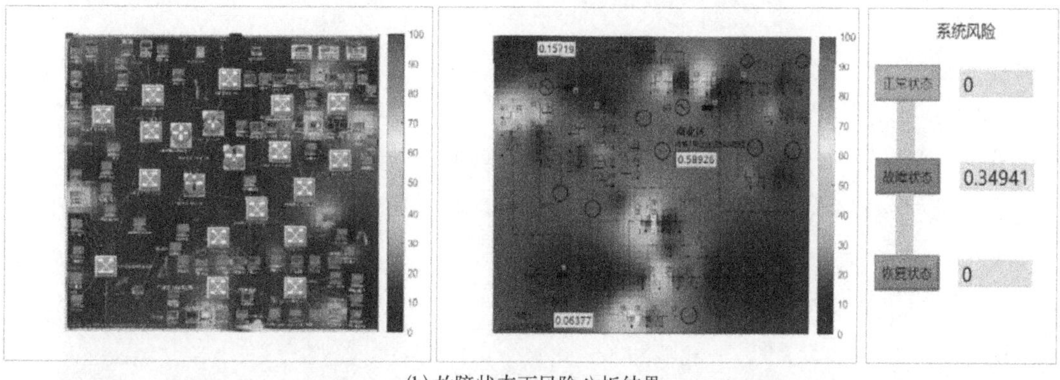

(b) 故障状态下风险分析结果

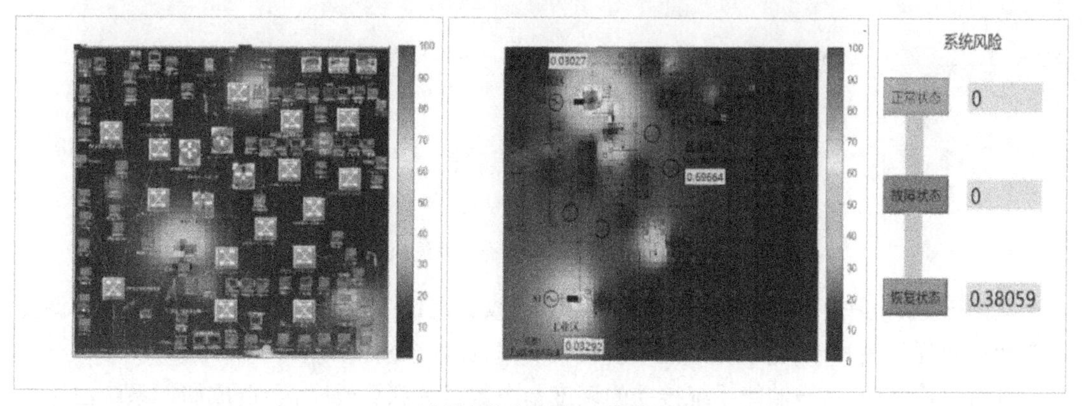

(c) 恢复状态下风险分析结果

图 5－24　常规配电网信息物理系统风险结果

DTU1、DTU24 往往可以与馈线出口侧线路结合(如线路 1～2 故障＋DTU 不可用)，造成整条馈线停电；联络开关(FTU13－3、FTU29－1、FTU35－1、FTU39－1、F42－1、FTU62－2)的耦合度相对较大，主要是因为当线路发生故障时，联络开关不可用会影响线路转供，造成下游线路断电。对于系统中分段开关对应的 FTU 来说，由于其受到攻击往往导致停电范围向 FTU 临近线路扩散(如线路 9～10 发生故障，此时 FTU10 受到攻击，将导致故障范围从 9～10 向 10～11 扩散)，因此其耦合度往往与 FTU 两侧线路(及其下游线路)的负荷量相关。

(2) 有源配电网信息物理系统风险结果及分析

根据上述方法可得不同算例在不同分布式能源渗透下的耦合度及系统风险,如图 5-25 所示。

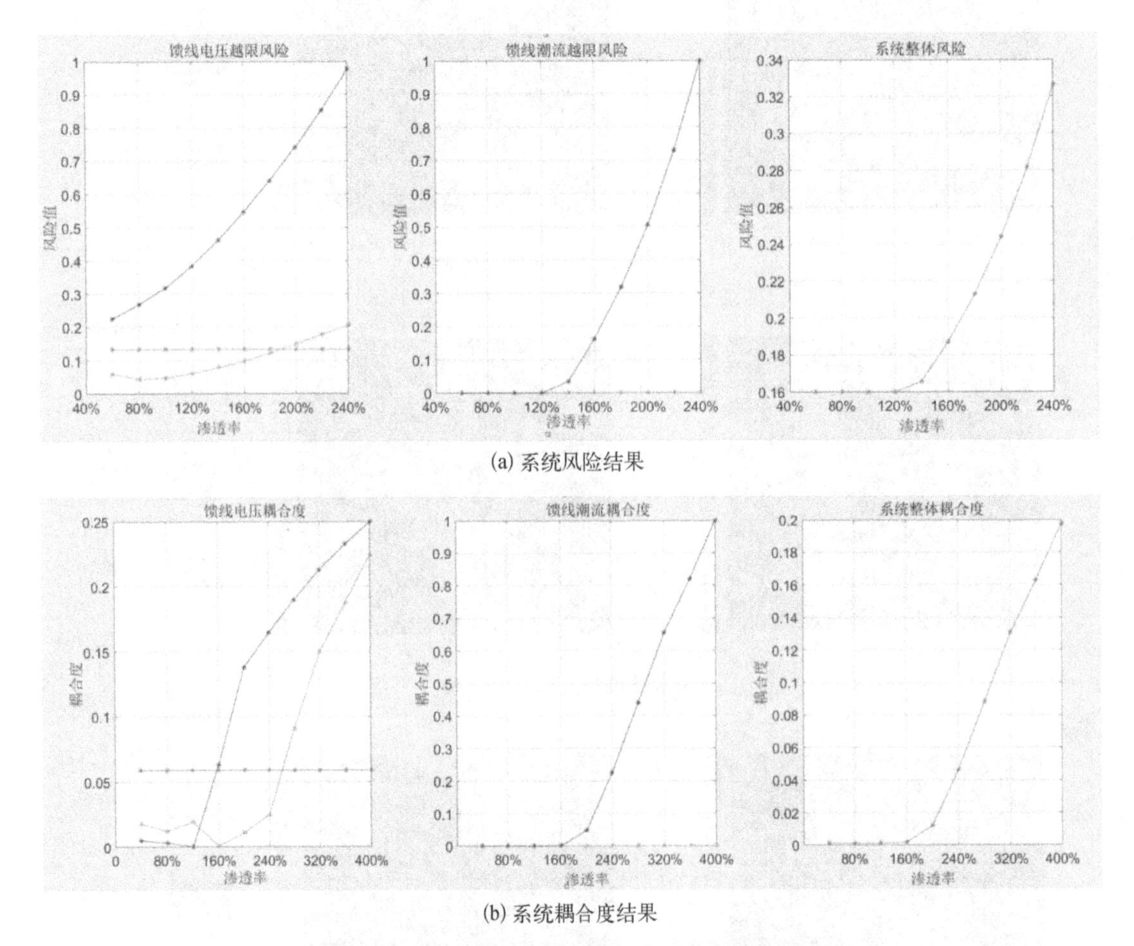

(a) 系统风险结果

(b) 系统耦合度结果

图 5-25 有源配电网信息物理系统风险结果

从图 5-25 可知,正常状态下,储能系统会吸收 PV、DFIG 功率;当储能系统接受的调度指令数据受到篡改时,储能系统不仅不会吸收功率,反而会输出功率。

针对工业区而言,当储能系统接受的调度指令数据受到篡改时,会造成储能系统由原来的发出 0.18 kvar 无功功率,篡改为吸收 0.18 kvar 的无功功率,造成线路末端电压减低。储能系统作为可控 DG,其功率输出由馈线功率缺额及储能容量决定。当渗透率增加时,馈线功率缺额不变,且储能系统出力均未达到其容量上限,因此不同渗透下,其电压越限程度均不变,因此其馈线耦合度也保持不变。

针对居民区而言,当系统正常工作时,储能系统和 GAS 作为可控 DG,可以通过功率控制实现 PV、DFIG 的功率平抑。当渗透率处于(40%~200%)时,由于不可控 DG 占总容量较小,当渗透率小于 200%,系统无明显的潮流越限/倒送现象,需要储能系统的有功出力较少;此时储能系统被篡改会造成储能系统吸收无功功率,造成馈线越下限程度增加。当渗透率为 160%~200%附近时,此时不可控 DG 输出功率约等于负荷功率,此时需要储能系统的功率调节能力最小，此时储能系统数据被篡改对系统的影响最小。当渗透率大于200%时，此时不可控DG输出功率大于负荷，出现潮流倒送，正常状态下需要储能系统吸收功率进行调节，但是储能系统受到篡改，反而会加剧系统潮流越限程度，造成接入点附近电压提升，并造成馈线电压耦合度提升，此时电压越限程度及耦合度随着渗透率的增加而增加。当渗透率提升到400%时，该区域发生明显的潮流倒送，其馈线出口侧有功为−2.97 MW，无功为−1.15 Mvar。

针对商业区而言，当系统正常工作时，不可控DG约占70%，储能系统作为可控DG，可以通过功率控制实现子网的功率平抑。正常状态下，随着分布式能源渗透率的提升，由于不可控DG输出功率的增加，其接入点附近的电压会有较明显的提升，造成该馈线区域电压上限风险增加。当渗透率为160%时，由于不可控DG输出功率大于负荷，出现馈线潮流倒送现象，正常状态下，需要储能系统吸收功率进行调节，由于储能系统受到篡改，反而会加剧系统潮流越限程度，且造成接入点附近电压提升。当渗透率大于160%时，一方面不可控负荷输出功率增加；另一方面，储能系统被篡改加剧潮流越限程度，造成系统电压越限程度迅速上升，因此该馈线区域的馈线电压耦合度也随之上升。随着渗透率的提升，系统潮流倒送及电压越限更加明显，当渗透率到达200%时，其馈线出口处流经功率超过3.5 MW，潮流越限，且馈线潮流耦合度随着渗透率的提升而上升。

5.5 小结

本章对信息物理模型的应用进行了初步探讨，元件模型的动态响应特性可以满足系统运行与控制的动态特性的感知与分析，支持复杂工况下的动态分析能力的提升。

信息物理系统模型在电网分析与控制以及风险预警分析等场景中应用，对融合流模型、混合逻辑动态模型以及事件驱动模型进行了分析与研究。

融合流模型在柔性负荷调节中实现初步应用，展示了混合流模型在系统运行状态推演方面的有效性。

混合逻辑动态模型在主动配电网控制中实现初步应用，主动配电网馈线功率协调控制是主动配电网能量控制的重要功能。尽管现有的馈线功率控制已经实现了基于馈线控制误差的PI控制，但从信息物理建模与控制方面来看，馈线功率控制也能够通过离散与连续过程的混合建模实现信息物理融合。

事件驱动模型在配电网信息物理系统风险评估计算方法中实现初步应用，对网络空间的风险与电网物理的风险的叠加风险进行了分析与计算。

参考文献

[1] 姚垚，张沛超. 基于市场控制的空调负荷参与平抑微网联络线功率波动的方法[J]. 中国电机工程学报，2018，38(03)：782-791.

[2] Hui H, Ding Y, Zheng M. Equivalent modeling of inverter air conditioners for providing frequency regulation service[J]. IEEE Transactions on Industrial Electronics, 2019, 66(2): 1413-1423.

[3] 尤毅，刘东，钟清，等. 多时间尺度下基于主动配电网的分布式电源协调控制[J]. 电力系统自动化，2014,38(9)：192-198.
[4] 于文鹏，刘东，余南华. 馈线控制误差及其在主动配电网协调控制中的应用[J]. 中国电机工程学报，2013,33(13)：108-115.
[5] 钟清，张文峰，周家威，等. 主动配电网分层分布控制策略及实现[J]. 电网技术，2015,39(6)：1511-1517.

第6章

总结与展望

电网信息物理的耦合机理和建模是电网信息系统与物理系统分析与控制的关键技术，为了揭示电网信息物理系统运行的内在机制、信息空间与电网物理系统的交互机理，本书探讨了信息-物理交互过程并提出信息物理耦合的元件模型与系统模型，为探索复杂物理场景和海量信息交互条件下的电网运行提供了模型基础。

本书提出了基于图论的信息-物理关键交互路径辨识方法与计及连续过程与离散状态相互驱动的信息-物理耦合事件分析方法，揭示了 GCPS 中能量流与信息流协同互动、连续过程与离散状态紧密融合等信息空间与物理系统之间广泛存在的交互机理。

本书提出了基于自动机的元件级微观精细建模方法与基于混合系统的系统级宏观融合建模理论，揭示信息物理混成分析、安全可靠性分析、优化控制等应用场景中 GCPS 融合建模的共性关键特征与差异化建模因素，从元件层面、信息流与能量流、离散状态与连续过程等多维度全面阐释了信息-物理交互机理，实现了交互过程的量化建模与评估，突破了各应用场景中 GCPS 融合建模的技术瓶颈。

信息-物理交互机理主要成果如下：

1）剖析了信息空间与电网物理系统紧密耦合，CPPS 系统运行在信息-物理交互拓扑、信息流-能量流相互驱动、CPPS 系统运行状态演化等层面的信息-物理交互特性；

2）提出了考虑离散信息状态与连续电力过程融合的信息-物理耦合事件概念，并基于信息-物理交互特性建立了适用于 CPPS 系统运行分析的信息-物理交互机理研究框架；依据信息-物理交互关键路径理论阐述了电网信息物理系统中跨空间连锁故障的产生机理并评估其危害性；

3）提出了基于概率图的信息物理随机动态统一建模方法，分析了人为和环境因素对造成的信息物理随机扰动及其因果关系，通过概率图的结构优化和分析实现信息物理关键交互路径的辨识，基于概率图推断实现信息物理元件功能失效的准确预测；

4）提出了考虑多耦合事件协同的信息物理系统演化分析方法，构建了考虑病毒传播、多阶段信息入侵和攻防博弈的信息物理系统动态演化模型，准确评估信息物理电网中长期运行风险，实现系统的薄弱环节和关键路径的识别。

GCPS元件级建模方法主要成果如下：

1）从有限状态集合、工作特性、转换规则、状态迁移函数四个方面对GCPS元件级自动机模型进行描述；

2）本书共实现48种GCPS的元件建模，并利用自动机模型建立涵盖电网物理系统、通信网和安控装置的有限状态机网络，对执行主站策略恢复供电、遭受DDOS攻击导致短路时失稳的场景进行了有限状态机网络的状态转移分析。

GCPS系统级融合建模主要成果如下：

1）基于信息物理混合流建模方法，面向互动电网运行特性分析应用场景，具体提出了信息物理混合流模型，通过信息物理关联矩阵表达两者的耦合关系，具有能量流-信息流-价值流协同的表达优势，能适应未来能源互联网的应用需求。

2）基于混合逻辑动态的信息物理建模方法，满足大量分布式资源分层分布式接入配电网的需求，提高了对大规模分布式资源的协调能力。

3）基于事件驱动的信息物理建模方法，面向系统风险预警类应用场景，事件驱动模型以CPS事件为基本单元，从系统角度宏观描述各CPS对象间的协同与交互逻辑。其与元件级模型均是基于条件转移机制，从而实现无缝融合。

以上机理分析、融合建模的成果对于信息化技术深度融入电力系统后所带来的风险叠加效应以及如何充分利用数字赋能来提升传统电网分析与控制能力具有重要的科学价值。

1. 在电网信息物理风险叠加效应方面的科学价值

针对信息空间和物理系统深度耦合所带来的风险叠加效应造成的电网安全可靠性降低问题，需要揭示电网信息空间与物理系统交互的机理，并量化分析跨信息物理空间连锁故障下的电网风险，实现信息物理融合的配电网安全可靠性分析及预警。

信息物理交互机理与跨空间连锁故障分析突破了信息-物理空间界限，探索信息空间与电网物理系统在拓扑连接与功能耦合方面的交互机制，通过跨空间联动接口揭示了信息物理耦合事件之间因果关系、传播、转换与消退规律，识别信息物理系统安全薄弱环节、辨识异常信息物理耦合事件，基于改进攻击图评估了跨空间连锁故障的危害；基于事件网络的信息物理耦合事件分析方法解决了信息物理系统相关性和因果性关联关系的建模和推断难题，提升了信息物理耦合事件传播带来的叠加风险评估准确性和高效性。

2. 数字赋能提升传统电网分析与控制能力方面的科学价值

随着物联网与云计算等信息技术在电力系统中广泛应用，电网数字化发展趋势日益显现，另外新能源的广泛应用给电力系统运行与控制带来比传统电力系统更加复杂与不确定的运行场景，如何充分利用数字技术来应对新型电力系统复杂工况，需要建立电网信息与物理耦合的分析与控制方法。

传统电网分析与控制的元件模型和系统模型没有考虑信息系统运行工况的影响，信息物理融合建模理论从全局视角将异构的信息系统与物理系统纳入融合的建模框架进行描述。元件级微观建模实现信息物理融合下元件统一建模及动态表达，有效表征了信息物理融合之后控制逻辑以及离散事件如何影响元件运行、电气信息交互、事件传导与级联效应，并在统一的数学模型下刻画元件动态、控制逻辑以及事件对于控制逻辑的影响。

进一步提出系统级宏观建模方法以统一的数学模型描述能量流、信息流、受控元件的混合逻辑动态(MLD),完整刻画和推演信息-物理、元件-系统连续动态的演化规律的信息物理融合流模型,进一步基于事件网络扩展为事件驱动模型实现连续动态与离散动态的融合建模与计算,为电网信息物理融合的运行特性分析、优化控制、风险预警等典型应用场景提供理论支撑。

信息物理融合建模理论突破了复杂应用场景中电网信息物理融合建模的技术瓶颈,实现了对复杂控制逻辑的表达,并能支持未来复杂运行场景运行分析与优化控制,如海量分布式可调资源、能源互联多能耦合系统等。

在当前碳达峰和碳中和目标实现的背景下,新能源为中心的新型电力系统面临更多复杂应用场景,本书的成果初步建立了信息-物理交互机理的分析框架,从多个方面刻画信息离散状态与电力连续动态的深度交互,基于融合模型的 GCPS 控制技术实现了信息空间与物理空间的协同联动,初步构建了相应的控制模式。电网信息物理系统可以从多维全景感知、信息-物理-价值多流融合模型构建以及数据处理高性能算力专用芯片等方面为新一代电力系统的应用提供理论方法与模型基础,改进传统电网的运行与控制模式。

电网信息物理系统的机理和建模未来在以下几个方面预计可以发挥重要的支撑作用:

1) 电网数字孪生分析与仿真,融合电网物理特性和泛在物联信息进行电网信息物理系统的形态刻画与演进机制分析,从"源-网-荷-储"能量流与"云-管-边-端"信息流深度融合视角出发建立其数字孪生计算模型,从而实现电力能源信息融合形态演进分析与仿真。

2) 复杂工况下的电网自趋优控制,应用信息物理元件模型及混合系统模型可以有效支撑高比例可再生能源接入背景下电网复杂工况下的源-网-荷-储协同控制。

3) 电网信息物理融合的安全分析与预警,面对网络空间安全风险,应用信息物理混合系统模型刻画电力系统跨信息-物理空间故障所造成的安全运行的正常、故障以及恢复三种形态,揭示其跨信息-物理空间安全因素,辨识电力信息物理系统的安全运行形态特征;建立描述安全运行形态的量化评估指标体系,可有效支撑电力信息物理系统安全运行的态势评估。

4) 价值驱动的能源互联优化分析,在信息流-能量流-价值流三者融合分析的基础上,实现市场信号介入的能源互联协同优化分析,建立能源互联的信息物理路由机制,可以有效支撑能源互联网运行的技术经济评价的分析能力。

5) 电网高性能专用计算芯片,将信息物理元件模型及混合系统模型用于特定场景下的高性能算力的电力专用芯片设计,可以有效提升复杂场景下的电力与能源分析与控制的专用计算与控制算法的实现能力。

面向信息系统与物理系统日趋紧密融合这一行业现实,电网信息物理系统的理论与应用方兴未艾,相关研究目前仍处于发展阶段,未来有较为广阔的发展前景与应用价值,期待本书成果在分布式发电、储能、电动汽车、用户侧需求响应等海量分布式资源的互动与多元主体的市场交易,促进高比例可再生能源的接入与利用,降低煤炭、化石燃料使用对环境的污染与破坏,助力生态环境的改善与可持续发展等方面起到积极推动作用。

附录A 英文缩写

1）主动配电网（active distribution network，ADN）
2）公共信息模型（common information model，CIM）
3）信息物理系统（cyber physical system，CPS）
4）电网信息物理系统（cyber physical system for power grid，GCPS）
5）电力信息物理系统（cyber physical power system，CPPS）
6）分布式电源（distributed generation，DG）
7）能源互联网（energy internet，EI）
8）馈线控制误差（feeder control error，FCE）
9）现场总线控制系统（fieldbus control system，FCS）
10）降序首次适应算法（first-fit decreasing height，FFDH）
11）有限状态机（finite state machine，FSM）
12）分层控制系统（hierarchical control systems，HCSs）
13）分层分布控制系统（hierarchical distributed control system，HDCS）
14）混合系统（hybrid system，HS）
15）家庭温度控制（home temperature control，HTC）
16）智能组件（intelligent component，IC）
17）智能电子设备（intelligent electronic devices，IEDs）
18）相互依存网络（interdependent network，IN）
19）负荷受控对象（load controlled object，LCO）
20）混合整数二次规划（mixed integer quadratic programming，MIQP）
21）混合逻辑动态（mixed logical dynamical，MLD）
22）计算模型（model of computation，MOC）
23）模型预测控制（model predictive control，MPC）
24）美国国家科学基金会（national science foundation，NSF）
25）实时物理系统（real-time physical system，RTPS）
26）同步数据流（synchronous data flow，SDF）

附录B 逻辑关系

B.1 逻辑命题真值表

A	B	$\neg A$	$A \cup B$	$A \cap B$	$A \rightarrow B$	$A \leftrightarrow B$	$A \oplus B$
F	F	T	F	F	T	T	F
F	T	T	T	F	T	F	T
T	F	F	T	F	F	F	F
T	T	F	T	T	T	T	F

B.2 逻辑命题转换关系

	逻辑关系	逻辑表达式	混合整数线性不等式
1	与($\cap$)	$[\delta_1 = 1] \cap [\delta_2 = 1]$	$\delta_1 = \delta_2 = 1$
2		$[\delta_3 = 1] \leftrightarrow [\delta_1 = 1] \cap [\delta_2 = 1]$	$-\delta_1 + \delta_3 \leqslant 0$; $-\delta_2 + \delta_3 \leqslant 0$; $\delta_1 + \delta_2 - \delta_3 \leqslant 1$
3	或($\cup$)	$[\delta_1 = 1] \cup [\delta_2 = 1]$	$\delta_1 + \delta_2 \geqslant 1$
4		$[\delta_3 = 1] \leftrightarrow [\delta_1 = 1] \cup [\delta_2 = 1]$	$\delta_1 - \delta_3 \leqslant 0$; $\delta_2 - \delta_3 \leqslant 0$; $-\delta_1 - \delta_2 + \delta_3 \leqslant 1$
5	非($\neg$)	$\neg [\delta_1 = 1]$	$\delta_1 = 0$
6	异或($\oplus$)	$[\delta_1 = 1] \oplus [\delta_2 = 1]$	$\delta_1 + \delta_2 = 1$
7		$[\delta_3 = 1] \leftrightarrow [\delta_1 = 1] \oplus [\delta_2 = 1]$	$-\delta_1 - \delta_2 + \delta_3 \leqslant 0$; $-\delta_1 + \delta_2 - \delta_3 \leqslant 0$; $\delta_1 - \delta_2 - \delta_3 \leqslant 0$; $\delta_1 + \delta_2 + \delta_3 \leqslant 2$
8	蕴含($\rightarrow$)	$[\delta_1 = 1] \rightarrow [\delta_2 = 1]$	$\delta_1 - \delta_2 \leqslant 1$
9		$[f(x) \leqslant 0] \rightarrow [\delta = 1]$	$f(x) \geqslant \varepsilon + (m - \varepsilon) \cdot \delta$
10		$[\delta = 1] \rightarrow [f(x) \leqslant 0]$	$f(x) \leqslant M \cdot (1 - \delta)$
11	等价($\leftrightarrow$)	$[\delta_1 = 1] \leftrightarrow [\delta_2 = 1]$	$\delta_1 - \delta_2 = 0$
12		$[f(x) \leqslant 0] \leftrightarrow [\delta = 1]$	$f(x) \leqslant M \cdot (1 - \delta)$; $f(x) \geqslant \varepsilon + (m - \varepsilon) \cdot \delta$
13	乘积($\cdot$)	$\delta_3 = \delta_1 \cdot \delta_2$	$\delta_1 + \delta_2 - \delta_3 \leqslant 1$; $\delta_1 \geqslant \delta_3$; $\delta_2 \geqslant \delta_3$
14		$z = \delta \cdot f(x)$	$z \leqslant M \cdot \delta$; $z \geqslant f(x) - M \cdot (1 - \delta)$; $z \geqslant m \cdot \delta$; $z \leqslant f(x) - m \cdot (1 - \delta)$;

注：$\delta \in \{0, 1\}$ 为二进制逻辑变量；M 和 m 分别是函数 $f(x)$ 的最大值和最小值；z 为辅助变量。